나, 마이크로 코스모스

ICH. Wie wir uns selbst erfinden
by Werner Siefer, Christian Weber
copyright ⓒ 2006 Campus Verlag GmbH All Rights Reserved.

Korean translation copyright ⓒ 2007 by Dulnyouk Publishing Co.
Korean edition is published by arrangement with Campus Verlag through Eurobuk Agency.

이 책의 저작권은 유로북 에이전시를 통한 Campus Verlag과의 독점계약으로 들녘에 있습니다. 저작권법에 의해 한국 내에서 보호받는 저작물이므로 무단전제와 무단복제를 금합니다.

나, 마이크로코스모스

베르너 지퍼·크리스티안 베버 지음 | 전은경 옮김 | 손영숙 감수

머리말 : **부작용에 대한 경고**

인간의 기억은 위대한 쇼다

나는 누구인가? 인류의 탄생과 역사를 같이한 이 질문은 지금까지 우리를 괴롭히고 있다. "너 자신을 알라!" 델포이의 아폴론 신전에 쓰여 있던 2500년 전의 이 명령 또한 여전히 유효하다. 성직자들은 물론이고 과학자와 철학자들까지 나서 '나'와 '자아', 우리 존재의 핵심이 무엇인지 가르쳐주겠다고 한다. 그들은 진정한 '나'에 적합한 표현을 찾아주겠노라고 장담한다.

나는 누구인가? 나는 왜 다른 모습이 아닌, 지금의 이런 상태가 되었는가? 이 책은 아주 오래된 이러한 질문들에 대한 답이다. 이 책은 인간의 중심, 우리의 자아를 향한 여행이다. 우리 각자가 단지 '나'로만 존재하는 곳, 그곳으로 가는 여행인 것이다. 하지만 조심하시길! 이 장소의 이름은 '어디에도 없는 곳'이니까. 지금 독일 대중가요에 등장하는 아주 유치한 가사를 읊는 게 아니다.

여러분은 아무도 아니기 때문이다! '나'는 없다. 그 어디에도. 지금 책을 읽고 있는 바로 이 순간, 여러분은 '나'를 조작하고 있을 뿐이다. 우리의 눈 뒤편에는 아무것도 없다. 믿지 못하겠다고? 이런 주장이 터무니없다고?

그렇게 생각한다면 계속 읽어나가길! 하지만 왜 미리 경고하지 않았느냐고 나중에 불평하지 말기를! '나'에 대해 생각하고 몰두하는 행위는 지금까지의 인생을 완전히 바꾸어 놓을 수도 있으니까. 그러니 지금이라도 되돌아갈 수 있다. '나'를 찾는 일을 멈추면 된다. 자신이 도대체 누구인지 알아보려는 시도를 거부하라!

자, 어떤가?

그럴 줄 알았다. 거부가 불가능하다. 그 누구도 자신에 대해 궁금해 하지도, 알려고도 하지 않고 천진난만하게 이렇게 지낼 수는 없다. "넌 도대체 누구냐?" 누군가 이런 순수하고 깊이 있는 질문을 했을 때, 알 게 뭐냐는 듯 어깨를 으쓱해보이며 돌아설 수는 없는 노릇이다. 속세를 떠난 스님이라면 가능할지도 모르겠다.

그러나 평범한 사람들은 그렇지 못하다. 우리는 호기심에 가득 차서, 할 수 있는 한 가장 이성적인 방법으로 '나'를 결정하는 요소들을 찾아냈다. 국내외에서 활동하는 정신의학자, 심리학자, 사회학자, 민족학자, 문화학자, 철학자, 종교학자 그리고 특히 신경학자들을 방문하여 이 주제에 대해 질문했다. 이들은 새로운 실험들을 통해 우리 두개골 아래에 있는 우주를 향해 깊이 전진함으로써 '나'에 관한 지식혁명을 불러일으킨 사람들이다. 이 책은 그들과 나눈 모든 질문과 답에 관한 보고서다.

contents

004 머리말 : 부작용에 대한 경고
인간의 기억은 위대한 쇼다

1장
깨지기 쉬운 자아
'나'로부터의 분리

- 뇌졸중을 통해 예술가로 **012**
- 진정한 '나' **014**
- 존재하지 않는 반쪽 세상 **016**
- 낯설어진 손 **019**
- 절단을 통해 '나'로 **021**
- 환상 성기가 느끼는 쾌감 **023**
- 창조적 상쇄 **026**
- 바뀐 남편 **028**
- 병상의 낯선 친구들 **031**
- 철학적 좀비들 **035**
- 삼인칭 인물로 사는 삶 **037**
- 분리되는 느낌 **039**
- 여러 명의 '나' **043**

2장
'나'의 작은 역사
상징적 사고를 배우게 된 인류

- **047** 원시림에서 호두까기
- **051** 원숭이 학교
- **052** 형제: 침팬지와 인간
- **055** 구멍을 뚫을까, 아니면 낚시질을 할까?
- **059** 붉은 열매를 먹고 싶은 욕구
- **062** 먹이는 어떻게 사고를 결정하는가
- **065** 털북숭이 거짓말쟁이
- **069** 인간이 더 현명해진 이유
- **073** 상징적 사고: '나'의 등장

3장
요람 속의 과학자
세상과 자기 자신을 발견하는 아기들

083 세상 이해하는 법 배우기
092 처음으로 '나'라고 말하기
097 자아로 향하는 발걸음

4장
'나'의 건설 현장
성격을 만드는 방법

나는 누가 될 수 있는가 105
사라진 성격 신화 108
남자, 여자, 수학 110
어린 시절의 상처 112
게놈은 극본인가 115
'우리의 세상'을 찾는 우리 117
인생은 알약과 같은 것 118
변화의 조건들 122
동기 부여의 힘 124
트레이닝의 효과 127
지혜를 향한 머나먼 길 130
최적화된 사람 132
차이의 장점 135

5장
지금과 다를 수도 있는 '나'
유행과 음악, 사회적 정체성

138 세계화와 정체성
140 늘어진 입술로 벌어들이는 돈
143 수프 속의 사람들
145 마돈나 또는 진정성의 종말
148 로빈슨 크루소와 개인의 발견
151 거리의 문화
155 머리카락은 나의 정체성
160 성性을 바꾸는 사람들
165 가상의 정체성
167 지친 자아

6장
조작된 기억
진실에 집착하는 인간

과거가 없는 남자 170
세포 속의 할머니 178
기억의 마약 186
뇌를 덮친 쓰나미 196
기억의 일곱 가지 죄악 203
기억의 힘 223
기억이 머무는 곳 225
인생은 기억의 드라마다 017

7장
자율적 인간
자유가 유한한 이유

236 자동판매기보다 못한 인간
238 무의식의 선택
241 이성과 감정
246 감정의 경제
248 악마의 뇌
251 어디에도 없는 자유
254 무기력과 통제라는 망상
257 머릿속의 우주
259 의지의 문제
262 자유의 개념

8장
자신이 어떤 사람이라고
생각하는 착각
자의식을 찾는 신경학자들

박쥐가 된다면 어떨까? 265
'나'라고 말하는 사람의 자기 중심 273
신, 데카르트 또는 오뎀 278
암흑 속의 비행사 284
'나'의 신경 세포 291
우리 머릿속의 피자 295
의식과 눈 299

연합체들 사이에서 벌어지는 경쟁 307
왕이 없는 제국 312
환각 체험 318
발에서 느끼는 오르가즘 322
사유하는 사람이 없는 사유 336
'자아'라는 기계 341
매트릭스 4편 350

9장 뇌 속의 하늘
'나'라는 문제에 대한 신비주의적 대답

361 부처의 손바닥 안에
369 내부로 향한 시선
372 자석관 속의 승려들
374 신의 목소리
377 인공 낙원으로 향하는 헬리콥터
384 영적인 깨달음
386 태평양 같은 느낌
388 침묵

10장 우리가 해야 할 일은?
'나'의 위기와 함께 하는 삶

우울한 시간 391
'나' 없는 삶 394
'우리'의 발견 397

400 해설
새로운 깨달음의 핵심 | 이정모 성균관대 심리학과 교수
409 참고문헌
416 찾아보기

1장 깨지기 쉬운 자아
'나'로부터의 분리

전과자인데다 헤로인 중독인 쉰한 살의 건축노동자 토미 맥휴는 뇌출혈을 겪었다. 상태는 그리 심하지 않았지만 이 사고로 인해 맥휴의 '나'는 혁명에 가까운 일을 경험했다. 과학으로도 풀기 힘든 너무나 이상한 일이었다.

어느 날 화장실에 앉아 있던 맥휴는 찌르는 듯한 두통을 느꼈다. 병원 응급실에서 받은 자기공명영상MRI 검사에서 그는 동맥류에 문제가 있다는 진단을 받았다. 동맥 하나가 터져 전뇌forebrain에 혈전 두 개가 생긴 것이다. 병원에서는 흔히 볼 수 있는 대수롭지 않은 케이스였다. 리버풀 파자컬리 병원 의사들은 맥휴의 동맥을 금속 클립으로 집어놓았다. 일반적인 신경심리 검사에서도 별다르게 눈에 띄는 점은 없었다. 수술 후 처음 면도를 할 때, 왼쪽 얼굴 근육을 움직이는 게 힘들었지만 심각한 정도는 아니었다. 그는 열흘 후에 퇴원해서 집으로 돌아갔다. 그리고 기적이 일어났다.

뇌졸중을 통해 예술가로

응급 수술을 받은 지 2주 뒤부터 맥휴는 갑자기 시나 짧은 글들을 수첩 가득 적기 시작했다. 셰익스피어에 견줄 정도는 아니었지만 흥미로운 글들이었다. "난 나를 만난다 / 그는 괜찮은 사람이다 / 그러나 난 아직 조심스럽다 / 그는 나 때문에 혼란스럽다 / 난 그를 생각한다." 얼마 지나지 않아 그는 그림도 그리기 시작했다. 비대칭의 얼굴이나 기묘한 형상들을 연필로 수백 장씩 스케치했고, 그것으로 성이 차지 않자 집의 벽에 파스텔로 총천연색 그림을 그렸다. 예전에는 자신의 오른쪽 팔뚝에 있는 문신이 예술의 전부였던 그가 이렇게 변한 것이다.

자기 입으로 고백했듯이 성급하고 공격적이었던 싸움꾼은 이제 영락없는 예술가가 되었다. 맥휴는 자기 안의 여성성을 발견했다고 한다. 그는 열 시간 동안 쉬지 않고 그림을 그리거나 점토를 만지는 한없이 창조적인 사람이 되었고, 적어도 그 지역에서는 예술가로 인정을 받아 여러 화랑에 작품들을 전시했다.

"나에게는 에트나 화산 폭발 같은 일이지요."

닳은 러닝셔츠를 입은 맥휴가 점토 형상들이 가득한 거실 작업대에서 일하다가 벽에 자기 작품을 붙이며—그중에는 반 고흐의 「귀가 잘린 자화상」의 모사본도 있다—차분한 목소리로 설명했다. "난 아무거나 일단 하나 만들기 시작합니다. 그게 완성되면 옆으로 밀고 다시 아무것이나, 예를 들면 점토로 두상을 하나 만들지요. 그걸 끝내고는 다시 돌로 뭔가 하고, 돌아와서 그림을 한 장 그립니다. 그 다음에는 앉아서 시를 쓰다가, 일어나서 깃털로 나비를 만들지요." 섬뜩하지 않느냐는 질문에 그가 웃으며 대답했다. "내 뇌에서 무슨 일이 벌어졌는지 알 수 없지만, 정말 완벽하게 환상적입니다. 이렇게 좋았던 적이 없었어요. 내 인생은 100퍼센트 개선됐습니다."

이처럼 아주 작은 뇌의 손상이 한 개인을 바꾸어 놓았다. 그렇다면 이 사실은 인간이 자기를 이해하는 데 어떤 의미가 있을까? 교육자들이나 주변 사람들이 몇 년 동안 이룬 것보다 회백질에 잘못 흐른 몇 시시cc의 피가 몇 초 만에 더 많은 일을 한다면—좋은 쪽으로든 나쁜 쪽으로든—우리의 정체성에 남는 것은 무엇인가?

다른 예들도 있다. 취리히 대학교 마리안네 레가르드Marianne Regard 교수의 연구팀은 뇌 손상을 입은 뒤 충동 억제력을 잃은 사람들을 연구한다. 이 팀의 실험참가자 가운데에는 뇌종양 수술을 받은 몇 주일 뒤부터 상습적인 도벽이 생긴 소년도 있다. 레가르드가 몇 년 전에 증명한, 이른바 '식도락 증후군Gourmand Syndrom'의 존재는 전문가들 사이에서 획기적인 연구로 통한다. 실험참가자 36명은 원래 피자와 햄버거 팬이었지만 느닷없이 열광적인 식도락 취미를 갖게 됐다. 레가르드는 이런 변화가 있기 전에 36명 거의 모두가 뇌종양이나 간질 발작을 겪었거나 또는 우반구 앞쪽에 기타 뇌조직의 손상을 입은 사실을 발견했다. 입원해 있을 때부터 병원 음식에 강한 불만을 나타낸 어느 저널리스트의 사례는 특히 인상적이다. 퇴원한 뒤 그는 이해심 많은 고용주 덕분에 정치부에서 '맛집 평가팀'으로 자리를 옮겼고, 그때부터 강대국들의 정상 회담 대신 이국적인 요리와 미식가들을 위한 식당을 소개하고 있다.

진정한 '나'

그렇다면 우리의 정체성은? 미식가 저널리스트는 숨어 있던 소명을 이제 발견한 것인가, 아니면 다른 사람이 된 것인가? 토미 맥휴의 진정한 '나'는 누구인가? 쉰한 살까지의 그인가, 그 후 예술가가 된 그인가? 아니면 근본적으로는 같은 사람인가? '나'의 가장 중요한 핵심은 무엇인가? 나는 어떻게 이루어져 있으며, 정확하게 어디에 있는가?

이는 서구 세계에서 적어도 생각을 깊이 하는 사람이라면 수백 년 전부터 품어왔던 의문들이다. 이미 2500년 전 델포이의 아폴론 신전 입구에 있던 비문은 "너 자신을 알라!"고 촉구했다고 한다. 지금도 사람들은 스스로를 발견하고 실현하기 위해 철학이나 신학을 공부하고, 오랜 시간을 들여 아시아로 가서 구루에게 질문을 하고, 형편없는 책을 사기도 하고, 비교秘敎의 늪을 거닐기도 한다. 머릿속 어딘가에서 뭔가 발견하기를 기대한다는 듯이. 그러나 많은 철학자들이 제때에 신경심리학 병원이나 신경과 병원에 갈 용기를 냈더라면, 우리는 지금 이 질문에 대해 더 심오한 답을 얻었을 것이다. 그곳에는 인간의 파괴될 수 없는 인력의 중심이 '나'라는 직관적인 가정과는 달리, 우리의 자아가 얼마나 복잡하고 깨지기 쉬운 것인지를 증명하는 환자들과 서류들이 가득하다.

학자들은 특히 자동차 사고 부상자들이나 뇌졸중과 치매 환자들, 기이한 유전자를 가진 환자들과의 경험을 바탕으로 '나'의 차원을 다양하게 구분한다. 우리가 자신을 경험 세계의 중심으로 인식하고, 경험으로 얻은 고유의 생각과 느낌을 통제할 수 있다는 인상을 받는 이유는 뇌에 있는 다양한 네트워크 때문이다. 특정한 뉴런—뇌의 신경세포—들이 우리가 어떤 특정한 장소에 있을 때 동시에 다른 장소에 있을 수 없다고 인식하게 하며, 우리의 '나'에 대해 생각할 가능성을 준다. 기억은 한정된 뇌 영역에 저장됐다가 '자서전적인 나'를 구성하는데, 이런 자서전적인 나에게서 기억을 뺀다면 우리는 더 이상 우리가 아니게 된다. 우리가 균형잡힌 몸으로 살고 있고 그 몸을 완벽하게 인식하고 통제할 수 있는 '육체적인 나'라는 느낌 또한 뇌의 활동으로 가능하다. 그러나 이것도 역시 파괴될 수 있다.

우반구에 심각한 뇌졸중을 겪은 오른손잡이들이 왼쪽 몸을 부인하는 일은 자주 발생하는 전형적인 현상이다. 이런 결합은 대칭 구조를 이룬 사고 기관에서 우반구가 특히 몸의 왼쪽을 조종하고, 반대로 좌반구가 오른쪽을 조종하기 때문에 생긴다. 그러므로 뇌졸중이나 뇌진탕 환자들 중 발병 부위의 반대편 몸이 부분적으로 혹은 완전히 마비되는 경우가 흔하다. 이때 일반적으로 우반구의 손상이 더 심각한 결과를 초래하는데 그 이유는 좌반구가 손상을 더 적게 보완하기 때문이다. 뇌 손상이 없는 정상적인 상황에서도 좌반구는 우측 공간 통제에 치우쳐 있는 반면, 우반구는 감각기관에 의해 인식된 좌우 공간을 모두 통제한다.

존재하지 않는 반쪽 세상

불가사의한 일은, 뇌졸중으로 우반구에 손상을 입은 환자들이 자신의 장애를 인정하지 않는 경우가 무척 흔하다는 사실이다. 이른바 '무시증 환자'는 다른 정신적 능력은 정상이지만 세상의 반쪽을 무시한다. 식사 때는 접시의 오른쪽에 있는 것만 먹고, 시계판을 그려보라고 하면 하루는 저녁 6시에 끝난다. 병실에서는 자기 침대의 왼쪽에 있는 환자들을 인식하지 못한다. 이때 문제가 되는 것은 잃어버린 능력만이 아니다. 예를 들어 언어 문제가 있는 뇌졸중 환자의 경우 모두 자신의 약점을 알고 도움을 고맙게 받아들이지만, 무시증 환자는 자신이 정상이라고 굳게 확신한다.

온전한 '나'를 갖고자 하는 뇌의 욕구는 아주 심각한 손상조차도 우리가 인정하지 않게 만든다. 신경과 교수들은 '안톤 증후군'에 대해 자주 이야기한다. 이 환자들은 자신이 시력을 잃었다는 사실을 인정하지 않으며, 눈앞에 보이는 것을 마음대로 지어낸다. 뇌는 무시증 환자들에게도 그가 온전한 '육체적인 나'를 지니고 있다고 속인다. 그 반대 증거가 아무리 확고해도 소용이 없다.

뉴욕의 베스 이스라엘 메디컬 센터에 근무하는 신경학자이자 정신의학자인 토드 파인버그Todd E. Feinberg는 빈 출신의 음악가인 70대 환자 소냐와의 대화를 녹음했다. 소냐는 뇌졸중 때문에 오른쪽 두정엽 앞쪽이 크게 손상되어 병원에 실려 왔다. 그녀는 사고 뒤 마비된 왼쪽 몸을 인식하지 못하는 심각한 무시증을 앓고 있었다. 파인버그는 소냐의 왼팔을 그녀의 오른쪽 시야에서 보이도록 들어 올렸다.

> **파인버그** : 이게 뭐지요?
>
> **소냐** : 손이네요.
>
> **파인버그** : 손? 누구 손인가요?
>
> **소냐** : 내 손은 아니에요.
>
> **파인버그** : 그래요? 그걸 어떻게 아시죠?
>
> **소냐** : 어쨌든 내 손이 아니에요.
>
> **파인버그** : 확실한가요?
>
> **소냐** : 흠······.

여기서 한 걸음 더 나아가 환자의 뇌는 왼쪽 몸에 있는 낯선 손이 다른 사람의 것—치료하는 의사나 죽은 남편—이라고 '나'를 설득하는 경우도 많다. 다음은 파인버그가 무시증 환자인 미르나와 나눈 대화다.

> **파인버그** : 남편의 양손이 어떻게 되었다고요? 남편 손을 가지고 있었다고요?

미르나 : 예. 그랬어요.

파인버그 : 무슨 일이 있었는지 말씀해보세요.

미르나 : 남편이 손을 여기에 두고 갔어요.

파인버그 : 남편이 손을 환자분에게 넘겨주었다고요?

미르나 : 자기가 갖기 싫다고 했어요.

파인버그 : 그렇군요. 남편이 그렇게 하겠다고 유언장에 남겼나요?

미르나 : (울며) 옷을 벗어두고 간 것처럼 그렇게 남겨뒀어요.

파인버그 : 손이 집에 있었나요? 말씀해보세요.

미르나 : 다음날까지요. 평상시에 그 손은 제 가슴 위에 올라와 있었어요. 난 '이제 이걸 치워버려야 해'라고 말했어요.

파인버그 : 흠.

미르나 : 그래서 그렇게 했지요.

파인버그 : 뭘 하셨다고요?

미르나 : 손을 쓰레기통에 버렸어요.

파인버그 : 쓰레기통에 버렸다고요?

미르나 : 예……. 이틀 전에요.

파인버그 : 지금은 어디 있지요?

미르나 : 지금도 쓰레기통에 있어요……. 비닐봉지에 들어 있는 검은 손이에요. 거기서 찾으실 수 있어요. 하지만 조심하세요……. 손톱이 아주 길고……, 무척 날카로워요. 그런데 죽은 손에서 왜 손톱이 자라지요?

이러한 정신의 블랙코미디에서 '외계인 손 증후군(Alien Hand Syndrome, AHS)'이 나온 것으로 보인다. 이 증후군은 특히 뇌량(腦梁, Corpus callosum)이 손상을 입으면 발생할 수 있는데, 뇌량은 2억 개의 신경섬유로 구성된 두꺼운 신경다발로 좌반구와 우반구를 연결한다. 약이 듣지 않는 중증 간질 환자의 경우 뇌량을 절단하기도 하는데, 좋은 결과가 나올 때가 많지만 단점도 있다. 이런 수술을 한 다음 아주 드물게 우세하지 않은 손, 즉 오른손잡이라면 왼손이 독자적인 행동을 하는 현상이 발생한다. 왼손이 '나'의 의지적 통제를 벗어나는 것이다. 최근에는 사고 부상이나 퇴행성 뇌질환 등에서도 이런 증세가 나타날 수 있다고 밝혀졌다.

낯설어진 손

하버드 의대 매사추세츠 종합 병원에 근무하는 신경학자 C. 밀러 피셔C. Miller Fisher는 몇 년 동안 뚜렷하게 나타난 외계인 손 증후군을 연구하면서 임상 사례들을 발표했다. 이 증상들은 기이하기 그지없다. 한 여자 환자는 오른손으로 집의 문을 열고 왼손으로 다시 닫았으며, 목이 마르면 오른손으로 물을 한 컵 따르고는 왼손으로 다시 버렸다. 스물일곱 살인 한 간질 환자는 뇌량을 절단한 뒤 3년 동안 양손이 반대로 움직이는 바람에 토스트를 만들지 못했다. 또 다른 희비극의 경우에 환자는 한 손으로 바지를 올리고, 다른 손으로 다시 내렸다.

양손이 똑같은 명령을 수행하기 위해 경쟁을 하는 경우도 가끔 있다. 피셔는 양손이 "서로 싸운다"고 하소연하는 여자 환자의 예도 소개한다. 예를 들어 환자가 편지를 건네받으려고 하면, 양손이 서로 받아서 열어보려고 10분씩이나 싸우는 경우도 있다는 것이다. 이 환자의 가족들은 그녀가 옷장에서 왼손으로는 블라우스를 꺼내고, 오른손으로는 다른 옷을 꺼내는 것을 보았다고 한다. 왼팔은 블라우스에 넣고 오른팔은 다른 옷에 낀 다음, 왼손은 오른손이 선택한 옷을 벗기려고 하고, 오른손은 왼손이 고른 옷을 벗기려 했다는 것이다. 피셔는 이런 갈등이 '깨어 있는 정신의 우유부단함'이 아니라는 점을 주지시킨다. 당사자들은 보통 오른손으로 특정한 일을 하려고 하지만, 왼손이 불쑥 끼어들어 방해한다. 여기서 당혹스러운 의문이 제기된다. 손은 누가 조종하는가?

이런 행위는 단순한 떨림이나 저절로 계속되는 움직임이 아니라, 보통의 경우라면 '나'에 의해 계획되어야 하는 복잡한 과정이다. 오싹한 느낌까지 드는 이러한 외계인 손 뒤에 숨겨진 것은 무엇인가? 당대에 세계적으로 유명했던 독일의 신경학자 쿠르트 골트슈타인Kurt Goldstein은 자기 생각에 "왼손이 미쳤다"고 하소연한 57세 여자 환자에 대해 이미 1908년에 보고한 바 있다. 골트슈타인에 따르면 언젠가 한 번은 그녀가 왼손으로 자신의 목을 졸라 가까스로 떼어놓았다고 한다. 사망한 다음 해부해 본 결과, 환자는 뇌졸중을 여러 번 겪었으며 뇌량도 손상됐

음이 밝혀졌다.

다른 의사들은 자기 의지와 상관없이 인생의 반려자를 공격하는 외계인 손 증후군 환자의 사례들도 소개한다. 미국 하노버의 다트머스 대학 인지신경학자 마이클 가자니거Michael Gazzaniga는 난폭한 왼손 때문에 심각한 문제를 겪고 있는 한 환자에 대해 이야기했다. "그 환자가 한번은 왼손으로 아내를 난폭하게 흔들었는데, 그동안 오른손은 공격하는 왼손을 잡고 아내를 도와주려고 애를 썼지요." 또 다른 사례는 그가 다른 환자의 집 뒤뜰에서 던지기 놀이를 하고 있을 때 벌어졌다. 그 환자가 왼손으로 벽에 세워져 있던 도끼를 잡은 것이다. "공격적인 우반구가 주도권을 잡은 게 거의 확실했기 때문에, 나는 살그머니 그곳을 떠났습니다. 그런 일이 생겼을 때 이 사회가 뇌의 어느 쪽 반구를 처벌하거나 없애려하는지 알아보는 시험 케이스의 희생자가 되고 싶지는 않았으니까요." 이런 질환을 겪고 있는 많은 환자들이 사지가 없었으면 좋겠다고 바라는 것도 놀랄 일은 아니다.

절단을 통해 '나'로

뉴욕에 사는 은퇴한 건축가 조지 보이어는 따뜻한 햇살이 비치던 9월 어느 날 아침 플로리다의 잔디밭에 앉아 있다가 총을 꺼내 자신의 오른쪽 넓적다리를 쏘았다. 총상으로 다리가 거의 떨어져나가고 피와 살점들이 튀었다.

'좋았어.' 이것이 그때 그가 했던 생각이라고 한다. 그는 휴대전화를 꺼내 구급차를 불렀다. '다행스럽게도' 외과 의사들은 건축가의 다리를 구할 수 없었다. 보이어는 이 사건 이후로 자신이 '예전과는 비교할 수 없을 정도로 행복하고 만족스럽게' 존경받는 지역 사회의 시민으로 산다고 말한다. 그가 만든 잼 발린 빵은 이웃들 사이에서 유명하다. 그는 '나'를 구했는데, 잃어버린 다리 하나가 대수냐고 이야기한다.

건축가 보이어가 흔한 문제 때문에 고민했다고는 말할 수 없다. 자발적으로 사지를 절단하려는 사람은 그다지 많지 않기 때문이다. 정신의학자와 심리학자들은 이러한 '신체보전정체성장애(Body Integrity Identity Disorder, BIID)'를 심리 질환의 공식적인 증상 목록에 올려야 할지에 대해 아직도 의견이 분분하다. 그러나 이는 오히려 분류학적인 문제에 가깝다. 인터넷에서 '워너비스wannabes'라는 단어만 잠깐 검색해보면 신체보전성장애의 존재를 충분히 확인해볼 수 있다. 워너비스란 사지 절단 욕구가 있는 사람들이 '프리텐더스(Pretenders, 붕대를 감거나 휠체어를 타고 거리로 나가 사지가 절단됐다는 듯이 행동하는 사람들)' 또는 '아멜로스(Amelos, 절단된 사람들에게 성욕을 느끼는 사람들)'와 구분하기 위해 스스로를 일컫는 용어다.

"어떻게 해야 다리를 없앨 수 있는지 누가 제발 이야기 좀 해주십시오." 한쪽 또는 양쪽 종아리를 없애고 싶어 거의 미칠 지경이 된 한 익명의 남자가 독일의 해당 웹사이트에 남긴 말이다. 이 남자는 "근처에서 문신을 해주는 남자가 '특별 요금'만

내면 적어도 발가락이나 손가락 또는 발등 정도까지는 절단해 줄 것 같다"고 말한다.

문제는 이런 비극적인 욕구가 많은 사람들에게 불행한 결과를 가져온다는 데 있다. 이 욕구는 직관적으로는 그럴 듯하지만 신경생물학적으로는 잘못된 가정, 다시 말해서 우리의 신체 감각이 정말 팔과 다리와 뼈와 피부에 들어 있다는 가정에서 나온다. 우리가 지각하고 느끼는 모든 것은 뇌에서 일어난다. 신체의 한 부분이 없다는 것을 뇌가 금방 알아채지 못할 때도 있다. 그래서 잘 알려진 대로 거의 모든 절단 환자들이 일시적으로 '환상 통증', 즉 이제는 빈 공간일 뿐인 사지에 실제로 극심한 통증을 느끼는 것이다. 환상 통증은 손과 발, 특히 엄지와 검지 또는 엄지발가락처럼 뇌피질에 넓은 작동 영역을 차지하고 있는 말단에 잘 나타난다. 절단 환자들은 환상 손가락에 오래된 결혼반지를 끼었다거나 환상 발에 신발 깔개를 한 것처럼 느낀다고 말한다.

환상 성기가 느끼는 쾌감

그러나 잃어버린 신체 부위의 기억이 보상이 되거나 쾌감을 주는 경우는 드물다. 이미 언급했듯이 신경학적으로 특별한 사례를 모은 하버드 의대의 C. 밀러 피셔는 가상의 쾌감을 느끼는 한 환자의 경우를 이야기한다. 그는 출세한 사업가로 암 때문에 마흔네 살에 성기 완전 절단 수술을 받았다. 그가 20년 뒤 다른 증상으로 다시 신경과 의사를 찾았을 때, 수술 뒤에도 일정하게—예를 들어 젊고 매력적인 여자를 보면—발기를 경험한다고 지나가는 말처럼 덧붙였다. 그의 환상 성기는 예전과 같은 크기와 모습이며 일상적인 성적 쾌감을 준다고 말했다. "당사자는 20년이 지난 뒤에도 손과 눈으로 성기의 위치를 계속 확인할 수 있을 정도로 뚜렷한 경험을 합니다." 경탄을 금치 못하는 신경학자의 말이다.

'육체적인 나' 안에서의 장애가 이렇게 혼란스럽기는 해도 이런 장애가 '생각하는 나'라는 인식을 위협하지는 않는다. '워너비스'나 절단 환자들이 자신이 느끼는 육체의 시작과 끝이 어디인지 혼란스러워 한다고 해도 '나'의 원래 존재에 의심을 품지는 않는다. 적어도 자기 육체에 대한 시각적인 인식은 가능하므로 자기 얼굴이 늘 보던 그 얼굴이라고 느낀다. 그러나 모든 사람이 이렇게 운이 좋은 것은 아니다.

어느 날 아침 볼프강 L이 뒤숭숭한 꿈에서 깨어났을 때, 낯선 여자가 침실로 들어와 아침에 뭘 먹겠냐고 물었다. 귀에 익은 그 소리는 분명 아내의 목소리였다. L은 당혹스러워하며 욕실로 들어갔다. 거울 속에 낯선 얼굴이 있었다. 그런데 그가 눈을 깜박이자 거울 속 얼굴도 따라했다. 그가 면도기를 쥐고 면도를 하자 거울 속 남자의 수염이 사라졌다. 그가 거울 속의 남자에게 말을 걸었을 때 그 사람의 입술이 움직였고, 자신의 목소리가 들렸다. 그 낯선 남자는 의심할 여지없이 자기 자신이었다.

의사들은 이 증상을 진단하는 데 많은 시간을 소모했다. 당시에 예순아홉 살이던 L은 얼굴실인증, 쉽게 말해서 얼굴을 알아보지 못하는 병에 걸렸던 것이다. 증세를 진단하기 위해 신경학자가 인물 사진 세 장을 보여주고, 그 가운데 누가 친절해보이고 누가 마음에 들지 않는지 이야기해보라고 했다. L은 가운데 사진의 여자가 제일 친절한 듯하고, 다른 두 명의 남자는 평범해보인다고 대답했다. 의사가 사진 세 장의 얼굴이 모두 L 자신의 것이라고 하자 환자는 큰 충격을 받았다.

아마 양쪽 뇌 반구 시각중추의 미미한 경색이 얼굴만으로 사람을 알아보는 능력에 손상을 입혔을 것이다. 얼굴실인증 환자들은 L처럼 아주 심한 경우에 사진이나 거울에서 자기 얼굴조차 알아보지 못한다.

이 증세를 보이는 환자들은 화분이나 잼을 담은 병, 차와 나무는 물론 넥타이, 모자, 수염, 머리카락을 마는 기구들도 정확하게 알아본다. 이들은 시각장애인들이 짚는 지팡이도 필요 없고 안경이나 레이저 수술도 필요 없지만, 모든 사람이 달걀 모양의 잿빛 가면을 쓴 초현실주의 그림과 같은 세상에서 살아간다. 신경학자들은 이런 증상을 그다지 이상하다고 생각하지 않는데, 그 이유는 이들이 뇌가 시각적인 인식을 여러 뉴런 다발에 나누어 둔다는 것을 이미 오래전에 증명했기 때문이다. 어떤 것들은 색채를, 또 다른 것들은 움직임이나 형태를 담당한다. 사람 얼굴을 인식하는 뉴런 다발들도 당연히 존재한다. 사회적 동물이라는 우리 인간에게 다른 '자아'들을 얼굴로 정확하게 인식하는 것보다 더 중요한 일이 어디 있을까? 이 뉴런들이 손상될 경우가 생긴다는 것도 자명한 일이다.

창조적 상쇄

그렇지만 '온전한 나'에 대한 욕구는 이런 손상을 되도록 능숙하게 비껴간다. L은 머리 모양이나 옷 같은 이차적인 특징으로 사람을 알아보는 방법을 배웠다고 한다. 그래서 오래된 탐정 시리즈 「형사 콜롬보」의 재방송을 무척 좋아했다. 늘 똑같은 겨자 색 비옷에 검은 넥타이, 물결치는 머리 모양과 여송연 꽁초를 문 주인공은 얼굴실인증 환자도 쉽게 알아볼 수 있기 때문이다.

이렇듯 상황을 상쇄하는 뇌의 능력 때문에 학자들은 후천적인 사고事故와 달리 선천적인 얼굴실인증이 지금까지 생각했던 것보다 더 널리 퍼져 있을지도 모른다고 추측한다. 색맹도 교통 신호등이 생기기 전까지는 별 문제 없이 살았고, 다른 사람들의 알록달록한 세상을 전혀 알지 못하는 일도 흔했다. 이렇듯 선천적인 얼굴실인증 환자들은 어릴 때부터 옷이나 목소리, 머리 색깔과 모양, 장신구나 걸음걸이로 상대방을 알아보는지도 모른다. 얼굴을 알아보지 못하는 아이들은 학교나 유치원에서 친구들을 사귀는 데 다른 아이들보다 시간이 오래 걸린다. 거리에서 우연히 선생님을 만나도 인사를 하지 않고, 친구가 머리 모양을 바꾸면 대번에 알아보지 못하기 때문에 눈에 띈다. 이런 사람들은 특히 군대에 가면 어려움을 겪는다. 짧은 머리 모양과 똑같은 군복은 사람을 구별하려는 온갖 노력들을 모두 헛일로 만들기 때문이다.

뮌스터의 의사 마르티나 그뤼터Martina Grüter는 이런 추측을 토대로 학교나 단체 등에 진단 설문지를 돌려 얼굴실인증 환자를 연구했다. 결과는 놀라웠다. 조사한 729가구 가운데 11가구에서 유전적인 인식 장애가 발견됐다. 이 숫자가 다른 연구들에도 통한다면, 얼굴실인증의 비율이 전체 인구의 1퍼센트가 넘는다는 의미다! 독일에서 거의 백만 명이나 되는 사람들이 다른 사람들의 얼굴을 가끔 조약돌과 구분하지 못한 채로 돌아다닌다는 뜻이다. 그러나 그뤼터에 따르면 당사자들은 모두 사회적으로 적응을 잘하고 있으며, 자신의 얼굴실인증을 주변에 잘 감추고 있으며, 심지어는 이런 문제가 있다는 것을 스스로 모르기도 한다.

정말 심각한 문제는 망상적인 식별 오류라는 기이한 병을 앓는 사람들에게 생긴다. 이들은 사람들의 얼굴을 확실하게 알아볼 수 있지만, 자신이 보는 사람 뒤에 다른 사람이 숨어 있다는 망상에 시달린다. 1923년 프랑스의 정신의학자 조제프 카프그라Joseph Capgras는 그의 이름을 딴 이 카프그라 증후군에 대해 처음으로 기술했다. 당시 쉰세 살이었던 M 부인은 병원에 와서 사기꾼들이 자기 남편과 아이들을 바꾸어버렸다고 하소연했다! 그녀는 남편이 살해됐으며, 80명이나 되는 사기꾼들이 바꿔가며 남편의 자리를 대신하고 있다고 주장했다. 딸의 자리는 2,000명이나 되었다. M은 점차 경찰과 관리인, 의사와 간호사,

그리고 이웃들 가운데서도 바뀐 사람들을 발견했다고 말했다. 카프그라는 M에게 정신병 진단을 내렸다.

바뀐 남편

앞서 언급한 뉴욕의 신경학자 토드 파인버그가 녹음한 대화 내용은 카프그라 증후군과 얼굴실인증이 어떻게 구분되는지 보여준다. 얼굴을 알아보지 못하는 사람들과 달리 카프그라 증후군 환자들은 얼굴을 또렷하게 인식하지만, 얼굴 뒤에 숨어 있는 '나'를 의심한다. 파인버그는 80세의 알츠하이머병 환자인 루이제의 사례를 들었다. 산뜻하고 단정한 차림새의 루이제는 기억력이 감퇴하기 시작했다는 문제를 제외하면 완전히 정상이었다. 그녀는 남편인 머레이가 바뀌었다는 굳은 확신 말고는 다른 이상한 생각을 전혀 하지 않았다.

> **루이제** : 난……, 거실에 있는 사진을 보고 있었어요. 나와 남편이 찍은 사진요. 그 사진을 들고 바라보았지요……. 코나 입의 형태나 기타 무엇이든 다르게 보이는 게 있는지, 내가 알지 못하는 게 있는지 찾기 위해 얼굴을 보았어요. 사진에는 없었어요.
>
> **파인버그** : 사진과 얼굴에서 다른 점을 찾지 못했다는 말인가요?
>
> **루이제** : (긍정하며) 그래요, 그렇지요.

파인버그 : 똑같아 보였나요?

루이제 : 똑같아 보였어요.

파인버그 : 그러니까 사진을 보면 남편이 사진 속의 사람이라고 생각되지만, 남편을 바라보면…….

루이제 : 그가 머레이처럼 보이지 않는다는……, 몇 년 전에 그랬을…… 그의 모습이 아니라는 느낌을 받아요.

파인버그 : 몇 년 전에 그렇게 보였을 머레이처럼 보이지 않는다고요? 그렇다면 머레이가 두 명이라는 인상을 받은 적이 있나요?

루이제 : 예, 내가 혼자 있던 날 밤에……. 그런 느낌을 받았어요. 머레이가 둘이라는 느낌요. 너무 무서운 생각이라서 더 이상 생각하지 않았어요.

파인버그 : 그랬군요. 하지만 머레이가 두 명일 수도 있다는 생각을 지금도 하시나요? 남편을 바라보며 그가 머레이가 아니라는 느낌을 받는다면, 머레이가 다른 곳에 있다는 생각을 한 적이 있나요?

루이제 : 머레이가 바깥 어디선가 비를 맞고 있을지도 모른다고 생각해서……, 그가 걱정이 되었어요. 머레이는 혼자고……, 아무도 그를 돌봐주지 않아요……. 머레이는 혼자예요. 그래서 난 걱정을 아주 많이 했어요.

드물긴 하지만 카프그라 증후군은 자기 자신을 의심하는 증세로도 나타난다. 라호야 캘리포니아 대학의 뇌지각 연구소에서 근무하는 윌리엄 히어스테인William Hirstein과 빌라야누르 S. 라마찬드란Vilaynur S. Lamachandran은 D. S의 사례 연구를 발표했다. D. S는 서른 살의 브라질 사람으로 교통사고 뒤에 3주 동안 혼수상태였으나 몇 년에 걸쳐 그가 지니고 있던 인지 능력을 거의 회복했다. "그를 처음 보았을 때, 활발하고 똑똑한 청년이라는 인상을 받았어요. 히스테리가 있다거나 불안해하거나 슬픈 기색이 아니었죠." 신경학자들의 말이다. 그러나 D. S는 자기 아버지가 도플갱어라고 생각하고 있었다. "의사 선생님. 그 남자는 제 아버지와 아주 똑같이 생겼지만, 아버지는 정말 아니에요. 친절하긴 해도 제 아버지는 아니라고요." D. S가 주장했다. 하지만 이런 경험이 풍부한 두 연구자를 정말 놀라게 한 것은 D. S가 자기 사진도 의심한다는 사실이었다. "이건 다른 D. S예요. 저와 똑같이 보이지만 제가 아니에요. 이 남자는 수염이 있잖아요."

카프그라 증후군은 흥미롭게도 무생물에까지 확대된다. 리버풀의 노인정신의학자 데이비드 N. 앤더슨은 자기 집의 물건이 300개 이상 사라졌고 거의 똑같은 복제품으로 바뀐 게 틀림없다고 주장하는 74세 남자의 사례를 보고했다. 바뀐 물건 목록에는 면도날과 전동 드릴, 속옷도 포함됐다. 컴퓨터단층촬영CT 결과, 지름 5센티미터의 뇌종양이 이 환자에게서 발견됐다.

최근에는 심리 및 신경 장애가 카프그라 증후군이나 기타 망상적인 식별 오류를 불러일으킬 수 있다고 알려졌다. 다양한 연구 결과에 따르면 일시적인 경우를 포함해 정신분열증 환자들의 3~4퍼센트, 알츠하이머병 환자의 30퍼센트가 이런 종류의 증상들을 겪는다고 한다. 또한 내과 질환이나 마약중독, 에이즈나 결핵과 같은 감염들, 의료 사고가 이런 증상을 가져오기도 한다.

이런 배경 때문에, 정체성 장애를 설명하는 전형적인 정신분석적 모델들은 오늘날 별로 공감을 얻지 못하고 있다. 지그문트 프로이트의 후예들은 카프그라 망상이 가까운 친척과 자주 연관된다는 이유로 오이디푸스 콤플렉스가 이 증상에 관여한다고 추측한다. 도플갱어를 만들어내는 행위가 무의식적인 근친상간 욕구에 대한 반응이라는 것이다. 히어스테인과 라마찬드란은 '카프그라 환자들은 애완견도 복제품이라고 믿는다'는 문서를 증거로 들어 이 가설을 간략하게 반박했다.

병상의 낯선 친구들

라마찬드란은 위와 같은 환자의 사례와 달리 실제로 손상된 뇌에 관한 연구를 기초로 납득할 만한 가설들을 발전시켰다. 이러한 가설에 따르면 카프그라 증후군이나 다른 망상적인 식별 오류들은 뇌의 특정 영역이 입은 손상 때문에 언제나 '어떤 사람이나 사물, 상황에 대한 인지적 인식과 우호적 인식이 분리되고', 동시에 현실 분석 능력이 줄어들 때 나타난다. 뮌헨 공과대학교의 정신의학자인 미하엘 렌트롭Michael Rentrop은 다음과 같이 설명한다. 카프그라 증후군 환자들은 가족의 낯익은 얼굴은 인식하지만, 평소와 달리 그 얼굴들과 결합되어 있는 친밀감이나 신뢰감은 느끼지 못한다. 이런 문제를 해결하기 위해 뇌는 자기 눈앞에 있는 사람이 도플갱어라고 가정한다는 것이다.

반대의 경우는 낯선 얼굴에 대한 지나치게 강한 감정이다. 이것은 알지 못하는 얼굴 뒤에 사실은 좋은 친구 혹은 적이 숨어 있다는 망상을 불러일으키기도 한다. 프레골리 증후군Frégoli Syndrom이 바로 이런 경우다. 이 환자들은 대부분 병실에서 보는 의사나 간호사를 가족이라고 생각하고, 친지들이 보여주는 큰 관심에 기뻐한다.

뇌의 혼란스러운 게임이 실제로 재미있는 것은 아니다. 정신의학자 렌트롭의 조사를 보면 망상적 식별 오류 환자 80명 가운데 50명이 도플갱어라고 믿는 사람을 주먹이나 칼로 공격했다. 로봇이나 미국 중앙정보부 요원이 남편을 살해하고 그 자리를 차지했다고 확신해서 공격했다는 여자를 누가 나쁘다고 말할 수 있을까?

철학적 스캔들은 이보다 더 큰 문제다. 소름끼치는 신경학적 이야기들은 당연하게 여기던 강한 확신도 믿을 만하지 않다는 사실을 보여준다. 카프그라 환자인 D. S처럼 우리는 자신의 정체성을 확신할 수 없다. 운이 나쁘면 갑자기 자기가 다른 사람이라고 생각할 수 있는 것이다. 시드니 로열 프린스 알프레드 병원의 신경정신학자 노라 브린Nora Breen 연구팀은 아주 특수한 내적 변신 사례를 발표했다. 이런 장애를 겪는 환자들은 보통 어떤 특정한 사람이 육체적으로나 정신적으로 다른 사람이 되었다고 믿는다. 이 연구팀의 사례에서 환자는 자신이 변신했다고 믿었다.

마흔 살인 로슬린 Z는 자신이 남자라고 믿었다. 그녀는 자신이 자기 아버지라고 믿었지만, 가끔 할아버지라고 말하기도 했다. "그 환자는 아버지 이름으로 불러야만 대답을 했고, 서명도 아버지 이름으로 했어요." 인생 이력에 대한 질문을 받으면 그녀는 자기 아버지의 삶에 해당하는 이야기를 했다. 다음에 간략하게 소개하는 내용은 신경정신학자 브린이 출간한 책에도 실린 로슬린 Z와의 대화에서 뽑은 것이다. 대화하는 내내 로슬린의 옆에는 엄마인 릴이 앉아 있었다.

    의사 : 이름을 말씀해주시겠어요?
    로슬린 : 더글러스.
    의사 : 성은 뭔가요?
    로슬린 : B.
    의사 : 몇 살쯤 되셨나요?
    로슬린 : 예순이 조금 넘었어요.
    의사 : 예순이 조금 넘었군요. 결혼하셨나요?
    로슬린 : 아니오.
    의사 : 아니고, 결혼한 적은 있나요?
    로슬린 : 예.
    의사 : 부인의 성은 무엇이었나요?

로슬린 : 기억이 나지 않아요. 이름은 릴이었어요.

의사 : 릴. 자녀가 있나요?

로슬린 : 넷 있어요.

의사 : 이름이 뭔가요?

로슬린 : 로슬린, 비벌리, 샤론, 그레그.

〈로슬린 Z가 거울 앞에 서서 자기 모습을 관찰한다.〉

의사 : 거울을 보면 누가 보이나요?

로슬린 : 더기 B. (아버지의 이름)

의사 : 거울에 비친 모습이 어떤가요?

로슬린 : 머리카락이 지저분하고, 얼굴에 수염이 가득하고, 눈빛이 아주 흐릿해요.

의사 : 그 사람은 남자인가요, 여자인가요?

로슬린 : 남자.

의사 : 더기는 몇 살이죠?

로슬린 : 예순이 조금 넘었어요.

의사 : 지금 거울에 있는 사람이 예순을 조금 넘긴 사람처럼 보이나요?

로슬린 : 예.

철학적 좀비들

프랑스 정신의학자 쥘 코타르Jules Cotard의 이름을 딴 코타르 증후군 환자들은 정말 정신적인 좀비들이다. 이들은 자신이 죽었다고 굳게 믿는다. 이 증후군은 대부분 심한 우울증과 결합되어 있는데 환자들은 자신의 심장이나 뇌가 녹슬었다고 말한다. 59세인 한 환자는 "난 피가 한 방울도 없다"고 말하고, 다른 환자는 자신이 "이미 썩는 냄새가 나는 시체이므로 묻어 달라"고 간청한다. 이런 경우 앤드류 W. 영Andrew W. Young과 케이트 M. 리프헤드Kate M Leafhead의 최근 연구가 많이 인용되는데, 이것은 스코틀랜드에서 오토바이 사고를 당해 뇌를 다친 다음부터 자기가 현실에 있지 않으며 죽은 것 같다는 느낌을 하소연하는 한 청년에 대한 보고서다. 그는 에든버러의 병원에서 퇴원한 뒤 엄마와 함께 남아프리카로 갔는데, 자기가 지옥에 왔다고 확신했다. 그렇지 않고서야 이렇게 더울 리가 없다는 것이었다. 그는 자기가 아마 패혈증이나 에이즈 또는 황열 예방약의 과용으로 죽었다고 믿었다. 그리고 지금 자신은 원래 스코틀랜드에 있지만 엄마가 자신이 지옥을 볼 수 있도록 "엄마의 영혼을 빌려주었다"고 말했다.

중증인 코타르 환자들은 심지어 자신의 존재 자체를 부정한다. 마인츠 대학교의 의식전문가인 토마스 메칭어Thomas Metzinger는 "데카르트가 어떤 코타르 환자에게 지금 자신이 존재하지 않는다고 의심하는 사람이 바로 그 자신이라고 말한다고 해도—우리가 아는 한도 내에서는—그 환자가 자기 확신을 바꾸는 일은 없을 것"이라고 말한다. 메칭어는 신경과학에 일어난 새로운 지식의 도발을 진지하게 연구하고, 뒤에서 언급할 예상치 못한 인식에 이른 몇 안 되는 독일 철학자들 가운데 한 사람이다.

그의 분석은 우리의 '나'란 선천적인 핵심이 없으며, 언제나 균형을 맞추어야 하는 깨지기 쉬운 구조라는 견해에서 시작된다. 장애들은 지금까지 언급한 낯설고 극단적인 증후군들로 추측할 수 있는 것보다 훨씬 흔하다. 정신분열증 발생의 중심에 정체성 장애가 있다고 보는 정신의학자들도 늘어나고 있다. 독일 인구의 1퍼센트가 사는 동안—대부분 몇 년이지만 때로는 평생을—이런 심리적 장애를 겪는다.

그동안 정신의학자들은 특이한 정신분열증의 많은 외형들을 하나의 진단으로 묶는 일이 의미가 있는지에 대해 의견이 일치하지 않았다. 증세가 너무 다양했기 때문이다. 망상형 정신분열증 환자들은 이른바 '양성적 증상', 특히 망상과 환청을 겪는다. 붕괴형은 사고의 흐름과 정서에 이상이 있고 충동적인 증상이 두드러진다. 환자는 뒤죽박죽 혼란스럽게 이야기하고, 특별한 이유 없이 갑자기 웃음이나 울음을 터뜨리기도 한다. 임상적인 관용어로 '음성적 증상'이라 불리는 이런 현상들은 이제는 많이 줄어든 긴장형 정신분열증 환자들에게서 두드러진다. 이 환자들은 이상하게 움직이고 은둔생활을 하며, 외모에 신경을 쓰지 않는다. 또 다른 정신분열증 환자들은 이 가운데 어느 범주에도 속하지 않는다.

정신의학적으로 진단한 결과를 보면 환자들이 정신분열증의 전 단계에서 많은 일치점들을 보인다는 사실을 확인할 수 있다. 코펜하겐 대학교의 주체성연구센터에서 근무하는 정신의학자 요세프 파르나스Josef Parnas는 기존의 문헌들과 자신의 연구를 통합해 분석한 결과, 정신분열증적인 형태를 보이는 대부분의 장애는 초기에 자아 인식 장애를 겪는 과정이 있다는 가설을 세웠다.

파르나스가 중심이 된 코펜하겐 비도레 병원의 연구팀은 정신분열증 환자 19명에 대한 예비 조사에서 이들의 병력을 살펴보았다. 환자들은 모두 근본적으로 자아가 변하는 놀라운 경험을 했으며, 이러한 변화를 이해하고 묘사하기가 어렵다고 하소연했다. 덧붙여 많은 환자들이 형이상학적이고 초자연적인 철학 문제들에 몰두하고 있었다.

삼인칭 인물로 사는 삶

계약직으로 일하는 21세의 로버트는 파르나스의 조사에서 볼 수 있는 전형적인 환자다. 그는 발병하기 전, 자신이 세상으로부터 격리되어 있고 더 이상 온전하게 살아 있는 것 같지 않다고 느껴 마음이 아팠으며, 또한 자기 내부의 삶을 자신이 바깥에서 관찰하고 있다는 느낌을 1년 넘게 받았다. "일인칭이던 내 삶이 사라지고, 삼인칭 인물의 삶이 시작됐어요." 예를 들어 그는 스테레오로 음악을 들으면, '음이 뭔가 잘못되었다'고 느꼈다. 음을 통해 느껴지는 충만함이 없다는 것이었다. 속도 조절 장치를 사용해봤지만 소용없었고, 결국 그는 음악을 듣지 않고 감지 장치의 작동만 관찰했다고 한다. "이 환자는 자신이 내적으로 비었다고 느낍니다. 의심할 수 없는 내적 핵심, 일반적으로 의식 영역의 본질을 규정하고 존립에 결정적인 역할을 하는 내적 핵심의 부재지요."

"난 이제 내 몸에 없어요. 다른 사람이에요." 이 조사에 참가한 다른 환자의 말이다. "내 목소리가 들리긴 하지만, 그 말소리는 다른 곳에서 오는 것 같아요." 그는 뭔가를 하면, 자기가 관찰자가 되어 자신의 행위를 지켜보는 듯한 느낌이 든다고 했다. "난 기계처럼 움직여요. 움직이고 말하고 펜으로 뭔가 쓰는 사람이 내가 아니라는 생각이 들어요." 어떤 젊은 환자는 '나'의 육체적 경계는 어디인지 궁금해 하고, '나와 세상 사이의 유동적인 통로'에 대해 생각한다. "통로는 틀림없이 공기 분자와 땀방울과 미세한 피부 조각들로 이루어져 있을 거예요."

정신분열증이 되기 전 단계의 사람들은 점차 자기 자신의 생각도 잃어버린다. 환자는 가끔 한밤중에 잠에서 깨어나 스스로에게 묻는다. "내가 지금 생각을 하는가? 내가 생각한다고 증명해줄 수 있는 것이 여기 전혀 없으므로, 나는 내가 존재하는지 알 수 없다." 르네 데카르트의 고전적 격언, 나는 생각한다. 고로 나는 존재한다를 이 환자는 이렇듯 쉽게 파괴했다.

병으로 완전히 정착되기 전 단계의 이러한 망상에 대한 연구보고는 당사자가 아직 자신을 돌아볼 수 있고 '나'라는 의식을 가지고 있다는 점에서 정신의학적으로나 철학적으로 중요하다. 이들은 이런 의식을 점차 잃어간다는 사실을 스스로 느낀다. 다른 말로 표현하면, 이들은 현실적인 분별력이 있지만 그것을 일상적인 이성으로 해결할 수 없어 절망한다. 미국 럿거스 대학교의 루이스 사스Louis A. Sass는 '일반적으로 자아의 일부분으로만 인식되던 현상들에 초점이 맞추어지고 객관화되어 의식의 대상이 되는 것'이라고 말한다. 사스에 따르면 '자기 인식'이 약해지면 정신분열증 증세가 확실하게 나타나기 시작한다. 혼란스러운 경험들은 정신 장애를 가속화한다. 이는 극단적으로 말하면 '나'의 구조에 대한 깊은 성찰이 사람들을 정신착란으로 이끈다는, 경악할 만한 가설이다. 이성의 각성은 괴물을 낳는다.

분리되는 느낌

그러나 '나'로부터의 분리가 가끔 구원이 되기도 한다. 뤼벡 대학병원 정신과의 '경계성 인격 장애' 병동은 지빠귀가 노래하고 다람쥐가 뛰노는 넓은 초원에 있다. 이곳은 경계성 인격 장애 환자들을 전문적으로 치료하는, 독일에서 몇 개 안 되는 시설 가운데 하나다. 환자들은 심각한 인격 장애를 겪고 있다. 이들은 납득할 만한 계기가 없이 몇 초 안에 엄청난 우울증에 빠지기도 하고, 격렬한 분노를 터뜨리기도 한다. 이 환자들의 세계에는 중간 색이 없다. 사건은 흑이거나 백이고, 사람은 선하거나 악하다. 감정 폭발이 극심하여 많은 환자들이 이른바 '해리dissociation'를 통해 스스로를 보호하고 정신을 차단한다. 그 결과, 해리가 끝나고 현실로 다시 돌아올 때까지 이들은 육체의 감각을 잃고 팔다리가 마비된다.

뤼벡 병동 원장인 발레리야 지포스Valerija Sipos는 방문객에게 이 병을 설명할 때 27세 여자 환자를 인터뷰한 테이프 하나를 비디오레코더에 집어넣는다. 푸른 초록색 눈동자에 상냥하지만 자신감이 없어 보이는 이 환자는 팔에 아주 심한 자해를 했다고 한다.

지포스 : 자해를 하는 전형적인 원인은 뭔가요?

환자 : 내가 잘못을 할 때, 일이 잘못 될 때 또는 슬픈 생각이 들 때요. 내가 나를 견딜 수 없을 때도요.

지포스 : 언제가 특히 힘든가요?

환자 : (애매한 듯 미소를 짓다가 양손으로 얼굴을 가리며) 모르겠어요. 아마 내가 정신을 똑바로 차리고 있지 않을 때인 것 같아요. 그럴 때면 불안하거든요.

(······)

지포스 : 해리 상태라는 게 어떤 의미인가요?

환자 : 가끔 모든 것이 낯설고 위치가 달라진 듯이 보일 때가 있어요. 신체 각 부분이 내 것이 아니고 뭔가 얇은 막이 쳐진 듯한 인상을 받아요. 그러면 아주 불안해요.

지포스 : 도움이 되는 해리 상태도 있나요?

환자 : 일상적인 상황들을 약간 편안하게 해줘요. 불안이 커지

면, 난 자동적으로 나를 차단할 수 있어요.

이렇듯 '나'로부터의 이탈이 이따금 자기 방어에 사용되기도 한다. 이는 경계성 인격 장애 환자들 두 명 가운데 적어도 한 명은 트라우마를 겪을 만한 충격적인 경험—대부분 성폭행—을 어린 시절에 했다는 정신의학적 선제외도 상응한다. 어린 시절에 입은 정신의학적 손상은 선천적으로 충동적인 감정 기질을 타고난 것만큼이나 중요한 위험 인자로 여겨진다.

"그건 혼란스러운 상황에 대한 지극히 정상적인 반응이에요." 뮌헨 중앙역의 카페에서 나눈 대화에서 안나 K가 주장했다. 짧게 땋은 금발에 어깨에 스웨터를 걸친 그녀는 올해 서른 살로 사회교육학자다. 그녀는 작지만 단호한 목소리로, "그걸 병이라고 부르는 데 난 반대해요"라고 말했다.

세부적인 일들은 말하고 싶지 않다던 그녀가, 낮은 목소리로 심연에 대해 이야기했다. "엄마는 내가 태어났을 때부터 나를 약품에 중독되게 했어요. 대리인에 의한 뮌히하우젠 증후군 (Munchhausen by proxy Syndrome, 엄마나 기타 양육자가 아이에게 많은 병이 있다고 스스로 망상적으로 판단하여 약을 먹이는 증상) 아시죠? 내가 네 살 때부터 아버지는 나를 성폭행했는데, 2년 전에 목을 매서 자살했어요. 내가 우리 가족 중에 가장 정상이에요." 무척 힘들었던 시기에 그녀는 주사기로 자기 피를 뽑았는데, 그 때문에 4주에 한 번씩 수혈을 받아야 할 정도였다. 그럼에도 안나가 그녀의 '나'에 새로운 미래를 만드는 데 성공한 것은 그녀의 인격이 엄청나게 강하다는 증거다. 하지만 누구나 자신의 인격만으로 이런 끔찍한 일들을 극복할 수 있는 것은 아니다.

문제가 되는 것은 거의 언제나 성폭행이나 기타 잔인한 폭행이다. 작가 홀데 바바라 울리히는 주간 잡지 〈디 차이트〉를 통해 어릴 때 할아버지에게 성폭행을 당한 마흔다섯 살 죠반나의 이야기를 했다. "그녀는 그의 배에 있는 피가 묻은 뾰족한 칼을 본다. 끔찍하게 춥다. 이 추위를 더 이상 견딜 수 없다. 칼 때문에 이제 곧 죽을 것이다. 그녀는 몸을 숨겨야 한다. 추위 때문에 미칠 지경이 되어, 그녀가 몸을 웅크린다. 자기 속으로 완전히 숨는다. 아주 작고 따뜻한 공깃돌 조각. 고통, 불안, 외로움을 돌돌 말아 단단하게 포장한 돌. 아무것도 느끼지 못한다.

죠반나는 무의식 속에 빠져 있다. 다른 존재가 그녀의 자리를 차지한다. 아픔을 모르고 감각도 없는, 돌로 만든 고분고분한 꽃. 할아버지의 칼이 들어올 때도 그녀는 느끼지 못한다. 고통의 경험은 그녀 안에 없다."

이런 일을 설명하는 학설에 의하면, 이때 아이는 자신의 정체성을 분리하고 여러 개의 의식중추를 만들 때만 전율을 극복한다. 특히 아주 가까운 사람들이—부모일 경우가 흔하다—범인이거나 범인을 알면서도 모르는 척하는 경우, 어린아이는 폭행을 당한 사람이 자기가 아니라 다른 사람이라는 판타지를 통해서만 자기 영혼을 구할 수 있다. 이는 정신역학적으로 합리적인 반응이다. 이렇게 해야 아이는 미쳐버리지 않고 엄마—예를 들자면—와의 관계를 유지할 수 있기 때문이다. 자기 본능에 의하면 보호와 신뢰를 주어야 하는 사람들이 왜 자기에게 가장 끔찍한 해를 입히는지 아이는 이해하지 못한다. 이런 판타지는 일시적으로 그치지 않는다. 많은 심리외상학자들은 이런 식으로 뇌에 다양한 성격과 기억들을 지닌 두 개 또는 더 많은 자율적 자아가 만들어질 수 있으며, 이들은 서로 알지 못할 수도 있다고 추측한다. 이런 현상은 간질 환자나 8천 미터의 히말라야를 오르는 극한상황에 있는 사람들에게 도플갱어가 보이는, 이른바 '자기상 환시autoscopy'와 같은 환각들과는 구분해야 한다.

여러 명의 '나'

원래 '다중인격장애'라고 불리던 이 상태는 수십 년 전부터 심리 진단 목록에 들어 있지만—의료보험에서 치료 비용을 지불한다는 뜻이다—정신의학자들 사이에서도 진단이 분분하다. 다중인격장애에 대한 여러 사례는 90년대 초까지만 해도 연민이 섞인 따뜻한 감정으로 대중매체에 자주 소개됐지만, 90년대 말에는 엄청난 비판에 휩쓸리기 시작했다. 미국의 정신분석가 코르넬리아 윌버Cornelia Wilbur와 저술가 플로라 레타 슈라이버Flora Rheta Schreiber가 기술한 16명의 인격을 지녔다는 가장 유명한 사례 '시빌'에 대한 보고서의 많은 부분이 조작됐다는 증거가 발견되었기 때문이다. 심리상담사가 내담자에게 다중인격장애라고 주입했다는 보고들이 쌓여갔다. 그렇다면 다중인격장애는 확증이 되지 않은 유행 진단에 불과한가?

 이러한 분위기 속에 상황이 다시 변했다. 오진 또는 유행진단이라는 말만으로 이 장애의 내용에 대한 이의를 정확하게 증명할 수 없다는 사실이 토론에서 별로 고려되지 않았던 것이다. 심리외상학자들은 병의 징상徵狀을 '해리성 정체 장애'로 변경하여 진단 목록에 넣음으로써, 다중인격을 머릿속의 익살스러운 인형극으로 상상할 필요는 없음을 분명히 했다. 요즘은 사진으로 뇌 상태를 보여주는 새로운 검사 방법들이 토론에 많은 정보를 제공한다.

 네덜란드 그로닝겐 대학교의 생물학적 정신의학자 시모네 레인데르스Simone Reinders 교수팀은 2003년 12월에 학술 전문지〈뉴로이미지NeuroImage〉에「하나의 뇌, 두 개의 자아One brain, two selves」라는 논문을 발표했다. 연구진은 해리성 정체 장애 진단을 받은 11명의 여자 환자들에게 그들이 겪은 트라우마를 내용으로 하는 글을 여러 번 읽어주었다. 환자들이 어떤 인격 상태에 있는가에 따라 양전자방출단층촬영(Positron Emission Tomography, PET)에 차이가 나타났다. 트라우마를 직접 겪은 '내'가 우세할 때는 트라우마가 낭독되자 뇌 감정중추의 특정한 영역이 활성화됐다. 그러나 제2의 '내'가 우세할 때는 낭독되는 트라우마를 자신이 경험했다고 느끼지 못했고, 이에 상응해 뇌의 다른 영역들이 활성화됐다.

 구오추안 차이Guochuan Tsai와 돈 콘디Don Condie의 연구팀은 1999년에 이미〈하버드 리뷰 오브 사이키아트리Harvard Review of Psychiatry〉에 사례 연구를 발표했다. 연구팀은 기능적 자기공명영상법fMRI을 이용하여 다중인격장애 환자인 마르니를 진찰했다. 30대 중반이었던 이 환자는 잘 통제된 상태에서 구아르디안이라는 이름의 여덟 살짜리 여자 아이—그녀가 느끼는 자아—로 변할 수 있었다. 연구자들은 이른바 이런 전환 상태에서도 시로 다른 기억 저장소들이 활성화된다는 것을 관찰했다. 이는 적어도 다중인격이 환자들이 그냥 지어낸 것이 아님을 강력하게 암시한다.

독일에서도 이미 법적인 면에서 정신의학의 문제를 논의하기 시작했다. 2002년 여름, 부퍼탈 출신의 직업학교 학생인 24세의 다니엘라 K가 약혼자와 함께 그녀의 엄마와 의붓아버지를 살해한 혐의로 기소됐을 때, 그녀는 죄를 부인하고 제2의 '나' 인 사브리나에게 혐의를 돌렸다. 냉혹하고 파렴치하며 공격적인 이 여자가 칼을 잡았다는 주장이었다. 법원은 그녀가 연극을 한다고 판단해 무기징역을 선고했다. 이런 문제는 다시 생길 것이다. 정신의학 전문가가 실제로 어떤 살해 사건의 죄가 '옆의 나'에 있다고 판단한다면, 법적으로는 어떻게 평가해야 할까? '나의 집단' 전체를 가두어야 할까?

'나'를 향한 새로운 조망은 바닥을 드러낸다. 이것은 우리의 가장 강력한 확신이 깨지기 쉬운 기반 위에 있음을 보여준다. 마인츠의 의식철학자 토마스 메칭어는 회의적인 입장이다. "난 우리 정신이 다칠 수 있다는 사실을 아주 확실하게 알게 됐습니다. 가벼운 뇌졸중만으로도 모든 것이 완벽하게 혼란스러워지거나 죽음의 고통으로 변할 수 있으니까요. 특별히 잘못하지 않아도 우리 가운데 누구에게라도, 심지어 젊은 사람에게도 그런 일은 언제나 일어날 수 있습니다. 친지를 친지로 알아보지 못하고, 갑자기 증오 발작을 일으키거나 강박관념을 갖게 됩니다. 우리는 많은 사람들이 아마 인정하고 싶어하지 않을 우리 자신에 대한 사실들을 발견합니다."

우리는 급박한 문제 하나를 스스로에게 제기해야 한다. 우린 도대체 왜 '나'를 지니고 있는 것인가?

2장 '나'의 작은 역사

상징적 사고를 배우게 된 인류

'나'를 향한 여행은 인류의 고향인 아프리카에서 시작된다. 거대한 대륙 동부의 건조한 사바나, 그곳 호수들 주변과 습기를 머금은 강 옆의 숲에서 수백만 년 전에 우리 조상들이 나타났다. 대륙 서부의 열대 우림에는 호모 사피엔스의 동물 형제인 침팬지가 오늘날에도 살고 있다.

원시림에서 호두까기

크리스토페 뵈쉬Christophe Boesch는 스물여덟 살이라는 젊은 나이에 이 길로 들어섰다. 그는 아내 헤드비게와 함께 코트디부아르 상아해안의 타이 국립공원 한가운데 있는 적막한 오두막으로 들어가 숲에서 사는 동물 친척들을 연구했다. 이 스위스 연구자들은 처음에는 둘이었지만, 아이 둘을 낳은 6년 뒤에는 현대적인 원인猿人 핵가족이 되어 부끄러움을 잘 타는 유인원類人猿 무리—암컷, 어린 새끼들, 청소년쯤

된 새끼들이 대장과 함께 먹이를 찾아 숲을 돌아다니는—와 어울려 살았다. 상상하기 힘든 사람도 많겠지만, 커다란 나무들로 둘러싸인 이들의 집에는 전기나 수도도 들어오지 않았다. 주위에는 코끼리와 표범, 뱀과 거미들이 살았다. 다른 사람이라면 꿈속에서도 이런 집을 무서워하겠지만 게임보이와 휴대전화, 차고와 앞뜰이 없는 뵈쉬 가족의 생활은 충만함으로 가득했다. 헤드비게는 그곳 생활이 '풍요로움 그 자체'였다고 회상한다. 이 가족은 침팬지들의 숲에서 12년을 살았다.

처음에는 털로 덮인 영장류를 관찰하려는 시도밖에 할 것이 없었다. 수줍음이 많은 이 동물들을 도무지 볼 수가 없었기 때문이다. 그렇지만 이 현대판 원인들은 유인원이 근처에 있으면 소리는 들을 수 있었다. 예를 들어 유인원 무리가 견과류를 깨느라 돌로 시끄럽게 두드리는 소리 또는 이들이 호기심 많은 두 다리 동물인 연구자들을 피해 도망칠 때 나뭇잎과 부딪치며 내는 소리였다. 운이 좋으면 털이 적은 흰 동물은 침팬지의 등이나 엉덩이를 볼 수 있었고, 그럴 때면 침팬지가 남긴 흔적만 자세히 조사하는 수밖에 다른 도리가 없었다. 부서져 있는 견과류 껍질, 그걸 깨는 데 사용했던 돌도 원시림의 점심 식탁에 그대로 남아 있었다. 연구자들에게는 행운이었다. 침팬지들의 호두 까기 행태가 연구자들의 첫째 과제가 되었기 때문이다.

원숭이 사회와 그 대장이 낯선 세상에서 온 방문객에게 친근함을 보이기까지는 5년이 걸렸다. 뵈쉬 부부의 끈기는 효과를 나타냈다. 시간이 지나면서 이들은 원숭이들 각각을 구별할 수 있게 되었을 뿐만 아니라, 개별적인 특징과 이상한 기호까지도 알게 됐다. 뵈쉬 부부는 우리 인간이 자기 자신, 그리고 자기와 가장 가까운 생물학적 친척들을 어떻게 이해하는가에 관한 아주 중요한 관찰을 하는 데 성공했다. 이들은 어린 침팬지들이 엄마에게서 숙련된 도구 사용 기술과 이들 무리가 지닌 기타 특성들을 몇 년에 걸쳐 배운다는 사실을 알아냈다. 유인원들에게는 자기가 학습한 내용을 다음 세대에 전달하는 그들 고유의 문화가 있었다. 뵈쉬 부부가 현지조사를 통해 수집한 자료들로 미루어 보건대, 이러한 결론은 반박의 여지가 없다. 두 사람은 현재 라이프치히에 있는 막스플랑크 진화인류학 연구소에서 일한다. 크리스토페는 영장류 학부의 부장으로 재직 중이다.

침팬지 무리는 일정한 주기로 타이 우림의 빈 터에 모여 호두와 비슷한 콜라 열매를 깐다. 성장한 동물들은 '망치'로 사용하기에 적당한 돌이나 나뭇가지를 잘 고르고, 땅바닥에 튀어 나와 있는 넓고 편평한 나무뿌리를 능숙하게 찾아 '모루'로 쓴다. 그리고 속의 열매가 으스러지지 않게 적당하게 힘을 잘 조절해 딱딱한 껍질을 깬다. 껍질을 벗겨 열매를 한 주먹 먹은 다음에는 주변으로 이동해 먹이를 또 줍는다. 이때 돌은 손에서 내려놓지 않는다. 원시림에서 알맞은 강도를 지닌 적당한 망치를 찾기란 아주 어려운 일이므로 이 도구는 수요가 많다.

'호두까기 수공업'의 견습공인 청소년들은 아직 이 기술을 제대로 알지 못한다. 다양한 도구를 사용하면서 타격 부위를 바꿔보기도 한다. 아직 학교에 들어가지 않은 어린 침팬지들은 엄마 옆에 앉아 주의 깊게 바라보고, 부스러기를 먹으려 시도하기도 한다.

침팬지들은 1년 내내 견과류를 모아 깨먹는 것으로 어느 정도의 영양분을 충족한다. 숲에는 다섯 종류의 견과류가 자라는데 익는 시기가 각각 다르다. 그러므로 풍족한 영양의 공급처인 이 열매들을 깨는 데 많은 노력을 들이는 것은 동물들에게 의미 있는 일이다. 침팬지들이 이미 여러 세대 전부터 견과류를 까기 위해 여러 가지 실용적인 경험들을 해왔음은 명백해보인다.

1951년생인 뵈쉬가 다른 고고학자 한 명과 함께 침팬지의 부엌을 삽으로 팠을 때, 이들은 센세이션을 일으킬 만한 것을 발견했다. 굳은 껍질 조각들이 묻어 있는 돌들로 미루어 볼 때, 원시림의 약탈자와 그들의 조상은 적어도 900년 전부터 숲 속 빈 터에 모여 견과류를 깨어 먹으며 배를 채웠다. "얼마 전까지만 해도 유인원이 이런 행동을 할 수 있으리라고 아무도 생각하지 못했다." 뵈쉬가 동료와 함께 논문에 쓴 글이다. "나중에 인류학자가 이 장소를 찾는다면, 그는 남겨진 도구를 원시 인류 문화의 흔적으로 간주할 것이다." 다듬은 돌은 인간이 문화적 존재로서 경력을 쌓기 시작했음을 알리는 구체적인 이정표다. 이러한 경력은 250만 년 전에 아프리카 대륙의 건조한 동부에서 시작됐다.

원숭이 학교

침팬지가 견과류 깨는 방법을 다음 세대에 전하는 방식은 특히 중요하다. 여기서 결정적인 역할은 엄마들이 한다. 엄마는 깬 견과류를 새끼들과 몇 년 동안 나누어 먹고, 새끼들이 처음으로 견과류를 깨면 맛있는 간식으로 칭찬을 해준다. 먹이를 더 찾으러 갈 때면, 새끼들이 도구를 써볼 수 있도록 모루 옆에 망치를 두고 간다. 도구를 도둑맞을 위험이 있음에도 불구하고 이렇게 행동하는 것이다. 엄마들은 새끼들이 깨는 것을 가끔 도와주기도 하고, 적당한 망치나 쉽게 깨질 듯한 견과류를 찾아주기도 한다. 도구를 잘 다루는 새끼들도 넘어설 수 없는 장애물에 부딪히면 엄마가 직접 뛰어든다. 인간 학교와의 유사성은 놀라울 정도다.

뵈쉬는 엄마가 새끼들에게 문제를 어떻게 해결해야 하는지 정확하게 보여주는 두 가지 경우를 관찰했다. 어느 날 다섯 살짜리 암컷이 울퉁불퉁한 형태의 망치를 쓰는 데 어려움을 겪었다. '견습공'은 타격 위치를 바꾸고 열매 이곳저곳을 바닥에 대어 보며 해결책을 찾으려 했다. 그래도 딱딱한 열매는 부서질 생각을 하지 않았다. 이런 문제는 우리도 잘 알고 있다. 딸이 실패하리라는 것을 알아챈 엄마가 망치를 넘겨받아, 깨기에 가장 적합한 위치가 딸의 눈앞에 오도록 열매를 아주 천천히—1분 동안—돌렸다. 그러고는 바로 내리친 다음 다른 열매도 몇 개 깼다. 그리고 엄마는 딸에게 도구를 돌려주었다. 침팬지의 교육에서 가장 중요한 요소 가운데 하나는 이렇듯 단순한 시범과 모방이다.

뵈쉬에 따르면 신출내기에서 숙련공까지의 경력은 세 단계로 나뉜다. 처음에 새끼들은 미숙하고, 어떻게 해야 먹이를 얻을 수 있는지 도무지 이해하지 못한다. 전형적인 실수는 타격에 쓰일 올바른 도구를 찾지 못한다거나―손 또는 적당하지 않은 망치―딱딱한 바닥, 즉 모루를 사용하지 않는다는 점이다. 요소들 사이의 관계를 이해하기 시작하는 세 살짜리 청소년들은 둘째 단계에 속한다. 이쯤 되면 이들은 사실상 이미 모든 것을 올바르게 할 줄 안다. 견과를 놓을 줄 알고, 서로 맞는 망치와 모루도 찾을 줄 알며 올바른 기술도 사용할 줄 안다. 하지만 딱딱한 껍질을 깨기에는 아직 힘이 부족하다. 침팬지들의 근육이 강해지면 셋째 단계가 시작된다. 반복 연습을 통해 2년 안에 기술이 아주 빠른 속도로 발달하여 어른들이 지닌 효율성―상대적으로 쉽게 깨지는 견과의 경우―까지 도달한다. 초보자는 열 살에 이르러서야 겨우 숙련된 호두까기 선수가 되어 자기가 아는 것을 다른 침팬지들에게 전해줄 수 있다. 뵈쉬는 '이런 행동은 일상적인 침팬지 문화의 한 표현'이라고 요약한다.

형제 : 침팬지와 인간

이러한 발견은 우리의 자화상에도 중요한 영향을 미친다. 문화와 전통을 전달하는 우리 능력의 뿌리가 어쩌면 석기가 처음 등장한 시대에 상응하는 250만 년보다 훨씬 길 수 있기 때문이다. 문화와 도구 사용 능력은 아마 인간과 침팬지 공동의 조상도 지니고 있었으리라 짐작되는데, 이들은 6백만에서 8백만 년 전에 아프리카에서 살았다. 물론 유인원에게는 언어나 예술이나 비행기도 없고, 결혼 풍속이나 인간들이 지닌 식사 예절도 없다. 그러나 이들은 어떤 일에 닥쳤을 때 늘 새로운 것을 만들어낼 필요는 없으며, 다음 세대에 자기가 아는 것을 전달함으로써 지식을 축적한다.

이런 인식을 완강하게 거부하는 사람들은, 미국 진화생물학자인 스티븐 제이 굴드Stephen Jay Gould가 표현하듯 두 종 사이에 '금으로 된 횡목'을 지르는 관념론자들밖에 없다. 굴드의 이 말은, 해와 달 아래 먼지 속에서 기는 것들과 넝쿨에서 움직이는 다른 모든 것과 우리 인간들 사이에 경계를 지으려는 ― 객관적인 정당함을 찾기 어려움에도 불구하고 ― 많은 사람들의 성향을 의미한다.

인간이 동물임을 가장 뚜렷하게 보여주는 것은 게놈이다. 다른 행성의 동물학자가 본다면 자이르의 피그미침팬지 또는 보노보, 그리고 아종이 셋인 침팬지(Pan troglodytes, 체고, 서부, 긴털 침팬지가 침팬지의 세 아종. 피그미는 별종)와 함께 아무런 망설임 없이 인간을 제3의 침팬지로 정의할 것이다. 게놈을 비교한 결과, 사람과 침팬지는 모든 유전인자의 약 98.77퍼센트를 공유한다. 거꾸로 말하면, 침팬지는 고릴라나 오랑우탄보다 사람과 더 가깝다. 이는 사람이 침팬지를 포함한 다른 동물들과 구분되는 것이 아니라, 사람과 침팬지와 보노보가 나머지 다른 동물들과 구분된다는 뜻이다. 침팬지와 사람의 건축 설계도에 의해 지어진 도서관은 거의 동일하기 때문이다. 그러나 60억가량인 지구상의 사람들과 얼마 남지 않은 숲 속의 침팬지와 보노보는 활성화되어 사용되고 있는 유전자를 통해 구분할 수 있다. 계속 도서관을 예로 들자면, 펼쳐져 있거나 읽은 책들이라는 뜻이다. 분자생물학자들은 유전자 활성도에서 중요한 차이점을 발견했다.

  사람의 뇌에서는 침팬지와 다른 단백질이 약 8퍼센트까지 만들어지는데 이는 아마 침팬지보다 높은 인지 능력과 관계가 있을 것이다(많은 유전자들이 단백질 만드는 일을 한다). 다른 또 하나의 커다란 차이는 고환이다. 학자들은 여기에서 3분의 1 이상 다른 단백질 장비를 발견했다. 뵈쉬의 동료인 라이프치히의 스반테 패애보Svante Pääbo는 사람과 침팬지 사이에서 발견되는 서로 뚜렷하게 다른 성적 습성으로 이를 설명한다. 암컷은 아주 많은 수컷과 연달아 교미하므로 수컷들 사이에서는 정자 경쟁이 치열해진다. 사정할 때 많은 정자를 만들어 앞선 수컷이 남긴 것을 자기 유전인자와 섞어 묽어지게 하거나 씻어내야 하는 것이다.

  진화상의 이런 전략은 고환의 크기에서 드러난다. 침팬지가 정자를 만들어내는 곳은 테니스 공만 하다. 이에 비해 발기한 성기는 붉은 색연필처럼 보인다. 이는 귀엽다거나 우스꽝스러운 게 아니라 진화가 의도한 목적—암컷의 질에 되도록 많은 정자를 넣는 것—에 부합한다는 뜻이다. 성적인 행위에서 침팬지에게는 이것 말고도 다른 점이 또 있다. 성행위가 공개적으로 이루어질 때가 자주 있는데, 이는 힘의 표현이며 결과다. 가장 서열이 높은 '알파' 수컷은 자신의 힘을 보이기 위해 발기한 성기를 과시한다.

구멍을 뚫을까, 아니면 낚시질을 할까?

그렇다면 침팬지는—행동에서의 몇 가지 차이점을 제외했을 때—도구 사용자요 제작자일까? 인간의 조상이 수백만 년 전에 걸어간 길을 가려는, 아직 완성되지 않은 호모 파베르(도구를 만드는 인간)일까? 도구 문화를 발달시키고 먼 미래에 우주여행과 심장이식과 인터넷을 하게 될까?

이 질문에 대한 대답은 미래에 대한 예측을 필요로 하므로 당연히 가설에 불과하다. 그러나 문화가 침팬지에게서 어떤 의미를 갖게 될지는 뚜렷하지 않다. 예를 들면 모든 침팬지가 도구를 사용하여 견과류를 깨는 행위를 하지는 않기 때문이다. 서아프리카, 그것도 상아해안 우림의 서쪽 그리고 이곳과 맞닿아 있는 두 지역에 사는 침팬지들만 이런 행동을 한다. 다른 침팬지들은 다른 기술을 사용한다. 사람들 사이에서도 인도와 유럽의 문화가 달라서 풍속과 관습과 전략, 강점과 약점, 법률이 다르듯이 침팬지의 일상생활도 이들이 사는 지역에 따라 구별된다는 뜻이다.

뵈쉬와 스코틀랜드의 세인트 앤드류 대학교에서 가르치는 그의 동료 앤드류 화이튼Andrew Whiten은 현지조사를 하는 동료

연구자들—그 가운데는 세계적으로 유명한 선구자 제인 구달 Jane Goodall과 교토 대학교의 도시사다 니시다 Toshisada Nishida도 있었다—에게 설문조사를 한 뒤, 일종의 침팬지 문화 목록을 만들었다. 이들은 도구사용에서부터 의사소통의 다양한 형태와 사회적 관례에 이르기까지, 다양한 침팬지 집단의 행동에서 보이는 중요한 특색들을 자세히 묘사했다. 관찰한 햇수를 모두 합치면 151년이며, 행동 양식은 39개였다.

이 목록에 따르면 호두까기 다음으로 눈에 띄는 문화적인 행동은 단백질이 풍부한 에너지 공급원인 흰개미와 개미를 잡는 방법이다. 이때 침팬지들이 개미집을 파고 잡아먹기 위해 도구를 사용하는 경우가 많은데, 학자들은 이런 행동을 '낚시질'이라고 부른다. 낚시질 하는 방법은 아주 다양하다. 배가 고픈 침팬지는 풀줄기나 작은 막대기를 사용한다. '낚싯대'는 지역에 따라 길이와 굵기가 다르고, 재질도 부드럽거나 딱딱한 것 등 서로 다르다. 그러나 한 무리는 언제나 한 가지 방법, 즉 예전부터 내려온 그들 고유의 사냥 방법을 사용한다. 유인원이 곤충을 입에 넣는 방법도 다양하다. 양념 꼬치구이처럼 나뭇가지에서 바로 먹기도 하고, 빠른 손동작으로 낚싯대를 훑어 스낵처럼 입에 털어 넣기도 한다.

연구자들은 이렇듯 다른 습관 덕분에 침팬지들의 혈통이 각각 어느 지역과 문화에 속하는지—스코틀랜드의 씨족을 치마 무늬로 알아보듯—분류할 수 있다. 한 가지 예는 침팬지가 딱딱한 잎사귀를 입에 넣고 시끄럽게 소리를 내어 잘게 씹지만,

먹지는 않는 리프 클립Leaf Clip 행동이다. 40년이 넘는 관찰 시간에도 불구하고—제인 구달은 60년대 초반에 이곳에서 연구 활동을 시작했다—생태학자들은 탄자니아 곰베 국립공원에서는 이런 행동을 전혀 목격하지 못했다. 다른 세 집단은 리프 클립 행동을 하는데, 의미는 서로 다르다. 상아해안의 타이 공원에서는 이렇게 잎을 씹은 뒤에 가슴을 두드리는 과시 행위가 따른다. 기니의 보소 숲에서는 놀이를 하자는 뜻이다. 탄자니아의 마할레에서는 잎을 씹을 때 나는 소리로 수컷들이 발정기인 암컷들을 유인한다. 침팬지들이 다른 숲의 동료들을 방문한다면 어떤 문화 충격을 겪을지 상상이 된다. 아마 유럽인이 오리엔트의 낯선 바자르시장에 간 느낌일 것이다.

  문화적인 특색을 보이는 또 다른 행위는 몸을 뒤져 기생충을 잡아 처리하는 방식이다. 침팬지가 기생충을 잡으면 보통 먹지만 그 전에 약간 손을 보는데, 손보는 방법이 지역마다 현저하게 다르다. 곰베 침팬지들은 나뭇가지에서 잎을 몇 장 떼어 조심스럽게 겹쳐 놓고 그 위에 기생충을 올려놓은 다음, 양쪽 엄지손톱으로 눌러 죽이고 먹는다. 마할레 침팬지들은 기생충을 잎사귀에 말아 우리가 케이크를 잘라 먹듯이 엄지손톱으로 토막을 내서 먹는다. 사용했던 잎사귀에 잡은 기생충을 다시 싸고 똑같은 방법을 되풀이할 때도 가끔 있다. 이에 비해 타이 원숭이는 잡은 기생충을 아래팔에 올려놓고 터질 때까지 검지 끝으로 친 다음 입에 넣는다. 이런 행동은 각 지역마다 전형적인 특색을 보인다.

고릴라와 까마귀도 도구를 사용한다. 고래 집단들도 서로 다른 노래를 부르고, 먹이를 잡는 방법도 다른 듯하다. 연구자들의 관찰에 따르면 새들도 다른 '사투리'로 노래한다. 일본원숭이마카크는 고구마를 먹기 전에 물로 씻는다. 그러나 침팬지는 자연이라는 공구함에서 노련하게 공구를 꺼내 쓰는 존재로서 특별한 위치를 차지한다.

앤드류 화이튼은 다른 동료와 실시한 통제된 실험을 통해 동물이 어떻게 배우는지, 그리고 새로 얻은 학습 능력을 자기 무리의 다른 구성원들에게 어떻게 전달하는지 밝혔다. 연구자들은 서열이 높은 암컷들에게 기구에서 먹이가 나오도록 '뚫는 기술' 또는 '올리는 기술'을 가르쳤다. 암컷들은 자기 무리로 돌아가서 다른 동물들에게 먹이가 든 기구를 어떻게 다루는지 보여주었고, 이 동물들은 훈련을 받고 온 자기 무리의 암컷이 가르치는 기술을 고분고분하게 따라했다. '우연히' 이 기술을 본 동물들도 마찬가지였다.

이 실험은 침팬지의 행동이 문화와는 관계가 없고 단순히 전통일 뿐이라는 많은 전문가들의 주장을 반박한다. 어쨌든 학자들의 논쟁은 "닭이 날 수 있는가?"라는 문제 정도의 의미는 있다. 크리스토페 뵈쉬에 의하면, 문화를 창조하는 우리의 소질은 분명히 무無에서 나온 것이 아니다. "정신적인 전제 조건들은 단순한 초기 상태와 초보 단계에서 나왔고, 아주 이른 뿌리를 지니고 있을 겁니다. 어쨌든 우리 조상들이 침팬지의 경우와 비슷하게 다른 것들 말고도 사회적인 학습을 통해 최초로 석기 문화를 창조했으리라는 것을 상상할 수 있습니다."

붉은 열매를 먹고 싶은 욕구

우리를 우리이게 하는 모든 것과 우리가 인간에게 전형적이라고 간주하는 것들 가운데 많은 것들은 깊고도 아주 먼 과거까지 뻗어가는 뿌리를 지니고 있다. 진화생물학자들은 무한히 긴 시간을 넘어 확장되는 발달 성향들에 대해 이야기한다. 예를 들어 직립보행은 호미니드(사람과의 동물)에 와서야 완벽해졌는데, 많은 학자들과 일반인들은 호미니드가 직립보행으로 어떤 장점을 얻을 수 있었기에 이들이 두 발로 걷기 시작했는지 그 다양한 원인들을 궁금해 한다. 몇 가지 예만 들자면 걸을 때 에너지 소비가 적은 것, 햇빛을 덜 받는 것, 사바나의 무성한 풀 너머를 정찰할 수 있는 것, 깊은 물속에서도 걸을 수 있는 것, 성징性徵을 보일 수 있는 것 등으로 추측된다. 그러나 걸을 때 뒷다리에 중심을 많이 두는 성향은 나무에 사는 원숭이들에게도 이미 아주 오래됐다. 이런 단계를 거치지 않고서는 호미니드가—하던 식으로 계속 설명하자면—결정적인 한 발을 내딛고 직립하지 못했을 것이다.

결과적으로 볼 때 혁명에 가까운 이 새로운 발전으로 우리는 6백만 년 또는 8백만 년 전에 원시림에 사는 우리의 형제들과 헤어졌다. 골격과 근육 구조의 큰 변화는 우리 조상들에게 새로운 세계를 열어주었다. 양손은 걸음과 손의 조작을 동시에 인식

해야 하는 데서 오는 느릿한 타협으로부터 해방됐다. 손은 더 이상 (침팬지처럼) 석기를 가끔씩만 사용하고 아주 드물게만 조작하는 것이 아니라, 도구를 튼튼하게 제작하고 그 지식을 다음 세대에 전달하도록 전문화됐다. 오늘날 이 손은 몸을 지탱하는 대신 트럼펫으로 노래를 연주하고 컴퓨터 자판으로 글을 쓴다.

붉은색을 인식하는 능력은 인간으로 향하는 길에 아주 특별한 의미가 있었다. 나무에 살던 작고 털이 많은 원숭이는 3천만 년에서 5천만 년 전에 잘 익은 열매에 관심을 갖기 시작했다. 잘 익은 붉은 열매는 에너지가 되는 당분을 많이 함유하고 있으므로, 붉은색을 분석할 수 있는 수용기受容器는 유익한 자산이 되었다. 이 말은 사소하고 대수롭지 않게 들린다. 그러나 자세히 분석해보면 숲에서 열매를 먹는 동물의 생활방식은 아주 중요한 결과를 가져왔다. 열매를 먹는 동물이 더 똑똑하다는 사실이 바로 그것이다.

과일을 먹는 동물은 언제나 손만 뻗으면 되는 잎을 먹는 동물과는 달리, 숲에서 언제 어느 곳에 어떤 열매가 열리는지 정확히 알고 있어야 유리하다. 그러므로 표준을 넘어서는 사고 용량, 특히 장소와 시간에 관계되는 기억력은 엄청난 장점이 된다. 과일 나무들이 있는 곳과 그 열매가 익는 시기를 알고 있는 어떤 개인은 그 무리에서 사회적 서열이 높아지고 더 많은 섹스 파트너를 차지하여 더 많은 후손을 얻는다. 붉은색을 볼 수 있는 유전인자가 몇 세대를 거치면서 한 개인에게서 무리 전체로 퍼져가듯이, 원래 어떤 개인만 가지고 있던 기억 능력이 세월이 지나면서 계속 그 무리에게, 그리고 무리를 넘어서도 퍼지게 된다. 이런 일이 진행되는 동안, 달고 붉은 열매와 그 열매가 달리는 나무를 발견하는 능력이 더 좋은 다른 개인이 우연히 다시 태어난다. 이들이 성장하면 더 성공적인 섹스 파트너가 된다. 실제 상황에서는 훨씬 복잡하긴 하지만 진화는 이런 식으로 작동한다.

오늘날 원숭이들과의 비교 연구는 열매를 먹는 동물의 생활 방식이 원시시대 숲 속에서 살던 동물들의 정신적 능력 형성에 커다란 영향을 주었다는 사실을 증명했다. 열매에 많이 의존할수록 그리고 경쟁 구역이 넓은 원숭이 종일수록 뇌 부피, 특히 대뇌피질의 부피가 크다. 결과에 대한 평가가 신체 크기에 따라 조종된 다음에도 마찬가지다. 코끼리처럼 큰 동물들은 당연히 엄청나게 뇌가 크지만, 이런 사실에서 코끼리가 쥐처럼 작은 동물보다 똑똑하다는 결론이 저절로 나오지는 않는다. 이런 성향을 대변하는 오늘날 호모 사피엔스의 뇌는 비슷한 몸무게인 포유류와 비교할 때 여섯 배, 침팬지보다 세 배, 250만 년 전에 살았던 원시인의 뇌보다 두 배로 크다. 가장 많이 확장된 것은 고도의 인지 기능을 대부분 수행하는 대뇌의 부피다. 이에 비해 고릴라처럼 잎을 먹는 영장류의 사고 기관은 비교적 작다. 그러나 장은 섬유소를 분해하기 위해 더 커지므로 이런 동물들은 아주 크고 몸무게도 많이 나간다.

이렇듯 유혹적인 붉은 열매는 옛날, 아주 옛날 우리의 조상들이 더 큰 뇌 부피와 더 나은 정신적 능력이라는 성향을 지니게 된 촉발제였다. 이와 더불어 지능이라는 새로운 생태학적 선반도 만들어졌지만 이 전략에 내포된 단점도 있었다. 사고 과정을 담당하는 신경세포에는 아주 많은 에너지가 필요하다. 인간의 뇌는 신체 무게의 2퍼센트에 불과하지만, 기초대사의 20퍼센트 가량은 뇌가 쓴다. 잘 때든 깨어 있을 때든 뇌는 에너지를 가장 많이 소비하는 조직이다. 침팬지와 일본원숭이의 경우에는 9퍼센트고, 코끼리는 겨우 3퍼센트다.

사고 기관의 에너지 필요량은 아기들과 어린 아이들에게서 더욱 크다. 자라고 배우는 뇌는 몸이 휴식하고 있을 때 섭취한 칼로리의 반을 소비한다. 이런 사실에서 아이들에게 젖과 기타 음식을 충분히 주는 일이 모계 조상들에게 얼마나 힘든 과제였는지 알 수 있다. 또 다른 단점은, 출생 전 호미니드 아기들의 뇌가 크게 자랄 수 없는 자연적인 한계가 생겼다는 점이다. 직립보행 때문에 여자들의 산도産道는 필요한 만큼 커지지 않았고, 그 결과 아기들 뇌 발달의 많은 부분은 출산 뒤로 미뤄지게 됐다. 아기들은 완성되지 못한 채 세상에 나와 다른 포유류와 비교할 때 훨씬 더 길고 집약적인 양육 기간을 필요로 하게 됐다.

먹이는 어떻게 사고를 결정하는가

인지적인 무장 경쟁 전략에는 단점도 있었다. 이 전략이 실제로 더 많은 음식을 얻는 일에 쓰이지 못하면 굶어죽을 위험이 커진 것이다. '능력이 있는 뇌'라는 사치를 누리면서 이와 연결된 약점도 지니게 되었기 때문이다. 사고를 통해 뭔가 유용한 것이 나오지 않으면 마이너스 경제다. 이 법칙은 자본가들이 지식인들의 화를 돋우기 위해서 만들어 낸 것이 아니라 자연이 만들었다.

침팬지들이 숲 속에서 우월한 정신적 능력을 마음껏 펼치고 거침없이 사용하는 것은 놀라운 일이 아니다. 예를 들어 상아해안의 타이 우림에 사는 침팬지들은 동물도 사냥하는데, 그 가운데서도 주로 긴꼬리원숭이를 사냥한다. 그러나 원시림의 나무 꼭대기로 기어오르는 이 작은 동물을 잡기 위해서는 수컷들이—암컷은 사냥에 참가하지 않는다—서로 협력하여 전략을 잘 짜야 하고 무자비하게 실행에 옮겨야 한다. 동물들이 태어나면서부터 사냥꾼은 아니므로, 오랜 시간 배워야 한다. 수컷이 열 살이 되면 처음으로 사냥에 따라간다. 훌륭한 사냥꾼에게 필요한 온갖 속임수와 술책을 배우는 데는 20년이 걸린다. 서른다섯이 되면 재능이 있는 침팬지는 자기 무리의 약탈 행군을 직접 지휘하는 사령관이 된다.

침팬지들은 사냥에서 다양한 역할을 나누어 맡는다. 먼저 정찰병이 약탈 대상의 위치를 확인하고, 다른 침팬지들은 매복처에 몸을 숨긴다. 그런 다음 침팬지 한 마리가 몰이사냥에서와 마찬가지로 긴꼬리원숭이들을 몰고, 다른 침팬지들은 옆을 막아 원숭이들이 이탈하지 못하게 함으로써 원하는 방향으로 사냥감을 몰아간다. 침팬지들의 작전이 성공하면 원숭이들에게는 살아남을 기회가 전혀 없다. 침팬지들은 가끔 나무에서 원숭이들을 잡아버릴 때도 있다. 원숭이들이 땅으로 뛰어내릴 때도 있는데, 그때는 그곳을 지키던 보초들이 원숭이에게 달려든다.

그 다음 장면은 상당히 끔찍하다. 70년대에 처음으로 이런 사냥을 연구하여 보고한 제인 구달의 관찰 내용은 사람들에게 충격을 주기에 충분했다. 침팬지는 원숭이들을 대부분 잔인하게 찢고, 또 산 채로 먹기도 한다. 그러나 사냥한 원숭이를 누가 얼마나 차지하는가에 대해서는 엄격한 규칙이 있다. 나이나 서열뿐 아니라, 사냥을 성공적으로 이끌기 위해 각자가 수행한 역할이 중요하다. 사냥에 참가하지 않은 침팬지는 원칙적으로 조금만 얻어 먹거나 전혀 먹지 못하지만, 예외가 관찰되기도 했다. 연구자들이 보기에 어떤 무리의 '알파' 수컷은 잘 계획된 매수 작전을 쓰는 듯했다. 이 수컷은 자신을 도와주었거나, 도와줄 거라고 생각되는 침팬지들과 사냥한 고기를 나눠 먹었기 때문이다.

먹이를 얻는 방법이 한 생명체의 사고를 특징짓는다는 의견에는 의심의 여지가 없다. 이런 결론은 거꾸로도 가능하다. 이렇게 계획적이고 앞을 예견해가며 사냥을 하는 누군가는 사냥감의 관점을 알아야 하고 그 처지가 되어볼 수 있어야 한다. 이런 사냥꾼은 자신이 사냥하는 대상이 주어진 상황에서 어떻게 행동할지, 그 대상이 어떤 의도와 계획을 따르게 될지에 대해 적어도 단순한 상상력은 지니고 있다. 여기서 이들이 예견 능력, 그리고 상대방의 처지에서 생각하는 '관점 인수' 능력을 지녔다는 결론이 나온다. 이 능력을 정신 철학의 전문용어로는

'마음이론Theory of Mind'이라고 한다. 상대방의 머릿속에 어떤 생각이 있을지 이론을 세우는 것이다. 물론 그 생각이 옳을지 확실하게 알기란 아주 어렵다. 이 개념은 다른 장에서도 여러 번 나올 것이다. 침팬지도 조금은 가지고 있는 소질, 즉 상대방이 무슨 '생각'을 하는지 '생각' 하는 것을 인간은 탁월하게 계속 발전시켰기 때문이다. 다른 사람들이 무엇을 원하고 계획하고 행동하게 될지 미리 생각하지 않고 우리가 해결할 수 있는 상황은 일상생활에서 거의 없다. 그러나 인간만이 전략적으로 잘 계획된 사냥을 하는 유일한 존재가 아니듯이, 마음이론이 인간만의 독점물이 아니라는 점이 중요하다. 다른 말로 하면, 인간이 사냥을 잘하기 때문에 '인간'이 된 것은 아니다.

털북숭이 거짓말쟁이

수학 능력조차도 호모 사피엔스 혼자만의 것이 아니다. 침팬지 연구자들은 그들의 연구 대상이 적어도 기초적인 계산 이해력을 지니고 있으며, 어떤 집합의 원소가 셋보다 크거나 작은지 안다고 한다. 연구자들은 이 동물이 자연 환경 속에서 다른 경쟁 구역의 침팬지 수컷들과 어떤 상황에서 싸움을 하는지 관찰함으로써 이런 사실을 확인한다. 규칙은 아주 간단하다. 셋 또는 그 이상의 침팬지가 혼자 있는 이웃 동네 침팬지를 발견하면 죽인다. 단순히 실험만 할 때도 침팬지들은 이런 태도를 보였다. 연구자들이 녹음된 낯선 침팬지 소리를 들려주자 셋 미만인 침팬지들은 잠잠하게 있었지만, 셋 이상일 때는 거기에 맞서 응답하고 소리가 나는 방향으로 달려가 싸울 태세를 갖추었다.

그러나 침팬지들이 동물적이고 거리낌 없는 면을 보인다고 해서 악의 화신이라는 인상을 받아서는 안 된다. 우리의 동물 사촌들은 싸운 뒤에 손을 내밀거나 서로 안거나 입을 맞추거나 서로 이를 잡아주는 등 다양한 방법으로 화해한다. 고아를 입양하여 기르는 것도 관찰된다. 침팬지들은 사냥할 때나 외부의 공격에 맞설 때 서로 협력한다. 파트너가 권력을 잡는 데 도움을 주고, 평생 유지되는 우정의 동맹을 맺는 침팬지도 많다. 보노보 사회는 지극히 평화로운데, 아마 성행위를 통해 서로 화해하는 방법을 알기 때문일 것이다. 이들의 성행위는 암컷이나 수컷끼리 또는 이성 간에 이루어진다. 이런 동물적인 면을 원하는 호모 사피엔스도 물론 많을 것이다. 숲에 사는 우리의 사촌들은 참과 거짓의 차이를 원칙적으로 안다. 많은 영장류가 어떤 행동으로 상대방을 잘못된 길로 유인할 수 있는지 알고 있다. 이런 지식은 자기 이익을 위해 남을 속일 수 있게 만든다. 현지조사 연구자들의 보고서는 이렇듯 속이고 조종하고 계략을 쓰는 원숭이들의 일화로 가득하다. 피렌체 출신 작가 니콜로 마키아벨리(1469~1527)의 선구자인 이들에게 중요한 문제는 대부분 먹이와 교미와 서열에서의 우위다. 예를 들면 어느 정도 나이가 든 비비는 자기 무리의 대장들끼리 싸움을 잘 붙여놓고, 여기에 따라오는 혼란을 틈타 암컷을 차지하기 위해 사라진다. 이런 속임수는 그가 대장들처럼 많은 후손을 얻을 수 있게 만들어준다.

속임수는 모든 영장류에게서 발견된다. 마운틴고릴라 암컷은 먹이를 발견하면 털을 손질하며 이를 비밀에 붙인다. 털 손질은 무리의 다른 구성원들에게 아무 일도 없으니 그냥 계속 가라는 신호다. 그런 다음 맛있는 겨우살이를 나무 꼭대기에서 가지고 내려온다. 애틀랜타의 여키즈 영장류연구소에서 일하는 네덜란드의 행동연구가 프란스 드 발Frans de Waal은 우리에 사는 수컷들이 서로 속이는 모습도 관찰했다. 한 침팬지가 먹이를 먹는 장소에 놓여 있는 금속 상자 속의 바나나를 먹으러 왔다. 바로 그때 다른 침팬지가 오자, 이 침팬지는 몸을 돌려 자리에 앉아 아무 일도 없다는 듯이 행동했다. 나중에 온 침팬지도 여기에 장단을 맞추어 속아 넘어가는 듯한 인상을 풍기며 사라졌지만, 사실은 나무 뒤에 숨어 지켜보고 있었다. 처음 침팬지가 아무도 없다고 생각하고 바나나를 먹으려던 찰나, 숨어 있던 침팬지가 나무 뒤에서 나타나 바나나를 낚아챘다.

많은 영장류가 사회적 존재에게 결정적인— '네가 무슨 생각을 하는지 난 알아'—게임을 이렇게 잘 한다면, 인간을 인간으로 만드는 특징은 무엇인가? 아주 간단하다. 호모 사피엔스는 이들보다 몇 단계 더 나아가는 예상을 할 수 있다. 영국의 진화심리학자 로빈 던바Robin Dunbar의 연구는 사람들이 보통 다섯 단계 이상 상대방의 생각을 추측할 수 있다는 결과를 보여준다. 이는 어떤 사람이 다음과 같은 문장을 말하는 것과 같다(괄호에 있는 번호가 사고의 단계다). 내가 이런 의도가 있다고(5) 네가 생각하기를(4) 내가 원하는 것을(3) 네가 안다고(2) 치자(1). 인간이 이렇듯 다섯 단계를 구사하는 데 비해 영장류는 두 단계를, 원숭이는 한 단계를 할 수 있다. 그러나 이 추측을 실제로 시험해보기는 아주 어렵다.

이렇듯 두드러진 사회적 (그리고 이와 더불어 비사회적) 지능을 염두에 두면, 몇몇 영장류가 거울에서 자기 모습을 알아보는 것은 별로 놀라운 일이 아니다. 이 방법은 논란이 많긴 하지만 자의식을 알아보기 위한 가장 중요한 실험이다. 학자들이 침팬지들에게 거울을 주자, 이들은 잠시 후에 입 안을 들여다보거나 평소에는 보이지 않는 신체 부위를 관찰하기 시작했다. 학자들이 침팬지를 마취하고 얼굴에 얼룩을 그려놓자, 마취에서 깨어난 침팬지는 거울을 본 다음 얼룩을 지우려고 애를 썼다. 보노보와 오랑우탄도 비슷한 행동을 한다. 이에 비해 고릴라는 거울 실험에서 사람들의 기대를 충족시키지 못한다. 원숭이도 마찬가지다.

프란스 드 발의 연구가 보여주듯이, 꼬리감는원숭이는 거울에 비친 자기 모습을 남이라고도, 자기 자신이라고도 간주하지 않는다. 이들의 반응은 그 중간 어디쯤이다. 암컷은 모르는 누군가를 만났을 때보다 편안해 보이고, 수컷은 겨루는 듯한 자세를 취하긴 하지만 경쟁자를 만났을 때만큼 뚜렷하지는 않다. 고래와 돌고래도 거울에 흥미를 보이며 오랫동안 들여다보며 논다. 이는 인간의 정신적 능력이라고 간주되는 것들이 영장류 및 다른 동물들에게도 적용된다는 뜻이다. 동물들도 그들의 시간보다 훨씬 오래전에 시작된 진화적 발달이라는 기초 위에 그들의 정신적 능력을 계속 건설해나간다. 미세하기는 하지만 진화는 인지 능력을 덜 지닌 동물들에게서도 일어나는 것이다.

인간이 더 현명해진 이유

석기 시대는 인간과 인간 직전의 조상이 만들어낸 가장 긴 문화 시기다. 석기 시대는 250만 년 전에 아프리카에서 시작됐으며 사람들이 금속을 다루기 시작한 4천 년쯤 전에 끝났다. 호미니드가 정교하게 다듬어지고, 날카로우며 딱딱하고 뾰족한 칼과 고리와 긁개와 창을 만들 수 있도록 돌을 점점 더 세밀하게 다루는 방법을 배우는 데는 수백 만 년이 걸렸다. 많은 인류학자들은 이들이 처음에 사냥을 위해 도구를 사용한 것이 아니라, 사바나에 있는 동물의 사체를 되도록 빨리 해체하기 위해 도구를 썼다고 짐작한다. 이들은 아마 여러 명이 함께 죽은 동물에게 달려들어 돌칼과 긁개로 사체를 토막내고 뼈를 갈아서 뇌에 아주 중요한 영양소인 지방과 단백질을 섭취했을 것이다.

인간과 인간 사회를 오늘날까지 특징짓는 결정적인 발달이 이 원시시대 이전에 시작됐다. 살아남기 위해 인간이 지켜야 할 선택 기준을 더 이상 자연에게만 맡겨두지 않게 된 것이다. 점점 더 인간 스스로 만든 생활환경이 진화를 결정하는 요인이 되었다. 석기를 끊임없이 개선하고 그 사용법에 최선으로 적응하는 능력은 그 자체가 생존의 시금석이 되었다. 능숙한 손재주와 계획적인 사고, 좋은 원료가 필요했다. 이것을 더 많이 소유한 사람은 물질적인 성과를 높였고, 그 결과 더 높은 명성은 말할 것도 없고 후손도 더 많이 남길 수 있었다.

요약하자면 이미 수백 년 전부터 진화에서 드러나던 더 높은 지능과 더 나은 뇌의 작용을 향하던 성향은 그 성향 스스로에 의해 점점 더 빨라졌다. 인간이 도구를 제작함으로써 비로소 제작 기술이 발달할 수 있는 환경이 만들어졌기 때문이다. 전문가들은 인간의 생물문화적 진화에 대해 이야기하는데, 이미 얻은 지식이 지속적으로 다음 세대에 전달될 때만 이 진화가 작동하리라는 것을 의심하는 사람은 아무도 없을 것이다.

이런 발달은 우선 침팬지와 비교할 때 세 배에 달하는 호모 사피엔스의 뇌 크기에서 읽을 수 있으며, 또한 자기 의도대로 자연을 조작하게 만든 도구의 사용이 호미니드로 하여금 처음으로 자기가 태어난 환경에서 떠날 수 있게 했다는 점에서도 찾을 수 있다. 두 발로 걷는 도구제작자들은 그들의 역사상 처음으로 아프리카를 떠났다. 아시아 자바 섬에서 발견되는 이들의 유물은 200만 년 전의 것이다. 여행을 즐기던 이 원시인들은—연구자들은 이들에게 호모 에렉투스, 즉 똑바로 선 사람이라는 이름을 붙였다—유럽으로도 갔다. 호모 에렉투스는 그루지야(드마니시 유적, 180만 년 전)**와 에스파냐**(호모 안테세소르, 아타푸에르카 동굴, 80만 년 전)**와 튀링엔**(빌칭스레벤, 40만 년 전)에 흔적을 남겼고, 나중에는 네안데르탈인의 조상이 되었다. 이 첫 유럽인—북쪽의 거친

기후 환경에 적응하여 흰 피부였던—의 화석은 지금으로부터 150여 년 전인 1856년, 뒤셀도르프와 부퍼탈 사이에 있는 메트만 근처의 네안데르 계곡에서 건축노동자들에 의해 발견됐다.

호모 에렉투스가 어떤 문화적인 행위를 했는가에 관해서는 전문가들 사이에서 논란이 그치지 않는다. 이들이 불을 알고 있었고 또 다룰 줄 알았다는 것은 명백하다. 이에 대한 확실한 증거 가운데 가장 이른 것은 50만 년 전까지 거슬러 올라간다. 이들은 아주 숙련된 도구제작자였다. 이들이 가문비나무로 만든 투창의 탄도학적 특성은 오늘날 올림픽 경기에서 쓰이는 것들과 비교할 때 거의 뒤지지 않는다. 쇠닝엔니더작센에서는 40만 년 전의 투사기들이 발굴됐는데, 이 투사기들과 사냥터의 흔적은 원시인들이 야생마 무리와 같은 커다란 야생동물들을 성공적으로 사냥했음을 보여준다. 호모 에렉투스는 아마 배를 만들어 인도네시아 군도의 섬들을 지나 아시아에서 오스트레일리아의 해변까지 갔을 것이다. 아시아의 많은 인류학자들은 오늘날 이곳에 사는 주민들의 조상이 호모 에렉투스라고 생각하기도 한다.

그러나 이는 이 여행자들이 단순한 형태의 종교적 감정을 이미 지니고 있었는가 하는 문제와 마찬가지로 논쟁의 여지가 있다. 예를 들어 디트리히 마니아Dietrich Mania는 이들에게 종교가 있었다고 확신한다. 예나 대학교의 고생물학자인 그는 빌징스레벤의 운스트루트 강 지류인 비퍼 강변에서 소규모로 호모 에렉투스의 주거지를 몇 년 동안 발굴했다. 이곳은 유럽에서 가장 중요한 선사 유적지 가운데 하나다. 마니아는 포장된 지면을 제의祭儀 장소로, 많은 금이 그어진 뼈를 당시 열대 대륙이었던 이곳 주민들이 더 높은 내세의 힘을 믿었던 증거로 해석했다. 그러나 본보기가 되는 마니아의 연구에도 불구하고 이런 해석이 증명되지는 않는다.

인간의 과거를 발굴하는 사람들이 우리 조상들의 사고와 능력, 더욱이 신앙을 확실하게 하려 할 때면 큰 문제에 부딪힌다. 우리 조상들의 머릿속을 떠돌아다니며 그들의 특성을 결정한 생각과 도덕적 규정과 재능은 전혀 남아 있지 않다. 신념은 개인이 죽은 뒤에도 무한히 오랜 시간을 살아남을 수 있는 화석으로 남지 않는다. 보호하는 역할을 하는 오두막(매머드의 엄니로 만들었다)을 짓는 관습을 뚜렷하게 보여주는 가장 이른 증거는 2만 년에서 3만 년 전의 것이므로, 이런 관습과 호모 사피엔스와의 연관성은 아주 명백하다. 매장의 가장 이른 증거는 북부 이라크의 샤니다르 동굴에서 발견됐는데, 이 유적은 대략 6만 년 전까지 거슬러 올라간다(연대는 확실하지 않다). 그곳에는 다양한 연령층의 네안데르탈인들이 매장되어 있었다. 한 구덩이에서 발굴자들은 다량의 꽃가루를 발견했으므로 무덤이 꽃들로 화려하게 장식됐으리라고 추론했다. 상처를 치유한 흔적은 이 공동체가 약한 구성원을 돌보았으며, 따라서 사회적 결합을 알고 있었다는 간접적인 증거가 된다.

그러므로 많은 학자들은 네안데르탈인이 자의식을 가지고 있었으며 사후에 자신이 어떻게 될지 생각했다는 주장의 중요한 논거로 샤니다르를 든다. 하지만 누가 알랴? 어쩌면 강하고 단단한 이 호미니드가 그저 어렴풋한 위생 관념을 가지고 있었거나, 사체를 땅에 묻어서 썩는 냄새를 맡지 않으려 했는지도 모를 일이다. 이런 종류의 발견이 호미니드가 취했을 법한 실용적인 목적으로 재구성되는 일도 흔하다. 이는 원시인의 정신적 수준이 높았던 것이 아니라, 단순히 바로 옆에 놓인 불편함을 치워버렸다는 의미가 된다. 이런 이견이 타당한지는 각자 스스로 판단할 일이다.

상징적 사고: '나'의 등장

정교한 도구를 제작하고 사냥할 때 다양한 역할을 나누어 맡았을 원시인들은 분명히 분화된 의사소통의 언어를 사용했을 것이다. 이런 사냥 집단은 적어도 사냥감의 이름을 부르고, 사용할 전략에 대한 의견 일치를 보고, 개별적인 구성원에게 말을 건네고, 그들에게 다양한 의무를 지워줄 수 있어야 한다. 사냥이 뭔가 제대로 되지 않는다면 집단은 그 정보도 알아야 한다. 이때 누군가가—예를 들어 자기가 갖고 싶은 몫이 있으면—자기 자신을 가리킬 생각을 하게 되리라는 것도 가정할 수 있다. '나'라는 생각이 도구를 제작하고, 사냥하고, 계획하고, 싸우고, 속이고, 화해하고, 자신의 종말을 걱정하는 원시인들의 머릿속에 퍼졌으리라고 추측할 수 있는 것이다. 이 일이 언제 일어났는지, 그리고 '나'를 처음으로 생각하고 그렇게 부른 사람이 호모 에렉투스였는지 아니면 네안데르탈인이나 호모 사피엔스였는지는 확인하기 어렵다. 사실 사람들이 먼저 생각을 하고 그 뒤에 여기에 해당하는 개념을 만들었는지, 아니면 반대였는지 그 순서조차도 학자들 사이에서 논란이 된다. 낭만적인 사랑과 마찬가지로 언어는 화석으로 남지 않는다. 픽토그램이나 쐐기문자의 흔적은 지금으로부터 6천 년 전, 오늘날의 이라크인 메소포타미아에서 고대 문명이 나타나고서야 보인다.

그러나 호미니드 두개골 화석의 안쪽을 조사한 인류학자들은 이런 규칙에 우아하게 비껴가는 사실을 발견했다. 대뇌피질의 다양한 영역이 두개골에 흔적으로 남았던 것이다. 인류학자들은 놀랍게도 호모 사피엔스뿐만 아니라 호모 에렉투스에서도 주로 언어를 담당하는 영역(브로카와 베르니케 영역이라고 불린다)의 뇌 흔적을 발견했다. 요하네스버그 위트워터스랜드 대학교의 필립 토비아스는 이 사실에서 우리 조상들이 이미 200만 년 전에 말을 할 수 있었다는 결론을 내렸다. 그러나 완벽한 상태로 남은 153만 년 전의 호모 에렉투스 소년의 두개골을 분석한 결과, 이 주장과 일치하지 않는 점이 발견됐다. 케냐에 있는 투르카나 호에 맞닿은 나리오코톰 마을 근처의 늪에 빠진 열한 살 또는 열두 살짜리 소년의 흉곽은 말을 할 수 있는 구조가 아니라고 한다. 정교하고 짧으며 빠른 음을 내어 의사소통을 할 수 있도록 근육과 뼈들이 만들어지지 않았다는 것이다.

학자들은 언어 기원의 연구에서 불분명한 증거에 직면하여 우리 조상들이 처음으로 상징을 사용한 시기가 언제인지 연구한다. 지금까지 인정된 논거에 의하면, 사람의 생각이 어떤 대상이나 음에 원래는 내포되지 않았던 의미를 부여하는 데까지 발전해야 비로소 언어의 전제조건이 충족된다. 아마 약속을 통해 몸짓이나 단순한 음, 혹은 어떤 대상에 의미가 주어졌을 것이다. 그러므로 상징적인 사고는 즉각적인 '지금'과 '여기'를 넘어서고, 과거와 미래에 대한 이해를 추론하게 하는 자의식의 한 방식이라고 간주된다. 추상적인 기호를 통한 의사소통은 창의력, 예술과 음악, 언어와 수학과 문자, 학문의 전제조건이다.

그러나 무엇을 상징으로 간주해야 할 것인가에 대해서는 통일된 의견이 없다. 빌징스레벤에서 발견된 40만 년 전의 뼈에 새겨진 금? 남아프리카에서 발견된 잘 닦인 7만 년 전의 송곳? 콩고에서 발견된—개인 장신구라는 용도 외에 다른 목적은 생각할 수 없는—반짝이는 9만 년 전의 작은 구슬? 프랑스 쇼베 동굴에서 발견된 석기 시대의 마르크 샤갈이 그린 3만 5천 년 전의 동물 그림? 슈바벤 알프스에서 발견된, 3만에서 4만 년 전의 상아로 만든 사자 인간 모양과 뼈로 만든 피리? 지금 든 예들은 호모 사피엔스와 그 조상들이 만든 작품들, 원시시대 연구자들이 오늘날의 관점에서 해석하는 작품들의 범위를 보여준다. 빌징스레벤의 뼈를 추상적인 사고의 증거로 생각하기는 어려운 반면, 쇼베 동굴의 아름다운 벽화를 예술의 초기 단계로 간주하는 데는 거의 아무도 이의를 제기하지 않는다. 화제가 개인의 장신구에 이르면, 이는 인류 역사상 처음 나타난 새로운 사고의 신호라고 평가될 수 있다. 다른 사람보다 두드러지려는 '나'의 등장이 바로 그것이다.

대부분의 선사학자들은 3만 년에서 5만 년 사이—더 이른 예술적인 증거도 있기는 하지만—를 호미니드에게 처음으로 오늘날 사람들과 같은 인지 능력이 발달한 시기로 선택한다. 많은 사람들이 이 시기에 일어난 '창조적 폭발'에 대해 이야기하는데, 이는 근거가 있는 주장이다. 호미니드가 그전에는 기나긴 구석기 시대를 지나는 동안 돌만 두드리고 있었지만—물론 10만 년마다 조금씩 더 노련해지고 더 정확해지긴 했으나, 근본적으로는 흔들림 없이 똑같은—지금 언급한 시기에 이르자 갑자기 폭발하듯 섬세한 것과 잘 다듬은 것, 우아하고 개인적인 것, 다시 말해서 자아와 관련된 것들을 만들기 시작한 듯이 보이기 때문이다.

상황이 정말 이러했는지, 아니면 발굴된 물품들이 창조적인 빅뱅을 그럴 듯하게 꾸밀 뿐인지는 아무도 모른다. 그러나 미국 고고학자인 스탠포드 대학교의 리처드 클라인Richard Klein은 이미 엄청난 창의성의 한 가지 원인을 제기했다. 그는 뇌신경세포의 배열을 변하게 한 게놈의 돌연변이가 당시 사람들을 더 현명하고 이해력이 빠르며 아이디어가 풍부하게 만들었다고 주장했다. 클라인은 이런 결정적인 도약이 생물학적으로 완전히 나뉘는 다른 인류 집단에서가 아니라, 호모 사피엔스 종 안에서 일어났다고 보았다. 이전에는 한 개인이 상당히 지루하고 단기적인 욕구를 좇은 반면, 유전적인 개선이 이루어진 뒤에는 오늘날의 사람들과 같은 창의적인 사고를 하게 되었고, 이들이 널리 퍼지게 되었다. 다시 말해서 뉴턴이나 갈릴레이나 아리스토텔레스가 이미 앞서서 존재했더라면, 원칙상 상대성이론을 명확히 표현할 수 있는 두뇌들이 태어난 것이다. 이 가설에는 난점이 많지만, 그중 한 가지는 특히 심각하다. 어떤 유전자가 이런 방식으로 변했는지, 그리고 이 돌연변이가 정말 일어났는지 클라인이 알지 못한다는 점이다. 뇌의 복잡한 네트워크에서 하나 또는 몇 가지 돌연변이에 의해 셋까지도 셀 수 없는 아이가 아인슈타인이 되기란 거의 불가능하다. 이런 우연은 기적이라고 보아야 하며, 비생물학적인 어떤 힘이 있어야 가능할 것이다.

라이프치히의 스반테 패애보는 석기 시대에 사고의 혁신을 가져왔을 법한—물론 클라인의 원칙을 명백하게 하는—후보자를 조사했다. 여기서 다루어지는 것은 이른바 '언어 유전자'인 폭스피2 FOXP2다. 축약된 이 명칭은 KE라는 가명을 쓰는 런던의 한 집안에서 나왔다. 이 집안은 3대가 넘는 세월 동안 극심한 언어 장애를 겪고 있다. 당사자들은 올바른 문법을 구사하기 어려워 늘 틀린 시제를 사용하며, 아주 애를 써야 정확한 발음을 입 밖으로 낼 수 있다. 이 집안 사람들은 식구끼리도 대화가 되지 않는다. 옥스퍼드 유전학자들이 언어 장애가 있는 사람들은 공통적으로 이 유전자에 결함이 있음을 알아낸 뒤로 폭스피2가 지능 유전자인지 언어 유전자인지에 대해 학자들 사이에서 의견이 분분하다. 게놈에서 DNA는 통제하는 위치에 있으며 다른 많은 유전자의 활동을 조정하는 것은 명백해 보인다. 이는 그곳에 결함이 있으면 왜 아주 많은 영역들이 영향을 받는지에 대한 설명이 될 것이다.

진화유전학자 패애보는 수수께끼 같은 이 유전자의 역사를 연구하여 논쟁에 몇 가지 진전을 가져왔다. 그의 연구에 따르면 715개의 염기쌍은 쥐와 인간의 조상이 분리된 7천만 년 전 이래로 세 번 변했다. 그 가운데 두 번이 인간과 침팬지가 분리되어 발달한 마지막 600만 년 전에서 800만 년 전 사이에 일어났다. 이는 폭스피2가 호미니드의 진화에 중요한 역할을 했음을 암시한다.

오늘날의 인구 집단들을 비교해본 결과 최신형 유전자는 매우 빠른 속도로 퍼졌음이 드러났는데, 아마 이 유전자를 소유하면 장점이 아주 많았기 때문일 것이다. 런던의 KE 집안처럼 부정적인 경우로 미루어 보건대 이런 장점이란 언어 이해와 산출의 엄청난 발전이었으리라고 추측된다.

패애보의 자료에 따르면 폭스피2에서 마지막 돌연변이가 일어난 때는 약 10만 년 전, 새로운 호모 사피엔스가 아프리카를 떠나 점차 지구 전체에 거주하게 된 바로 그때다. 이 호모 사피엔스는 약 4만 년 전에 오늘날의 프랑스 남쪽에서 크로마뇽인이 되어 나타난다. 패애보는 이런 팽창의 결정적인 추진력이—오늘날의 언어에서도 알 수 있듯이—아마 정교한 의사소통 체계였을 것이라고 말한다. 패애보가 옳다면 호모 사피엔스가 차가운 유럽과 북부 아시아의 어려움들을 극복하도록 해준 1순위는 기술 혁신이 아니라 더욱 잘 조직된 사회적 결합이었다. '우리'가 바로 이런 사회적 결합이다. 의사소통과 '함께'라는 개념이 사람들에게 행사하는 중요한 역할은 앞으로도 자주 만나게 될 것이다.

폭스피2 연구는 우리가 생물학적으로 요람에 있을 때부터 언어적 재능을 지니고 있고 유전인자에 결함만 없다면 확실한 문장론적 감각을 타고난다는 추측에 근거를 제공한다. 탁월하게 말을 할 줄 아는 사람은 처음에 수천 명밖에 되지 않았을 수도 있다. 이들이 공통되는 방언을 사용했다면—가정할 수 있는 일이다—이는 현존하는 6천여 언어들이 모두 이 원시 언어 또는 원原 언어에서 발달해 나왔다는 뜻이다. 이 가정은 무척 흥미로운데, 언어학자들은 이미 오래전부터 이 가정의 진실 여부를 조사하고 새로운 증거들을 계속 내놓고 있다.

이런 증거들에 따르면 우리에게 익숙한 '파파Papa'는 5만 년 쯤 전에 사람들이 세상에 대고 외친 가장 이른 단어들 가운데 하나일 수도 있다. 적어도 프랑스 학자들은 이렇게 믿는다. 이들은 큰 어족語族 14개에서 1,000가지 언어를 조사했는데, 700개 이상에서 단순한 이중 파pa를 확인했다. 놀랍게도 '파파'는 광범위한 지역에서 일정하게 뚜렷한 뜻을 지니고 있었다. 조사한 언어의 71퍼센트에서 이 단어는 아버지나 부계父系 남자 친척으로 밝혀진 것이다. "여기에는 한 가지 설명밖에 없습니다. '파파'라는 단어는 같은 어원에서 나온 거지요." 파리 언어학 및 인류학 협회의 피에르 방셀Pierre Bancel의 이야기다. 이 말이 옳다면 부모 중 남자를 가리키는 명칭은 원 언어 또는 원시 언어에서—이런 언어가 있다면—가장 오래된 단어 가운데 하나가 된다.

 그렇다면 5만 년 전의 크로마뇽 아버지나 엄마들도 아이들이 처음으로 말을 걸어오면,—아니면 적어도 그렇게 들리는 옹알이를 뱉으면—현대의 부모들과 마찬가지로 아주 황홀해 했을 것이다.

3장

요람 속의 과학자

세상과 자기 자신을 발견하는 아기들

이사벨라의 얼굴은 작고 예쁜 달덩이 같다. 작은 몸에 비해 머리가 꽤 크고 뺨은 포동포동하다. 7개월 된 이 아기는 눈을 천천히 깜박거리며, 마음먹은 대로 움직이지 못해 뒤뚱거린다. 말똥하게 깨어 있는 눈만 아니라면, 그리고 TV 방송국과 비슷한 주위 분위기만 아니라면 사람들은 아마 이사벨라가 자기 옆에서 무슨 일이 일어나는지 전혀 모른다고 생각할 것 같다. 이 아이는 지금 안구추적장치—시장 연구자들이 광고를 분석할 때 쓰는—가 달린 비디오 화면 앞에 앉아 있다. 안구추적장치로 이 귀여운 젖먹이의 눈동자가 매 순간 어떻게 움직이는지 알 수 있다. 비둘기색 커튼이 수수하게 드리운 방에 있는 여러 대의 카메라는 아기가 허둥대며 버둥거리는 모습을 옆방에 전송한다. 반투명한 유리로 막혀 있고 방음장치가 된 그 방에서는 일종의 영화 찍기가 진행된다. 여러 개의 화면, 조정기가 놓인 탁자, 녹화 장치, 그리고 이 모든 일을 조정하는 기술자.

"여기를 보세요!" 스피커에서 나오는 목소리가 기저귀를 찬 피시험자에게 말한다. 이런 말은 할 필요도 없었다. 아기 의자에 앉아 이제 시작된 비디오를 보는 이사벨라의 작은 몸이 갑자기 긴장한다. 맑게 깨어 있는 활발한 파란 눈이 호기심으로 가득 찬다. 엄마는 옆의 의자에 앉아, 아기에게 무슨 일이 일어나지 않도록 살핀다. "여기를 보세요!" 같은 말이 테이프에서 다시 한 번 울리고, 여전히 집중하고 있는 아기 앞에 똑같은 장면이 두 번째로 시작된다. 성인 여자 두 명이 플라스틱으로 만든 작은 초록색 장난감 차를 하얀 책상 위에서 밀고 있는 장면이다. 운전석에는 노란 곰이 앉아 있다. 테이프는 이사벨라가 싫증을 낼 때까지 몇 번 더 반복된다. 아기가 화면을 보지 않고 다른 쪽으로 몸을 돌리는 것이 싫증이 났다는 표시다.

다른 짧은 실험이 두 번 더 실시된다. 피시험자인 아기가 할 일은 채 2분이 되지 않아 끝난다. 옆방에서 비디오가 완성된다. 비디오 제목은 「7개월의 이사벨라가 세상을 배우는 방법」이고 감독은 뮌헨 슈바빙 구역의 막스플랑크 인지 및 신경과학 연구소에서 일하는 발달심리학자 기자 아쉬스레벤Gisa Aschersleben 이다. 2분짜리 테이프는 아이 방에 세워둘 '참여 증서'와 '아동 발달 연구'를 도와주어 고맙다는 연구팀의 감사의 말과 더불어 아기와 부모에게 매력적인 기념품이 될 것이다. 어떻게 도움이 되었는지 이사벨라는 지금도 모르고, 또 앞으로 몇 년이 지나도 알 수 없을 것이다. 아기는 자연이 도구로 준 것을 그냥 사용했을 뿐이다.

세상 이해하는 법 배우기

아이들이 지닌 엄청난 학습 능력의 세세한 부분은 막스플랑크 아동 연구팀의 심리학자들도 알아채지 못할 때가 있다. 이들은 엄마와 아이의 상호작용을 보여주는 비디오를 조력자들과 함께 몇 시간씩 분석하고, 복잡한 이 연대감이 보여주는 미세한 점도 놓치지 않으려 한다. 슬로모션과 반복은 평범한 관찰자들이 미처 알지 못하는 일들을 이해할 수 있게 해준다. 매일 어느 집 아이 방에서나 볼 수 있는, 그래서 우리 모두 아는 평범한 장면처럼 보이는 일들은 '사람 되기'를 배우는 아기들의 고속 교과 과정이다. 아이는 생후 1년간 생애 그 어느 때보다도 더 많은 것을 배운다고 한다. 이 말이 맞다면 이런 일은 우리 눈에 띄지 않게 일어난다는 뜻이다. 젖먹이들은 엄마가 뭔가 재미있는 것을 주려고 하면 눈으로 얼른 짐작하고, 오르골 시계에서 멜로디가 들리면 공룡 인형을 휙 집어 던진다. 소리에 맞춰 노래를 하며 얼굴에 행복한 미소를 짓는 엄마를 아기가 쳐다본다. 성인들 대부분은 이런 상호작용을 보지 못한다.

세계 곳곳에 있는 수많은 연구실의 심리학자들―남자들도 더러 있지만, 여자들이 더 많다―은 이렇듯 눈에 잘 띄지 않는 엄마와의 상호작용을 통해 아이들의 학습 과정을 알아내려 한다. 사물과 동물과 사람이 무엇인지, 누가 엄마고 누가 아빠라는 수수께끼를 아이들이 어떻게 푸는지 연구하는 것이다. 개와 고양이의 차이를 어떻게 아는지, 움직임의 본질적 특징과 어떤 행위의 본질적 특징을 구별할 수 있는지도 연구한다. 이는 그

속에 있는 의도를 알아야 한다는 전제조건이 있으므로 간단하지 않다. 기자 아쉬스레벤과 연구팀은 아이들이 자신의 행위를 이해하고 어떻게 발달시켜나가는지, 앞 사람이 하는 행위를 관찰하는 것이 아이들에게 어떤 역할을 하는지 연구했다. 아이들은 어떻게, 그리고 언제부터 자기 앞에 있는 존재가 자기처럼 감정이 있고 원하는 게 있는 사람이라는 것을 알까? 아이는 자기가 '나'라는 것, 이렇게 생각하는 것과 말로 표현하는 것을 어떻게 배울까? 그리고 어떻게 자의식을 지닌 한 사람이 되어, 미래를 계획하고 스스로의 기억으로 자기 인생사를 이야기할 능력을 갖추게 될까?

전문가들이나 일반인들 모두 대답하기 쉽지 않은 문제다. 그러나 아기들은 일상적인 우리의 행동에서 숨은 규칙을 찾아내고, 그것을 기억하여 자기 행동의 기초로 삼는다. 1980년대 말, 시애틀 워싱턴 대학교의 앤드류 멜조프 Andrew Melzoff는 아기들이 얼마나 집중적으로 그리고 얼마나 이른 시기에 배우는지 증명할 수 있었다. 그는 비디오카메라를 들고 자기 고향에 있는 큰 병원의 신생아실로 갔고, 거기서 얻은 결과로 전문가 집단을 쇼킹—그의 동료들이 하는 표현이다—하게 했다.

이 발달심리학자는 스스로 어릿광대가 되었다. 당시 아직 젊었던 이 학자는 부모와 의사들의 동의를 얻어 갓난아기들에게 혀를 내밀거나 입술을 뾰족하게 하거나 입을 오o 모양으로 만들어 보이고, 평균 6주 된 이 아기들이 머리가 보글거리는 다 큰 어른의 유치한 짓에 어떻게 반응하는지 카메라로 찍었다. 멜조프는 자신이 이미 내린 판단 때문에 결과가 잘못되지 않도록, 이 자료를 대학의 한 동료에게 분석하게 했다. 분석 결과는 발달심리학에 한 획을 긋는 큰 파장을 불러일으켰다. 아이들은 이 염치없는 학자의 표정놀이를 아무 문제없이 흉내 낼 수 있었다. 실험에 참여한 아기들 가운데 가장 어린, 태어난 지 42분밖에 되지 않는 아기도 입을 벌리고 용감하게 혀를 내밀었다. 어린 피시험자들은 24시간이 지나도록 이런 표정을 반복할 수 있었다. 멜조프의 첫 실험은 다양한 문화권에서 여러 번 확인됐다. 이로써 아주 어린 아기들도 기억력이 있으며, 거울에서 자기 얼굴을 알아보거나 자아라는 깊은 개념을 알기에는 아직 어리지만 다른 사람에게서 본 것을 자기 얼굴로 모방할 수 있음이 확실하게 밝혀졌다.

멜조프의 표현에 따르면 그전까지 신생아는 '살아 있는 야채, 소리만 지를 줄 아는 당근'이요, 자고 먹고 기저귀를 더럽히는 것 말고는 아무것도 할 줄 모르는 존재로 간주됐다. 발달심리학의 창시자인 장 피아제(Jean Piaget, 1896~1980)조차도 신생아는 단순한 반응들만 할 줄 안다고 생각했다. 멜조프의 연구 이후 이 생각에 전환이 이루어졌다. 멜조프가 시애틀의 유명한 언어발달 전문가인 그의 아내 패트리샤 쿨Patricia Kuhl과 동료인 버클리 캘리포니아 대학교의 앨리슨 고프닉Alison Gopnik과 함께 저술한 『요람 속의 과학자 The Scientist in the Crib』에서 세 학자는 한 살까지 아이들의 지적 능력에 대한 새로운 이론을 내놓았다.

미국의 이 과학자 트리오에 따르면 아이들은 태어날 때 이미 사람과 세상이 어떠한가에 대한 추측을 지니고 있다고 한다. 이렇듯 태어날 때부터 이미 내장되었던 요소들은 자극에 대한 단순한 반사나 반응만으로 이루어진 것이 아니라, 복잡한 상상과 가설을 포함한다. 신생아들은 거의 언제나 다른 사람에게 의존해야 하지만, 발달하는 이들의 뇌는 놀랍도록 정확하게 주변을 이해한다. "우리는 처음부터 세상을 이해하고 중요한 것을 선택하며, 이런 선택이 어떤 결과를 가져오는지 예측할 수 있습니다." 과학자 트리오의 말이다. 많은 사람들이 여전히 생각하듯이 아기가 백지 상태로 이 세상에 태어나는 것이 아니라는 결론도 여기서 나온다. 멜조프와 고프닉과 쿨에 따르면 아이들은 어른을 선생님으로 삼아 어린 과학자들처럼 자기 주변을 탐구하고, 주변의 관계에 대해 언제나 새로운 이론을 세운다.

"아기들은 끊임없이 자료를 모으고, 새로 얻은 인식과 맞지 않는 가정들을 버립니다. 아이들은 이렇게 미래를 가정해나가서, 어른이 되면 처음 시작할 때와는 아주 많이 달라지지요." 고프닉의 설명이 이어진다. "이는 아주 흥미로우며 학습에 대한 전통적인 생각을 훨씬 넘어서는 것입니다. 우리는 아이들의 똑똑한 머릿속에서 어떤 기제가 작동하는지 이제 겨우 이해하기 시작했습니다." 이 심리학자는 그들 트리오가 '이론 이론Theory Theory'이라고 부르는 관념에 대해 이렇게 설명한다.

이 말장난은 꼭 맞는 말이다. 멜조프 연구팀은 자기들도 아이들과 똑같은 처지라고 생각한다. 그들도 아이들의 인식이 어떻게 작동하는가에 대한 이론을 세울 뿐, 다른 식으로 일하지 않기 때문이다. 우리 모두 이 학자들과 마찬가지다. 우리도 다음에 무엇을 해야 옳은지 추측하고, 성공하지 못할 게 확실하면 태도를 바꾸지 않는가? 아직 그렇게 할 수 있는 나이라면 말이다. 아이들의 경우에는 모든 일이 빨리 이루어지고, 편견 없이 결과를 열어둔 채 바로 생활과 부딪쳐 멍이 든다는 것이 우리와의 차이점이다.

예를 들어 작은 울보는 처음 호흡을 할 때부터 사람들의 모든 것을 좋아하는데, 이는 우리를 평생 따라 다니는 특성이다. 아기들은 개별적인 사람의 얼굴과 목소리를 다른 소리나 대상과 구별할 수 있고, 자기가 속한 사회 집단의 신호를 선호한다. 또 며칠 지나지 않아 가장 가까운 사람들의 범주에 초점을 맞춘다. 익숙한 얼굴과 목소리와 냄새를 다시 알아보고, 이런 자극에 반응을 더 잘 보인다. 7개월쯤 되면 전형적인 '낯가림'을 하여 모르는 사람들에게 안기지 않으려 하고, 가까운 범위 안의 사람들을 좋아한다. 9개월이 되면 목소리에서 기쁨과 슬픔과 분노를 구별하고, 어떤 표정이 어떤 느낌을 표현하는지 알아본다.

한 살이 된 아이들은 이미 자기 상황을 완전히 새로운 방식으로 표현할 수 있고, 다른 사람의 행동과 느낌과 인식이 바깥 세계를 향할 수도 있다는 것을 이해하기 시작한다. 다른 사람들이 손가락으로 어딘가를 가리키면, 펴든 손가락이 아니라 그게 가리키는 곳을 바라본다. 어른들은 당연하게 이해할 수 있는 이런 동작에는 여기에 맞는 추상적인 능력이 필요하다. 여기서 말하는 연령은 평균적이라는 언급을 해야겠다. 발달 단계는 당연히 개인마다 약간씩 다르므로 우선은 부모들이 걱정할 필요는 없다.

고프닉의 제자에 따르면 18개월이 된 아이들은 자신의 느낌과 요구가 다른 사람들의 것과 다를 수도 있음을 이해하기 시작한다고 한다. 이 미래의 심리학자는 아기들에게 음식이 들어 있는 그릇 두 개를 보여주었다. 하나에는 아기들이 좋아하는 금붕어 크래커가, 다른 하나에는 끔찍하게 싫어하는 생 브로콜리가 들어 있었다. 실험 책임자는 눈을 말똥거리며 뜨고 있는 아이들 앞에서 두 가지 음식을 모두 먹고, 어떤 음식이 맛있는지 얼굴 표정으로 나타내보였다. 그런 다음 이 어른은 자기가 먹고 싶은 것을 손으로 가리켰다.

아이들이 그녀에게 어떤 음식을 줄까? 자기가 좋아하는 것? 아니면 보아하니 어른이 확실하게 좋아하는 것? 대답은 아기들의 연령대에 따라 달랐다. 14개월까지의 아기들은 누구나 금붕어 크래커를 좋아한다고 확신하여 그녀가 보여준 기호와는 상관없이 크래커를 주었다. 그러나 평균 4개월 정도 더 자란 아이들은 다른 사람의 욕구가 자기와 다를 수도 있다는 것을 명확하게 알았다. 자기 입맛에는 야채가 아주 싫지만, 상대방이 좋아하는 브로콜리도 내밀었던 것이다.

발달심리학은 아이들이 무슨 생각을 하고 무엇을 느끼는지 물어볼 필요가 없는 기술 덕분에 발전했다. 아이들에게서 관찰되는 주의력은 심리학자들에게 아기들이 어떤 일을 아는지의 여부에 대한 결정적인 기준이 된다. 심리학자들이 같은 일을 반복하여 보여주면 어린 아이의 흥미는 떨어지고 바라보는 시간도 짧아지지만, 다른 일이 시작되면 주의력이 상승하고 보는 시간도 길어진다.

지루해진 어린 아이들은 공이 벽 뒤로 사라졌다가 다른 쪽에서 오리가 되어 나타나도 단조롭게 움직이는 대상이 갑자기 변한 것을 알지 못한다. 아이들이 이 상황을 이상하게 생각하고 공이 어디로 사라졌는지 찾기 시작한다면, 이 아이들은 지금 뭔가 이해할 수 없는 일이 일어났음을 알아챈 것이다. 다른 한 예는 어떤 장난감차가 다른 차를 향해 움직일 때다. 처음 장면에서는 첫 번째 차가 두 번째 차에 부딪치고, 두 번째 차가 굴러가는 모습을 보여준다. 10개월 된 아기는 이런 상황을 받아들인다. 두 번째 차가 부딪히지도 않았는데 움직이면, 아기들은 이 장면을 다른 때보다 더 오래 바라본다. 뭔가 이상하기 때문이다. 아기들도 요술은 믿지 않는다.

아주 어린 아이들도 움직이는 것들에 온통 시선을 빼앗긴다. 3~4개월이 된 아이들은 움직이던 물체가 장애물 뒤로 사라지면 그 물체가 이제 나타나리라고 예상되는 곳을 바라본다. 그러나 아이들이 어떤 물체가 스스로 움직일 수 있고 어떤 물체가 움직여주어야 움직이는지, 외양과 행동의 차이를 이해하고 있을까? 하이델베르크 대학교의 발달심리학자인 자비네 파우엔Sabine Pauen은 이 의문을 조사하기 위해 다양한 연령층의 아이들에게 '동물―공 패러다임' 실험을 했다. 그녀는 아이들에게 동물처럼 생긴 인형과 공이 속도와 방향을 자주 바꾸어가며 섞여 굴러다니는 놀이를 보여줬다. 아이들이 보기에 움직임의 원인이 된 것은 무엇일까? 실험에 참가한 아이들 가운데 유치원에 다니는 나이부터는 "동물이 공을 가지고 놀아요"라든가 "동물이 공을 밀어요" 또는 "동물이 공을 먹으려고 해요"라고 대답했다. 동물이—털이 있는 헝겊조각이 몸이고, 두 눈과 입이 그려진 공이 그 위에 있는—움직임을 일으킨 장본인이라고 간주한 것이다.

'동물은 스스로 움직인다'는 생각은 7개월밖에 안된 아기도 이미 한다. 두 물체가 함께 마구 움직인 뒤에 각자 다른 구석에 놓여 있으면 아기는 잔뜩 긴장한 채 동물이라고 생각되는 물체를 바라본다. 파우엔의 판단에 따르면 '아마 동물이 왜 움직이지 않는지 의아하게 생각하고, 금방 다시 움직이기를 기대'하기 때문이다. 그러나 '동물'에 털이나 얼굴이 없으면 아이들은 이런 반응을 보이지 않는다. 손이 공과 '동물'을 잡고 처음 실험 때처럼 움직이고 나서 구석에 이 두 장난감을 놓아두면 아이들은 둘을 거의 똑같은 시간 동안 바라본다. 움직임을 일으킨 것은 손이라고 생각하기 때문이다.

막스플랑크 연구소의 심리학자 기자 아쉬스레벤은 뮌헨에 있는 그녀의 아기 연구실에서 우연히 이루어지는 작용, 그리고 행동을 하는 사람이 어떤 목표를 가지고 하는 행위의 차이를—어른들에게도 중요하고 결정하기 어려운 문제다—기저귀를 찬 과학자들이 얼마나 이해하는지 조사했다. 그녀는 무대에서 사람의 손등이 탑과 오리 장난감 가운데 하나를 반복하여 쓰다듬고 몇 센티미터 미는 모습을 아기들에게 보여주고는 똑똑한 피시험자들이 여기에 익숙해지자 장난감의 자리를 바꾸었다. 그런 다음 손이 다시 장막 뒤에서 나타나서 탑이나 오리를 밀었다. 6개월 된 아이들은 행위의 목표가 달라지면, 즉 손이 새 장난감을 밀면 관심을 보였다. 그러나 목표가 동일할 때면 (물체는 같고 움직임만 달라졌다는 의미다) 관심을 보이지 않았다. 이런 결과로 볼 때, 이 연령의 아이들은 이미 어떤 행위가 의도적인지 그 여부를 알고 있다. 그러나 물체가 움직이지 않으면, 아이들은 이 움직임이 우연이었으며 목표가 없었다고 판단했다. 이는 어떤 행위에 결과가 나타나면 아이들이 이 행위를 의도적이었다고 해석한다는 의미다.

7개월 된 이사벨라가 참여했던 실험은 아이들이 자기 행동을 계획할 때 다른 사람의 행위를 기반으로 하는지 알아보는 연구였다. 실험 감독자가 이사벨라에게 소리가 나지 않는 녹색 단추와 붉은 불이 들어오면서 소리가 나는 커다란 유리 단추를 보여주자, 이사벨라는 이를 행위 모방을 위한 정보로 사용했다. 그러나 9~11개월이 된 아이들은 이 실험에서 이미 약간 더 나아간 모습을 보인다. 아이들은 먼저 단추를 누르는데 가장 빨리 효과를 내는 단추를 누른다. 이로 볼 때 아이들은 자신이 매일 관찰하는, 겉보기에는 혼란스러운 행위들의 다양함 속에서 규칙을 찾아내는 듯하다. 여기에 더하여 아이들은 이를 자기 행동의 표본으로 선택한다. "부모님들은 아이들이 생후 일 년 안에 이미 어른들이 생각하는 것보다 훨씬 많이 어른들의 행동을 알고 있음을 염두에 두어야 합니다." 아쉬스레벤은 똑똑한 젖먹이들과의 관계에 대해 이렇게 조언한다.

처음으로 '나'라고 말하기

18~24개월까지의 아이들은 정신적으로 아주 큰 변화를 경험한다. 아이들의 뇌 속에서는 자기 경험을 완전히 변하게 하는 새로운 원칙이 뚜렷하게 깨어난다. '내'가 바로 그것이다.

아이들은 이제 자신의 행위와 외양을 다른 사람들과 점점 더 비교하고, 이들과 자신의 관계 그리고 나아가서는 자의식을 발달시켜 나간다. 그러나 이와 동시에 아이들 속에서는 다른 사람들의 태도에 대한 느낌도 발달한다. 아이들은 다른 사람들에게도 의도와 동기와 느낌이 있음을 명백하게 알게 되고, 이런 의식을 사회적 연대에서도 점점 많이 사용한다.

이런 발달과 병행하여 겉으로 드러나는 현상은 아이들이 거울에서 자기 모습을 알아본다는 것이다. 이는 베를린 훔볼트 대학교의 심리학자 옌스 아젠도르프Jens Asendorpf가 동료와 함께 증명한 사실이다. 이 연구자들은 19개월쯤 된 아이들 114명을 둘씩 짝을 지어 놀게 하고 부모들에게 아이들 코를 풀어주면서 아이들 몰래 오른쪽 눈 아래에 파란 얼룩을 그리라고 부탁했다. 아이들이 나중에 우연히 거울을 보았을 때, 이들 가운데 반 정도가 거울 속의 얼굴이 아니라 자기 얼굴의 얼룩을 지우려고 했다. 아이들은 거울에 누가 보이느냐는 질문에 자기 이름을 대거나 결정적인 단어인 '나'라고 대답했다.

이 연령의 아이들에게 자기 사진을 보여줄 때도 아이들은 부끄럽게 웃거나 시선을 피하거나 자기 몸을 만지는 등, 이미 자의식이 있는 생명체의 전형적인 반응을 보인다. 22개월이 되면 아이들은 사진 속의 자기를 알아보고 정확하게 일치시킨다.

자아의 각성이 감정의 성숙과 함께 오는 것은 우연이 아니다. 뮌헨의 도리스 비숍 퀼러Doris Bischof-Köhler가 보여주었듯이 이 연령의 아이들은 처음으로 동정심을 보인다. 이 발달심리학자는 다른 아이들의 장난감이 고장 나면 아이들이 어떻게 반응하는지 분석했다. 18개월부터는 도와주려고 하지만, 더 어린 아이들은 혼란스러워하거나 아무런 감정의 변화가 없었다.

이때는 부모들에게 특히 힘든 시기다. 두 살이 된 아이들은 엄청난 목표의식으로 어른들이 어떻게 반응하는지 시험한다. 기저귀를 찬 고집 센 실험자들은 그릇이 바닥에 구르면 깨진다는 것을 몰라서가 아니라, 엄마의 태도를 보려고 식탁보를 잡아당긴다. 신경쇠약에 걸리게 한 다음, 서투르게 쓰다듬으며 위로하는 이 아기 교수님들에게 누가 화를 낼 수 있을 것인가?

학자들은 오늘날까지도 이런 '나와 세상 프로그램'이 구체적으로 어떻게 작동하는지 알아내지 못했다. 이 프로그램은 새로운 전기傳記라는 모험을 시작하기 위해 남자의 정자와 여자의 난자가 만난 지 4주째 되는 말기에 시작된다. 이렇듯 이른 시기에 태아에게는 관 모양의 주름인 신경관이 형성되는데, 나중에 여기서 신경계가 만들어진다. 이 초기 조직은 빠른 속도로, 그리고 다양한 부분으로 분화된다. 앞부분 끝에는 나중에 뇌가 될 기포가 만들어지고, 관 모양인 뒷부분은 척수가 된다. 새로운 뉴런들은 엄청난 속도로 자란다. 뇌는 태어날 때 이미 최종적인 숫자인 1천 억 개의 뉴런을 갖추므로, 9개월의 임신 기간에는 1분당 평균 25만 개의 신경세포가 만들어져야 한다. 그러나 신경세포의 대부분은 임신 중반기쯤에는 이미 생산되므로 실제 성장률은 이보다 훨씬 높다. 따라서 신경세포 생산율은 평균적으로 1분당 50만 개, 즉 1초당 8,300개가 넘을 것이다.

뇌의 기능을 위해서는 신경세포 생성뿐 아니라, 이들 서로 간의 연결도 근본적으로 중요하다. 전문용어로 시냅스라고 불리는 이 연결 부위는 출생 전에도 만들어지기 시작하지만 태어나서 한 살이 될 때까지 대부분 형성되고, 두 살 때까지도 뇌의 많은 영역에서 계속 만들어진다. 이 과정에서도 자연은 속도의 세계기록 보유자다. 임신 기간과 출생 후에 1초당 180만 개 이상의 시냅스가 만들어져서, 두 살쯤이면 최고점인 1,000조에 이른다. 영이 15개 붙은 숫자다. 이를 천문학과 비교해보면, 우주에 존재한다고 짐작되는 별들의 숫자에는 영이 22개 붙는다.

아기가 세상에 나올 때는 이미 뉴런의 숫자가 완전하게 만들어져 있고, 장거리 연결의 기초도 마련되어 있다. 시신경은 뇌의 시각중추로 투사되며, 감각신경은 피부 신호를 뇌로, 운동신경은 뇌의 신호를 근육으로 전달한다. 이렇게 하여 아기는 팔과 다리를 버둥대고, 엄마의 온기와 냄새와 목소리와 미소를 지각할 수 있으며, 그 외에도 소리에 아주 능동적으로 반응한다. 신경세포는 그 다음 몇 개월 동안 국부적인 돌기들을 대량으로 계속 만들어내고, 이곳에 새로운 연결 부위가 생긴다. 서로 연결된 신경돌기의 촘촘한 그물이 봄의 정원에 솟아나는 새싹처럼 아기의 뇌에서 자라는 것이다.

그러나 여기서 생긴 그물 조직은 아직 임의로 연결되어 있어, 주어진 임무를 아무 문제없이 능률적으로 해결하기는 어렵다. 또한 이 네트워크에는 속도도 부족하다. 그 원인은 절연이 되지 않은 전선의 연결에서 찾을 수 있다. '자서전적 기억'과 성격의 여러 특성을 담당하는 영역인 전뇌에서 전선의 피복 작업은 서른 살까지 이어진다. 이런 성숙을 통해 신경회로의 전달 속도는 20배 이상 증가한다.

태어나면서 시작된 섬세한 조정 과정은 사춘기까지 계속된다. 이전까지 신경계의 성숙이 대부분 유전적으로 정해졌다면, 이제부터는 생명체의 경험이 점차 결정적인 역할을 한다. 아기의 감각이 작동하기 시작하고, 아기가 감각으로 파악한 모든 것은 계속되는 뇌의 형성에 곧장 지속적인 영향을 끼친다. 주변의 자극은 엄청난 선택 과정의 기초가 되며, 이때 앞서 연결된 시냅스 가운데 3분의 2가 다시 단절된다. 다시 말해 '내'가 되기, 학습과 성장은 아기와 아동과 청소년들에게서 많은 시냅스의 죽음과 함께 하는 것이다.

머릿속 조직의 죽음은 이미 정해진 과정이다. 그러나 어떤 연결점이 남는가는 미리 정해져 있는 것이 아니라 뉴런의 활동성과 관계가 있는데 이는 바깥에서 영향을 받는다. 아기와 함께 하는 일들, 서로 마주 보며 짓는 미소, 소파에서 뛰기, 아이의 경험에 대한 대화, 악기 연주 배우기 등은—몇 가지 예만 든 것이다—이런 일들과 관련된 시냅스를 살아남게 한다. 사용되는 연결점이 남는 것이다. 이 상관관계를 나타내는, 운율을 맞춘 자연과학자들의 말이 있다. "함께 불붙는 뉴런은 서로 붙는다. Neurons wire together if they fire together." 뉴런도 사람과 거의 똑같이 행동한다. 연락을 주고받지 않는 뉴런은 끊긴다. 이를 교육학 언어로 바꾸면 아이가 얼마나 집중적으로 지원을 받고 어떤 환경에서 자라는가에 따라 그 아이의 뇌가 어떻게, 얼마나 훌륭하게 기능할지 결정된다는 말이다. 물론 사춘기가 지난 다음에도 뇌에서는 새로운 연결 부위가 자라므로 사람은 평생 배울 수 있다. 그러나 자라는 아이들과 달리 어른들의 개조 공사는 근본적인 것이 아니다.

  부모들은 '똑똑한 젖먹이들' 또는 '기저귀를 찬 과학자' 라는 어구 때문에 아이들에게 아주 어릴 때부터 인간해부학 교과서나 태양계 행성들을 집중적으로 가르쳐 나중에 유리한 자리를 차지하게 하려는 생각을 품을 수도 있다. 이런 부모들에게는 필요한 정도를 넘어서는 자극이 인생의 성공을 보장한다는 증거는 없다는 말을 해야겠다. 처음 몇 년 동안 아이들에게 무엇보다 필요한 것은 안정적인 감정의 형성이며, 이보다 더 좋은 것은 없다. 아이들은 일반적으로 상호작용에 계속 반응을 보여, 엄마와 즐겁게 장난을 치고 엄마의 행동을 흉내 낸다. 반응이 없으면 아이들은 불안해한다.

뇌의 다양한 영역은 차례로 성숙하므로 연령대에 따라 발달 단계에 알맞은 입력이 필요하다. 이를 '감각의 창'이라고 한다. 이 창을 통해 주변 세계의 특정한 신호가 뇌에 다다르지 않으면 발달 단계는 올바르게 완성되지 못하고, 섬세한 조정은 생기지 않는다.

예를 들어 시각에 중요한 시기는 아기가 주변을 점점 더 또렷하게 인식하는 생후 4~8개월 사이다. 과거에 두 살이 지나 수정체 혼탁 수술을 받은 갓난아기와 어린 아이들은 수술 뒤에 눈의 시각적 장치가 기능을 함에도 불구하고 실명했다. 눈과 뇌를 연결하는 창이 이미 닫혀 회복할 수 없었던 것이다.

자아로 향하는 발걸음

언어 영역을 살펴보면 아이들은 12개월을 기점으로 자기 모국어에서 아무 역할을 하지 않는 음을 구별하는 능력을 잃는다. 이 시기는 아기들이 처음으로 서툴게 말을 시작하는 시기와 거의 일치한다. 일본 어린이들은 'ra'와 'la' 음을 구별하지 못한다. 그곳에서는 아무도 이 둘을 구분하지 않기 때문이다. 아이와 말을 하지 않으면—카스파 하우저(19세기 독일의 고아. 어린 시절 감금되어 지냈다고 하며, 발견되었을 때 할 줄 아는 말이 몇 마디 없었다)의 일화 말고 오늘날에도 이렇듯 격리라는 아주 끔찍한 학대를 겪는 아이들이 있다—이 아이는 언어와 감정에 극심한 침해를 당한 채 사는 것이다. 여기에서 언어 습득뿐 아니라 아동의 모든 발달은 사회적인 연대 속에서만 이루어진다는 결론을 얻을 수 있다.

18개월이 된 아이는 약 50개의 단어를 구사한다. 많은 수는 아니지만 가능한 일과 실제로 일어난 일을 구별하기에는 충분하다. 또한 이 시기 아이들은 다른 사람의 처지가 되어 생각할 수 있다. 예를 들어 엄마가 되었다고 생각하고 그 역할을 하기도 한다. 22~24개월이 된—많은 아이들이 거울에서 자기를 알아본 지 한 달쯤 지난 뒤부터—아이들은 나, 나한테, 나를, 너, 자기 이름 등 자기와 관련된 어휘들을 자주 사용한다. 이 시기에 부모들은 자기 눈을 의심할 때가 가끔 있다. 아이들이 부정적인 결과를 두려워하여 어떤 행동을 단념하기 때문이다. 자기 자신의 역사를 이야기하는 자서전적 기억이 형성되기 시작하고, 이로써 '아동기 기억상실 단계childhood amnesia'가 끝난다. 아동기 기억상실 단계란 우리가 성인이 되었을 때 아무것도 기억할 수 없는 어린 시절의 처음 몇 해를 말한다.

아이들에게 자아라는 생각이 먼저 생기고 기억이 성장함에 따라 그 자아가 '나'와 관련된 고유한 경험들을 모으는지 아니면 반대로 자서전적인 기억이 '나'를 중심으로 하는 범위에서 자아를 태풍의 눈처럼 그 중심에 오게 만드는지에 대해서는 학자들 간에 의견이 분분하다. 이 구별보다 더 중요한 것은 자서전적 기억의 발달과 '부모와 자식 간의 의사소통'이라는 언어상의 발달이 서로 연결되어 있다는 점이다. 이 메모리 토크 Memory Talk의 범위는 발달심리학자인 캐서린 넬슨Katherine

Nelson의 연구를 통해 뚜렷하게 밝혀졌다.

아이가 두 살쯤 되면 부모는 아이와 메모리 토크를 자주 하기 시작한다. 부모는 과거에 일어났던 일을 언급하고 아이들이 자기 경험을 이야기하도록 용기를 북돋운다. 정년퇴임하기 전까지 뉴욕 대학교에서 근무한 넬슨은 메모리 토크의 방식과 강도가 아이들이 나중에 무엇을 어떻게 기억하는가에 영향을 준다는 수많은 증거를 모았다. 넬슨의 동료가 녹음한 다음의 짧은 대화에서 어떤 상황에 대한 평가가 먼저 오고 난 뒤 질문을 통해 새로운 세부 사항이 계속 드러난다는 점이 눈에 띈다. 엄마(M)와 어린 딸(K)이 해변에서 함께 보낸 휴가에 대해 이야기하는 내용이다.

M : 바닷가에 있는 펜션이 네 마음에 들었어?

K : 응. 그리고 음, 음, 음, 물이 내 마음에 들었어.

M : 물이 네 마음에 들었어?

K : 그리고 내가 바다로 왔어.

M : 네가 바다로 갔어?

K : 응.

M : 너 물에서 놀았어?

K : 그리고 내 샌들을 벗었어.

M : 네가 샌들을 벗었어?

K : 그리고 내 잠옷을 벗었어.

M : 네 잠옷을 벗었구나. 그럼 바닷가에서 넌 뭘 입었지?

K : 뜨거운 내 코코아 티셔츠.

M : 아, 코코아 티셔츠. 그래, 맞다. 그리고 네 수영복도 입었지.

K : 응. 그리고 내 코코아 티셔츠.

M : 우리가 걸어서 바닷가로 갔어?

K : 응.

엄마는 대화에서 감정상 의미 있는 일로 아이의 주의를 돌리는 중요한 역할을 한다. 그러므로 능숙하게 집중적으로 아이들과 대화를 많이 나누는 부모들은 아이들의 기억력을 촉진하는 듯하다. 한편, 아이들 스스로도 나이를 먹으면서 이런 대화에 반응하는 방식이 발달한다. 아이들은 세부 사항들을 더 많이 기억하고, 질문에 더 확실하게 대답할 수 있다. 넬슨은 세 살 반짜리 아이들과 함께 한 장기적 연구를 통해 메모리 토크가 일반적으로 대여섯 살부터 여덟 살 무렵까지 있었던 일들 중 아이들이 어떤 것을 계속 기억하게 되는지를 결정한다는 사실을 증명했다. 전시회를 방문한 결과도 비슷했다. 아이들은 전시회에 다녀온 다음, 다른 사람들과 이야기를 나눈 전시물과 일화들만 기억했다. 자라는 아이들에게는 하루 종일 엄청난 정보가 쏟아지므로 이런 현상은 불가피하다. 그러나 대화는 다른 역할도 수행한다.

넬슨은 경험을 상기하는 것과 이에 따라 생기는 기억은 부모와 아이 사이에서 이루어지는 대화의 설명 구조를 통해 비로소 조직된다고 추측한다. "이야기는 특정한 사건을 시공간적으로 한정짓고 이 사건을 어떤 행위나 목표를 중심으로 집약시키며, 하나의 정점—놀람, 성공, 실패, 느낌이나 도덕—을 의도한다. 이런 구조는 동시에 경험을 조직하고, 이를 의미 있는 것으로 기억할 동기를 제공한다." 이 심리학자가 보기에 자서전적인 기억이 지속적으로 정착하기 위해 가장 중요한 요소는 자아에게 의미 있는 개인적인 사건들을 간직하는 것이다. "이런 감각도 함께 구성된다. 아이가 자신의 것으로 받아들이기 시작하는 관점, 또는 거꾸로 아이의 것과는 확연하게 달라 아이가 거부하는 관점을 부모가 아이에게 제공하기 때문이다."

네 살에서 네 살 반쯤 되면 아이들은 다른 사람들이 자기와 다른 생각과 상상을 지니고 있음을 이해한다. 심리학자들은 아이들에게 이런 능력이 있는지의 여부를 사탕 통을 주는 간단한 실험으로 알아본다. 아이들은 단 것이 들었으리라고 기대하며 통을 열지만, 실망스럽게도 그 안에는 색연필만 들어 있다. 이 실험에서 결정적인 것은 겉과는 맞지 않는 내용물이 들어 있는 통을 다른 사람들이 봤을 때 그들이 무엇을 예상하는가에 관한 아이들의 생각이다. 다른 사람들이 이 통에 단 것이 들어 있으리라 기대한다고 생각하는 피시험자들은 다른 사람의 처지가 되어 생각하는 능력이 있다. 그러나 아이들이 다른 사람들도 통에 색연필이 들어있을 거라고 생각한다면, 즉 자기가 아는 상태를 다른 사람들에게 전이한다면 이는 다른 사람들이 무엇을 아는지 알기에는 아직 너무 어리다는 뜻이다. 이 경계는 4~5세 사이다.

아이는 다른 사람들의 인식에 대해 점차 알아가면서 실제와 꿈의 차이를 깨닫는다. 또한 분노와 사랑, 행복 등의 감정 상태나 욕구가 다른 사람들에게도 있다는 것을 알게 된다. 다섯 살이 되면 캐서린 넬슨이 '자기 이해의 문화적 수준'이라고 부르는 것이 아이들에게 서서히 시작된다. 아이들은 자기 문화권의 역사와 신화를 받아들이며 또한 서술의 기본적인 특징을 배운다. 시간과 공간의 정착, 부분적으로 서로 인과관계가 있는 일련의 사건들, 정점과 도덕 등이 이에 속한다. 여기서 개인적인 목표, 자아가 미래의 자기 존재에게 거는 기대, 삶의 모델과 경력이 형성된다. 이 모든 것이 뇌의 성숙과 함께 이루어진다. 절연된 피복이 점차 담당 영역의 신경섬유를 감싸고, 이를 통해 신경섬유는 신호를 더 빨리 처리한다.

캐서린 넬슨은 자서전적 기억의 이런 형태가 유럽식 사고 전통의 실제이며, 아이들에게 수행해야 할 과제를 지시한다고 말한다. "서구 사회에서 권력, 자아실현, 그리고 개성에 대한 권한과 같은 문화적 가치는 과거 그 어느 때보다도 아주 널리 퍼져 있다. 이렇듯 미리 주어진 틀 안에서 아이들은 부모나 친구들과는 구분되는 자기 고유의 자아를 발달시켜 나가야 한다. 이런 관점에서 볼 때, 특별한 인생을 살아온 능력이 (아이나 어른을 막론하고) 무척 높은 평가를 받는 것은 놀라운 일이 아니다. 이는 온갖 종류의 회상록과 인생 기록들이 널리 유행하는 오늘날의 상황이 잘 보여준다."

우리는 다음 몇 장에서 우리가 어릴 때 배운 것이 사실인지,

그리고 우리가 계획한 인생 이야기가 사실인지 보게 될 것이다. 또한 우리가 우리 스스로에 대해 이야기하는 것이 정말 실제적인 '나'에 관한 것인지도 보게 될 것이다.

4장 '나'의 건설 현장
성격을 만드는 방법

사진사들은 훔볼트 대학교의 성격심리학자 옌스 아젠도르프의 사진을 찍어오라는 부탁을 받으면 어떤 사진을 편집부에 가지고 갈지 이미 알고 있다. 이들은 베를린의 전통 있는 대학교의 고전적인 건물 입구에서 이 교수와 약속을 하고, 2층으로 올라가는 넓은 계단에서 포즈를 취하게 한다. 이곳에는 동독 시절에 무명 직공이 검은 대리석에 조각하고 금색을 입힌, 칼 마르크스의 유명한 포이어바흐 제11테제가 있다. "철학자들은 세계를 다양하게 해석하기만 했다. 그러나 중요한 것은 세계를 변화시키는 것이다." 잡지사 편집자들은 이런 것이 재미있다고 생각한다.

그러나 편집자들이 이렇게 생각할 만한 이유는 충분하다. 마르크스가 사회 변혁의 동기를 탐색했듯이, 아젠도르프는 성격 발달에 관해서라면 독일에서 지도적 위치에 있다. 또한 아젠도르프도 마르크스처럼 모든 것은 늘 있던 그대로 머물러야 한다는 오랜 권위에 어느 정도 맞선다. 그는 나이가 많이 들어서도 '내'가 변할 수 있음을 믿기 때문이다. "성격은 평균적으로 쉽

살이 되어야 안정적이 된다는 사실이 최근에 들어서야 밝혀졌습니다." 이 학자의 설명이다. 그는 특히 이런 이유로 자신이 쓴 교과서의 개정판에서 성격발달에 관한 장을 완전히 새로 썼다.

심리학자와 교육학자들은 최근까지도 사람의 성격이 늦어도 세 살 때까지는 완전히 확립되고, 사춘기에 이르면 본질적인 것들은 이미 모두 지나갔다고 믿었다. 성격이 두 살이나 세 살에 이미 형성된다는 지그문트 프로이트와 그 계승자들의 주장이 일상적인 심리학으로까지 널리 파고들었다. 아이의 생각에 원래는 다른 관계였어야 하는 양육담당자와 자기 안에서 깨어난 성이 충돌하기 시작할 때, 아이의 성격이 정해진다는 것이다. 태도와 성격에 유전자도 영향을 준다는 발견은 성격이 이른 시기에 형성된다는 주장을 오히려 더 강화시켰다. 지능, 쾌활함, 악당의 기질과 마약에 취약한 성격은 완전히 타고나는 것이라고 생각하는 사람들은 여전히 많다. 거의 모든 사람들이 한 인물의 일생에서 성격은 변하지 않는다고 확신한다. 그러나 TV 뉴스나 신문만 흘끗 보아도 이런 믿음은 흔들릴 수 있다.

나는 누가 될 수 있는가

정부에 비판적인 슈폰티(1970년대의 극좌파 정치 집단)의 일원이었던 요쉬카 피셔 Joschka Fischer가 탁월한 외무부장관으로 재사회화된 일은 성격 단절 없이는 거의 상상할 수 없다. 야릇한 모습이었던 미국 가수 프린스가 얼마 전미니애폴리스에서 집집마다 다니며 여호와의 증인을 위한 전도 활동을 하거나, 예전에 무대에서 박쥐의 머리를 뜯은 충격적인 록 가수였던 오지 오스본이 이제는 고루한 미국 가정의 가부장으로서 꽃무늬 소파에 앉아 회의를 주재하는 모습은? 캘리포니아 주지사인 아놀드 슈왈제네거가 예전에 슈타이어마르크(오스트리아 남동부에 있는 주. 슈왈제네거는 이곳 출신)에서 포즈를 취했던 근육질의 남자와 동일한 사람인가? 결혼이나 이혼, 새로운 사랑, 이사나 새로운 직장, 외국 체류, 마약중독이나 심리 치료를 받은 뒤에 "나 이제 완전히 새로운 사람이 되었어!"라고 말하는 친구와 지인들은?

장기적 연구 그리고 신경과학 연구실험실에서 나온 새로운 결과는 성격의 핵심이란 원래 타고나며 언제나 고정되어 있다는 생각과 모순된다. 유연성, 즉 뇌의 변화 가능성에 관한 최근의 연구는 뇌 신경세포가 거의 평생 새로 조직될 수 있으며, 그 결과 성격도 변한다는 사실을 보여준다. 이는 거꾸로 말하면, 사람들이 원래 있는 자아를 발견하거나 실현하려는 일이 상대적으로 의미가 없다는 뜻이 된다. 여기에 따르면, 사람은 자신의 운명이 아니라 자신이 무엇이 될지 각자 자유롭게 정해야 한다. 이제 문제는 더 이상 "나는 누구인가"가 아니라, "나는 누가 될 수 있는가"이다.

그러므로 인생은 건설현장이다. 각자의 '나'를 끊임없이 손보거나 과격하게 개축하거나 아니면 세월과 더불어 어느 정도 썩게 둘지 누구나 스스로 정할 수 있다. 또한 무엇인가 수리할 때와 마찬가지로 해야 할 일을 스스로 할지 또는 전문적인 도움을 받아야 할지도 생각해야 한다.

이런 패러다임 변화의 전제조건으로 학계는 이른바 '5대 특성Big Five'을 만들었다. 5대 특성이란 심리학자들 사이에서 논쟁의 여지가 있긴 하지만 널리 사용되는 좌표 체계로 한 사람의 성격을 개방성, 친화성, 성실성, 외향성, 신경증적 경향성이라는 다섯 가지 척도로 단순하게 요약한다.

5대 특성은 더 자세하게 각각 여섯 가지 세부 성격으로 다시 나누어진다. 예를 들어 외향성은 진실성, 사교성, 추진력, 활동성, 경험에 대한 열정과 쾌활함이다. 신경증적 경향성은 불안감, 자극에 대한 예민함, 우울함, 사회적 편견, 충동성, 상처를 받기 쉬운 민감함으로 이루어져 있다.

대부분 설문지를 통해 두드러진 성격을 조사하는데, 이때는 물론 대답하는 사람이 솔직해야 한다는 전제조건이 있다. "나는 다른 사람들에게 먼저 다가가고 그들과의 교제를 즐기는 사람이다." 이런 문장이 무엇을 묻는지는 누구나 생각할 수 있기 때문이다. 피시험자가 그저 사회적으로 요구되는 성격 특징에 표시를 한 것은 아닌지 알아내는 것이 성격 진단의 기술이다. 심리학자들은 241개의 항목으로 개인의 중요한 본질적 특징을 일반적으로 알 수 있다고 생각한다.

사라진 성격 신화

5대 특성은 대규모 비교성격연구를 비로소 가능하게 한 대약진이었다. 그전까지는 학자들이 각각 다른 개념들을 사용했다. 80년대 중반, 심리학자들은 5대 특성을 통해 성격의 기원에 관한 '생후 처음 몇 년'이라는 신화들을 깰 수 있었다. 이들은 정신 장애나 심한 학대와 같은 극단적인 일을 겪은 경우에만 생후 처음 몇 년 동안 성격이 고착된다는 사실을 밝혀낸 것이다. 처음 몇 해의 환경요인, 부모의 교육 방식, 형제자매의 순서나 엄마의 부재는 아이가 다른 곳에서 보호를 잘 받는 경우 미미한 영향만 미쳤다.

오랫동안 지속된 5대 특성의 문제는 이 구상의 창시자들이 안정적인 특성만을 찾고 빗나가는 결과는 측정상의 잘못이라고 해석했다는 점이다. 그러나 방대하게 이루어진 새로운 연구들은 5대 특성을 회의적으로 생각하는 많은 사람들에게도 신뢰를 주었다. 2000년 미국의 심리학자인 브렌트 로버츠Brent Roberts 와 웬디 델베키오Wendy DelVecchio의 메타 분석(분석의 분석. 개별적인 연구결과들을 체계적인 일관된 틀 속에서 통합하여 통계적으로 분석)은 심리학에 새로운 길을 제시했다. 로버츠와 델베키오는 3만 5천 명 이상이 참여한 152개의 종단적 연구(일정한 조사대상을 여러 차례에 걸쳐 시간을 두고 조사하는 것)를 골라 그 자료를 다시 분석하고, 성격은 서른 살이 아니라 쉰 살이 되어서야 완전히 고정된다는 결과를 학술 전문지 〈심리학지Psychological Bulletin〉에 발표했다. 사람은 나이가 들면서 감정적으로 더 안정되고 믿을 만하며 더 편안한 성격이 되지만, 새로운 경험을 향한 개방성은 서서히 줄어든다. 평균적으로 볼 때 외향성에서만 별 움직임이 없다.

그러나 이것조차도 부끄러움을 타는 사람이 언제나 그런 성격으로 머문다는 뜻은 아니다. 이는 이 연구에서 널리 퍼진 해석상의 실수인데, 하나의 연령 집단에 해당하는 평균값을 개인에게 적용하기 때문에 생긴다. 이 자료에는 조사 대상의 절반이 사는 동안 자기 성격을 바꾸었다는 사실이 숨어 있다. 다른 50퍼센트의 사람들이 변하지 않는 이유는 무엇보다도 스스로에게 만족하기 때문이다. 힐데스하임 대학교의 교육심리학자인 베르너 그레베Werner Greve는 전혀 변하려고 하지 않는 사람들도 많다고 말한다. "그게 그 사람들이 변하지 못한다는 말은 아니지요."

그러나 이 새로운 패러다임이 사람의 뇌가 컴퓨터 하드디스크처럼 필요에 따라 지우고 새로 저장할 수 있다는 의미는 아니다. 예를 들어 우리가 남자 또는 여자로 세상에 태어난 것은 성격에서 특정한 역할을 한다. 수십 년에 걸친 관념적 참호전을 겪은 뒤, 이제 진지한 학자라면 날 때부터 평균적으로 성별에 성격상의 차이가 있다는 사실을 더 이상 의심하지 않는다. 런던 시티 대학교의 멜리사 하인즈Melissa Hines와 텍사스 A&M 대학교의 제리앤 알렉산더Gerianne Alexander의 공동 연구는 이에 대한 최근 증명 가운데 하나로 간주된다. 두 학자는 녹색 긴꼬리원숭이 어린 새끼들에게 인형과 장난감 트럭과 성별에 중립적인 그림책을 주었다. 그런데 실제로 암컷들이 오랫동안 인형을 가지고 논 반면, 수컷들은 자동차를 선호했다. 부모 원숭이들이 관념에 눈이 멀어, 진부한 사회적 틀에 맞추어 자식을 교육했을 것 같지는 않다. 인간이든 인간이 아닌 영장류든 진화의 도태과정에서 수컷 새끼들은 공간 속에서 같이 움직이고 뛸 수 있는 장난감을 쥐게 되었다는 것이 더 설득력 있는 해석이다. 이렇게 하여 수컷은 미래의 사냥꾼으로서, 그리고 암컷 동반자에게 구애할 청혼자로서 갖추어야 할 자질을 익힌다. 암컷 새끼는 인형으로 미래의 엄마 역할을 훈련한다.

물론 학자들은 이미 오래전에 원숭이 연구로부터 인간 연구로까지 진전해왔고, 성별에 따른 성격 차이들도 찾을 수 있었다. 예를 들어 케임브리지 대학교의 사이먼 바론 코헨Simon Baron-Cohen과 그의 동료들이 신생아실에서 조사한 바에 따르면, 여자 아이들은 난 지 하루 만에 이미 사람 얼굴에 남자 아이들보다 더 많은 관심을 보였다고 한다.

남자, 여자, 수학

성별 차이가 있다고 자주 논의되는 이른바 수학적 능력은 성격의 문제라기보다는 인지 능력의 문제다. 이는 수학과에 여자교수들이 아주 적은 이유로 가끔 거론되기도 한다. 이 분야의 연구는 탁월한 진척을 보인다. 3백만 명이 넘는 사람들이 참여한 259개 연구의 메타 분석 결과 두 성별은 수학 능력에서 평균값이 거의 동일했다. 그러나 남자들 가운데에는 아주 못 하는 사람도, 아주 잘 하는 사람도 많았다! 또한 남자들이 공간 표상능력이 더 뛰어나다는 강력한 증거가 있다. 진화심리학자들은 남자들의 '유전자 풀'(어떤 생물집단 속에 있는 유전정보의 총량)에 사냥에서 얻은 수천 년 동안의 공간적 경험이 저장됐으며, 또한 학계에서의 성공은―현재 연구 상황으로는―남자들의 수학적 자신감이 사회적 원인으로 인해 더 높기 때문이라고 설명할 것이다. 그러나 여기서도 이러한 평균값은 개인적인 경력이나 진로에 아무런 의미도 없음을 염두에 두어야 한다. 이는 현재 심리학자들이 의견 일치를 본 양성의 다른 성격 차이에도 적용된다. 교과서 지식에 따르면 남자들은 여자들보다 육체적이거나 언어적인 폭력을 더 많이 사용하고, 소녀들은 나쁜 소문으로 관계를 공략하는 경향이 있다. 남자들은 감정이 없는 성관계를 용인하고 파트너를 선택할 때 매력에 많은 가치를 두는 반면, 여자들은 미래의 동반자로 사회적 지위와 야심이 있는 사람을 찾는다. 그러나 심리학자 옌스 아젠도르프는 틀에 박힌 성별 차이를 경고한다. 앞에서 언급한 성격적 특징에서 양성의 평균값은 차이가 나지만 겹치는 특징들의 폭도 넓다. "이런 것들에 대부분 사실에 부합하는 핵심이 있긴 하지만, 틀리게 일반화되거나 과대평가되어 받아들여집니다." 아젠도르프는 이렇게 주장하며 적당한 예를 하나 든다. 아이가 태어난 다음 날 부모에게 아이에 대해 물으면, 아이가 딸인 경우 남자 아이들과 비교해서 키나 몸무게에 차이가 전혀 없어도 부모는 자기 아이가 남자 아이들보다 훨씬 작다고 생각한다.

   신생아들이 생각할 능력이 있다고 하더라도, 자기가 어떤 생식기를 달고 세상에 나왔는지는 관심이 별로 없을 것이다. 아이들이 잘못할 만한 일이 있다면 오로지 잘못된 부모를 선택하는 것이다. 성격심리학자들이 확인한 바로는 정상적인 경우에 부모들이 아이들의 성격발달에 미치는 영향이 한정적이지만, 극단적인 경우에는 부모들이 아이들의 성격을 많이 파괴한다. 아기 때나 어린 아이일 때 가장 가까운 사람들에게서 학대받거나 극심한 무관심 속에 내버려졌던 아이들은 대부분의 경우 평생 동안 그 결과와 싸워야 한다.

  어린 시절 겪은 충격적인 경험들 때문에 여러 심리 장애에 취약해지는 것은 확실하다고 간주된다. 여기에 관한 첫 증명은 동물 실험에서 나왔다. 애틀랜타 에모리 대학교의 찰스 네메로프Charles Nemeroff와 폴 플로츠키Paul Plotsky 연구팀은 태어난 지 3주된 들쥐를 열흘 정도 매일 잠깐씩 엄마에게서 떼어놓았다. 이 동물들은 성장해서도 스트레스를 쉽게 받았다. 몇 년 전부터 마그데부르크 대학교의 신경생물학자 안나 카타리나 브라운Anna Katharina Braun은 병아리와 특히 데구(Octodon degus, 쥐목 데구과 포유류)의 예를 통해 뇌심리학적으로 어떤 일이 벌어지는지 연구한다.

어린 시절의 상처

               털이 많은 이 작은 동물은—동그란 눈에 큰 귀로, 쥐와 토끼가 섞인 듯이 생겼다—사람들과 닮은

점 때문에 학문적으로 흥미로운 대상이 되었다. 실험실의 다른 들쥐나 쥐와는 달리 데구는 날 때부터 듣고 볼 수 있으며, 사람들처럼 복합적인 가정적·사회적 태도를 지니고 있다. 아버지도 새끼들의 양육에 참여한다. "이런 특성 때문에 데구는 아이와 부모의 상호작용이 포유류 뇌의 발달에 미치는 영향을 연구하기에 이상적입니다." 브라운의 설명이다. 그녀는 정기적으로 방문하는 사진사들과 TV 팀을 위해 연구소 사무실에 데구 여러 마리가 들어 있는 우리를 설치했다. 서로 껴안고 있는 이 동물들은 사람이 지나가면 친근한 눈으로 바라본다. 가족에게서 떨어진 새끼가 트라우마를 겪게 되리라는 것을 상상하기는 어렵지 않다.

결과에 영향을 주지 않기 위해, 실험은 비디오로만 관찰할 수 있다. 어린 새끼가 우리의 나무 막대에 앉아 가슴이 찢어질 듯 소리치며 엄마를 찾는다. 귀와 수염이 떨린다. 결정적인 순간이다. 이때 뇌에서 무슨 일이 벌어질까?

"이걸 보세요!" 어두운 방에서 안나 카타리나 브라운이 레이저 현미경 아래에 표본을 놓고, 방해받지 않고 가족과 함께 자란 새끼들과 매일 부모와 떨어졌던 새끼들의 뇌 단면을 보여준다. 후자의 경우 뇌 전체가 엉망이다. 특정한 영역에 무성하게 자란 시냅스는 성숙이 늦다는 뜻이고, 변연계에서 중독이나 불안, 공격에 영향을 주는 영역들이 변해 있다. 신경전달물질인 세로토닌과 도파민이 비정상인데, 이 물질들은 사람의 여러 심리 장애에서도 균형을 잃는다.

네메로프의 동료로 당시에 트리어의 심리학 및 정신신체의학 연구소에서 일하던 크리스티네 하임Christine Heim은 2001년에 이미 사람들에게서도 이와 비슷한 결과를 얻었다. 그녀는 어릴 때 성폭행을 당한 여성들에게 대중 앞에서 특별한 주제 없이 말을 하는 심리사회적 스트레스 테스트를 받게 했다. 이 여성들은 별로 심하지 않은 이런 부담에서도 대조집단에 비해 여섯 배가 넘는 스테레스 호르몬 수치를 보였다. "예전에 스트레스 요인이 었던 것은 모두 우울증의 위험요인이 됩니다." 크리스티네 하임의 결론이다. 나중에 결혼이 깨지거나 직업을 잃는 등의 어려운 일에 부딪히면, 이 사람들에게는 다른 사람들에 비해 우울증의 소용돌이가 쉽게 밀려온다.

1989년 말에 차우셰스쿠 정부가 무너진 뒤, 루마니아 고아원에서 발견된 아이들의 운명은 하나의 인생 실험이다. 그들은 지저분했고 굶주림에 시달린데다 불안에 떨고 있었다. 런던의 발달심리학자 마이클 러터Michael Rutter는 당시 영국으로 입양된 루마니아 어린이 111명의 이력을 추적했다. 러터가 2004년 여름에 베를린에서 열린 학술회의에서 발표한 결과는 두 갈래로 갈라져 있다. 아이들은 육체적인 건강을 빠르게 회복했고 평균 지능지수도 67에서 107로―100이면 정상으로 간주된다―급격하게 올라갔다. "하지만 모든 점이 긍정적인 것은 아니었습니다." 러터의 고백이다. "많은 아이들이 여전히 행동에 심각한 문제가 있었고, 양부모에게 애정을 느끼는 데 큰 어려움을 겪었습니다." 이런 연구는 동물뿐 아니라 사람도 어릴 때 무관심이나 폭력을 당하면 나중에 사회 행동 장애와 심리 장애를 겪을 위험이 크다는 것을 증명한다.

게놈은 극본인가

이런 연구는 또한 오래된 논쟁거리인 '본성'(nature, 타고난 특성)과 '양육'(nurture, 교육과 같은 환경의 영향으로 얻은 특성)의 문제가 잘못 되었음을 보여준다. 성격이 전적으로 타고나는지 환경의 산물인지는 대답할 수 없다. 연구 문헌들을 읽은 다음, 개별적인 사례와 조사된 성격의 특징에 따라 유전자의 영향이 30~60퍼센트 사이라는 것을 알게 되더라도 많은 도움은 되지 않는다. 널리 알려진 연구들의 평균값을 보면, 부끄러움을 특히 많이 타는 사람이나 신경증적인 사람들은 유전자 핑계를 대고, 다른 사람들과 조화를 이루지 못하는 사람들은 사회 환경에 책임을 돌릴 수 있을 것이다.

유전자 홀로 인생의 극본을 쓰지는 않는다. 함께 자라서 유전적인 요인뿐 아니라 경험도 많이 공유하는 일란성 쌍둥이들도 나이가 들면서 서로 다른 성격으로 자란다.

"난 우리 둘 가운데 분명히 더 외향적이에요." 예를 들어 43세의 일란성 쌍둥이인 미하엘 파웅크는 이렇게 말한다. 그는 10년 전에 함부르크로 이사 오면서 주변 환경이 완전히 바뀌었으나 또 다른 쌍둥이 형제는 평온한 작은 도시에서 계속 살았다. "몇 년 동안 우리는 거의 만나지 못했죠. 그러는 동안 도시가 나를 열었다고 생각해요. 이제 유연할 때가 많아요. 형도 1년 전부터 함부르크에서 살지만, 아직 수줍음을 많이 타고 예의범절을 지키려고 노력해요." 미하엘이 생각하기에 두 사람의 차이는 지금도 여전하다. "작은 일에서도 차이를 보이지요. 형은 나와는 달리 아직 담배를 끊지 못했고, 그래서 2킬로그램쯤 가벼워 나보다 약간 말라보여요."

훔볼트 대학교의 심리학자 아젠도르프는 어떤 유전자가 특정한 행동으로 직접 연결된다는 생각은 완전히 잘못된 것이라고 경고한다. 그저 우연히 일치했을 뿐인데 너무 급하게 인과관계를 생각하는 관찰자들이 흔하다는 것이다. 그가 한 가지 예를 든다. "어떤 사람이 남자인지 여자인지는 지극히 극단적인 경우를 제외하고는 완전히 유전적으로 정해져 있습니다. 우리 문화권에서 뜨개질은 거의 여자들이 하지요. 그러므로 뜨개질은 유전의 영향을 받습니다. 그러나 이건 뜨개질을 가능하게 하거나 하고 싶게 만드는 '뜨개질 유전자'가 여자들에게 있다는 의미는 아닙니다."

사실 성격은 유전인자와 환경이라는 두 요소가 서로 영향을 주는 복잡한 협동 작업으로 만들어진다. 두 가지 원료를 넣고 그냥 흔드는 작업이 아니다. 환경 변화는 유전자의 활동에 직접적인 영향을 줄 수도 있다! 유명한 예는 신진대사장애인 페닐케톤뇨증이다. 이 유전병에서 나타나는 아미노산 페닐알라닌의 과잉은 성장하는 뇌에 막대한 지능 저하를 일으킨다. 그러나 아이가 알라닌을 낮춘 식이요법을 하고 약을 먹으면, 지능을 저하시키는 작용은 거의 완벽하게 억제된다. 환경적인 조치가 유전자를 차단한 것이다. 런던 킹스 대학의 압살롬 카스피Avshalom Capsi 교수팀은 2002년에 처음으로 이러한 '유전자와 환경의 상호작용'을 성격발달에서도 세부적으로 밝히는 데 성공했다. 뉴질랜드 더니든에서 1972년부터 시행된 방대한 실험이 이 연구에 자료를 제공했다. 그곳에서 한 해에 태어난 거의 모든 아이들을 대상으로 조사가 진행됐다. 그때부터 거의 천 명이 학문적인 목적으로 장기적인 관찰에 들어갔다.

조사 결과 세 살부터 열한 살까지 폭력을 당한 남자들 가운데 유전적으로 어떤 특정한 경우에만 뚜렷하게 더 높은 빈도로 반사회적인 행동을 한다는 사실이 밝혀졌다. MAO-A(monoamine oxidase A, 모노아민 산화효소) 유전자가 정상이 아닌 55명의 남자들은 성인이 되었을 때 이 유전자가 정상인 99명의 남자들보다 범죄자가 되는 확률이 세 배로 높았다. 뇌심리학자들도 이 결과를 납득할 수 있었다. MAO-A 유전자는 공격적인 태도에 영향을 미치는 신경전달물질의 분비를 간접적으로 조절하기 때문이다. 그러나 관찰된 행동은 유전인자와 환경이 함께 작용할 때 발생했다.

'우리의 세상'을 찾는 우리

이에 상응하여 병리학적이 아닌 경우의 성격발달에서도 유전자와 환경의 상호작용이 일어나는데 가끔 완벽하게 저절로 발생하기도 한다. 지적인 아이는 도서관에 가서 독서를 즐기고, 이를 통해 다시 지능을 자극한다. 외향적인 사람들은 파티에 자주 가서 사교 생활을 계속하는 반면, 내성적인 사람들은 집에 머물기 때문에 은둔생활이 더 심해진다. "우리는 우리의 성격을 통해 '우리의 세상'이 조화를 이루게 합니다. 성격을 강화하는 환경을 만드는 것으로써 말이지요." 카스피의 말이다. "변하고 싶으면, 자기가 만든 세상부터 바꾸어야 합니다."

특히 심리요법 연구는 몇 년 전부터 신경과학과 공동 작업을 한 결과, 성인도 실제로 변할 수 있다는 탁월한 증거들을 이끌어냈다. 심리요법은 다름이 아니라 결국 성격을 바꾸는 일이기 때문이다. 수줍음을 극복하려는 사람은 우울증이나 불안장애와 싸우는 사람과 원칙적으로 비슷하게 행동해야 한다.

인생은 알약과 같은 것

이 환자는 지금과 같은 상황에서 원래 머릿속에서 피가 끓어야 한다. 치료를 시작할 때 사회공포증이라는 진단을 받았기 때문이다. 이 심리장애에는 다른 증상도 있지만, 대중들 앞에서 말을 해야 하면 끔찍한 공포에 시달린다. 그는 스웨덴 웁살라 대학병원의 컴퓨터단층촬영대에 누워 있는 동안, 하필이면 지난 휴가 여행에 대해 즉흥적으로 이야기를 하게 된 것이다. 모르는 사람들 여덟 명이 침묵하며 그를 바라보고 있고, 왔다갔다 마구 움직이는 비디오카메라도 있다. 정상인도 불편할 만한 상황이니 사회공포증 환자에게는 지옥 그 자체다. 그러나 연결되어 있는 컴퓨터 모니터의 뇌사진에는 그저 흐릿한 노란 얼룩만 보인다. 다른 때 같으면 공포가 몰아닥칠 부위에 지금 별일이 일어나지 않는다는 뜻이다. 공포가 완전히 사라진 것이다.

스웨덴 심리학자 토마스 푸르마르크Tomas Furmark 연구팀은 양전자방출단층촬영을 통해 공포증 환자 18명에게서 약의 효능과 행동요법의 효능을 비교했다. 두 경우 모두 효과가 좋았지만, 그건 중요하지 않았다. 2002년 5월에 발표된 이 연구에서 중요한 점은 심리요법이 뇌의 생물학적 구조를 지속적으로 바꿀 수 있음을 최종적으로 밝혔다는 것이다. "푸르마르크는 우리에게 심리요법 연구의 미래를 보여줍니다." 지난 몇 년 동안 심리요법을 위해 신경과학의 이점을 타진한 베른 대학교 클라우스 그라베Klaus Grawe의 말이다.

그의 판단에 따르면 현대의 뇌 과학은 삶의 경험이 적어도 약과 똑같은 정도로 뇌를 바꿀 수 있음을 보여준다. 나쁜 경험 때문에 생긴 심리적인 모든 질병은 인간의 사고 및 감각 기관의 뉴런과 시냅스에 반영된다. 이와 반대로 성장한 뇌의 지속적인 가소성, 즉 유연성에 대해 새로 얻은 지식으로 볼 때 좋은 경험은 치료의 효과가 있다. 그라베는 영혼 치료사들에게 새로운 임무를 제시한다. "이들은 삶의 경험을 치료 목적에 쓰도록 제대로 불러오는 전문가가 되어야 합니다."

그는 최상의 환경에서 한 경험이 이따금 부정적인 유전적 조건을 상쇄하는 이상의 일을 한다고 믿는다. 적어도 동물실험은 이런 사실을 잘 보여준다. 미국 국립아동건강연구소의 스티븐 수오미Stephen Suomi는 흥분을 잘하고 장애에 취약한 붉은털원숭이들을 사육했다. 그는 이런 위험 요소를 지닌 새끼들을 가족에게서 떼어놓고, 몇은 지극히 정상인 원숭이 엄마들에게, 몇은 새끼를 아주 잘 돌보는 최고의 엄마들에게 기르게 했다.

결과는 극적이었다. 최고의 엄마들은 입양되어 온 문제아들을 가장 뛰어난 원숭이들로 키워냈다. "이 원숭이들은 권력 서열에서 가장 높은 자리에 올라섰으며, 다른 보통의 원숭이들보다 더 용감했고 더 많은 경험을 쌓았습니다. 유전적인 위험 요인은 나타나지 않았습니다." 그라베의 설명이다.

이런 결과를 그는 낙관적으로 본다. "우리 운명의 약 절반만 유전적으로 정해져 있습니다. 그래서 여유가 있지요." 나쁜 경험들도 잊을 수 있다. "물론 심리적인 지우개는 없습니다. 간단히 사라지게 할 수는 없지요." 그라베의 이야기가 이어진다. "아파서 몇 주 동안 침대에 누워 있던 사람이 근육을 일단 다시 만들어야 하는 것처럼 새로운 시냅스 회로를 위해 연습을 해야 합니다."

운동선수가 훈련은 하지 않고 트레이너와 올바른 전략에 대해 이야기만 나눈다면 그로부터 도움을 얻는 데는 한계가 있다. 심리 질환자들도 이와 마찬가지로 실제 생활에서 훈련을 해야 하고, 새로운 시냅스를 개척하는 새로운 감각적인 경험을 찾아야 한다. 폐소공포증 환자는 심리상담사의 도움을 받아 몇 시간씩 승강기를 타야 하고, 우울증 환자는 생의 기쁨을 적극적으로 찾아야 한다. 모든 연구에서 이른바 '현실 직면요법'이 불안장애에 가장 효과가 크다고 밝혀진 이유도 이런 점에서 설명된다. "뇌는 경험을 통해서만 변화됩니다." 그라베는 감정을 섞지 않고 이렇게 요약한다.

이는 간단하고 명백하며 누군가 자신을 변화시키고 싶다면—심리 질환과 싸우기 위해 또는 단순히 성격을 다듬기 위해—무척 도움이 되는 견해다. 신경과학자들은 어떤 요법이나 변화 기술이 가장 신뢰할 만한지 가르쳐준다.

- 향정신성약품의 효능에는 한계가 있다. 특히 항우울제는 급박한 자살 위험이 있을 때는 꼭 필요하지만, 뇌를 지속적으로 바꾸지는 못한다. 약품 회사에 의해 미화된 연구는 재발률이 높다는 사실을 가끔 은폐한다. 치료를 하다가 그만 둔 환자들을 계산에 넣지 않거나 불리한 자료는 발표하지 않으며, 특히 장기적인 효능에 관한 연구도 없다. 전문가들은 대부분 우울증에 약품만 사용하는 치료는 의료상의 실수라는 데 동의한다.

- 그라베는 특히 성격장애나 우울증에 엔엘피(NLP. 신경언어 프로그램)와 같은 극단적인 단기요법을 쓰는 일은 '신경과학적 난센스'라고 간주한다. 그는 특히 환자들에게 처음 치료효과에 만족하여 요법을 중단하지 말라고 경고한다. "효과

가 확고해져야 합니다."
- 정신분석의 핵심 개념들도 애매하다고 한다. 정신분석에 의하면 한 사람의 결정적인 특징은 그가 생물학적인 이유로 전혀 기억할 수 없는 시기에 나타난다. 고전적인 정신분석가의 소파에 누운 내담자가 아주 어린 시절의 비밀에 더 가깝게 접근할 것 같지는 않고, 자기 인식만이 유일하게 지속적인 치료 효과를 지녔다는 가정도 타당해보이지 않는다.
- 대화요법이나 정신역학적 방법처럼 이야기만 하는 요법보다 원칙적으로 행동요법이 더 많은 치료 효과를 약속한다.

변화의 조건들

요법 연구의 기본적인 견해는 사람의 모든 변화 과정에 적용될 수 있다. 집안 소파에 앉아 내리는 이성적인 결정이나 강렬한 의지만 가지고는 원칙적으로 다른 사람이 될 수 없다. 효과를 불러오는 어떤 방법을 통해 새로운 경험을 해야 한다. "보통 자신을 바꾸는 구체적인 계기가 있습니다." 힐데스하임 대학교의 심리학자 그레베의 말이다. 심근경색이 일중독자를 관조적인 삶으로 이끌고, 응급실 입원이 알코올중독자를 금주하게 하며, 신비한 경험을 한 뒤에 불가지론자가 신을 찾기도 한다.

그러나 특정한 사건이 다마스쿠스 경험(바울이 그리스도교인을 박해하러 다마스쿠스로 가는 길에서 예수의 음성을 듣고 회심한 일)처럼 한순간에 성격을 변화시킨다는 사실에 일화적인 증거 이상은 없다. 미국 뉴멕시코 대학교의 심리학자인 윌리엄 밀러William R. Miller와 자네트 스데바카Janet C'debaca는 이른바 '획기적인 변화(quantum change)', 즉 단번에 변한 사례 55가지를 어렵사리 찾기는 했다. 면담을 한 사람들 가운데 67퍼센트가 강력한 경험을 한 다음 아주 짧은 시간 안에 성격이 변했다고 대답했다. 그러나 이들 대부분은 유망한 운동선수를 목까지 마비시킨 사고, 온갖 종류의 종교적 회심, 살해된 부모님을 집에서 발견한 청소년 등 극단적인 사례들이었다. 이런 급격한 변화가 학문의 범주에 충족되는지, 즉 이 경우에 실제로 성격 변화가 일어났는지 아니면 태도의 변화에 불과했으나 그것이 시간이 가면서 효력을 나타냈는지에 대한 의문이 남는다. 독특한 것은, 이 심리학자들이 속세를 떠난 석가모니의 행동도 획기적 변화로 보았다는 점이다. 그러나 이 스물아홉 살의 왕자가 변화 과정을 마치고 부다가야의 무화과나무 아래에서 깨달음을 얻기까지는 7년이라는 고된 세월이 있었다.

사회적 위기도 한 인물의 전기에는 '생산적인 장애 경험'이 될 수 있다. 작은 사유 실험 하나. 베를린 장벽이 무너지지 않았더라면 앙겔라 메르켈(독일 총리, 서독에서 태어났으나 동독에서 자랐다)의 성격은 오늘날 어땠을 거라고 생각하는지? 심리학자들은 일상적인 어려운 인생 경험들을 과대평가하지 말아야 한다는 데 의견이 일치한다. 사람들 대부분은 이별이나 사별을 스스로 생각했던 것보다 더 잘 극복한다.

동기 부여의 힘

뉘른베르크 근처 레드니츠 헴바흐 출신의 익스트림 스포츠 선수인 후베르트 슈바르츠의 경우는 전형적인 예다. 그는 멜빵바지를 입고 11년 동안 청소년 관리자로 일하며 아이들의 게임이나 스키 시간표를 짰고, 그 뒤에는 기숙학교에서 일했다. "난 공직생활에서 확실한 경력을 쌓겠다고 오랫동안 생각했습니다." 그의 회상이다. "바람에 나부끼는 깃발처럼 수줍음을 무척 많이 탈 때도 있었어요." 그는 첫 번째 부인과 헤어지면서 겪었던 심각한 위기를 달리기와 자전거 타기를 통해 벗어났고, 다른 익스트림 스포츠 선수들이 은퇴를 하는 나이인 서른여섯 살에 프로 선수가 되었다.

슈바르츠는 자전거로 80일 동안 세계 일주를 했고 42일 동안 오스트레일리아를 여행했으며, 미국을 세 번 횡단했다. 토크쇼에서 독일 총리였던 게하르트 슈뢰더나 국가대표 축구팀 감독이었던 베르티 보그츠 옆에 편안하게 앉아 성공 전략에 대한 이야기도 나눴다. 그는 자신이 이제 '엄청난 자신감'을 지니고 있다고 말한다. 지금은 수천 명 앞에서 강의를 하지만, 예전에는 학부모 회의에서 개회사를 하기도 어려워했다. "예전에는 아니었어요. 너무나 두려워서 오줌을 지릴 정도였으니까요."

강력한 동기 부여는 실제로 태산도 극복할 수 있게 하므로 자기 성격을 많이 개조하기를 원하는 사람들에게 필수적이다. 정신의학자이며 뉴욕 컬럼비아 대학 교수인 로버트 스피처Robert Spitzer는 2003년 가을에 열린 미국 정신의학협회 학술회의에서 한때 동성애자였던 남녀 200명에 대한 연구를 발표하고 난 뒤, 동성애자 단체들로부터 격렬한 비난을 받았다. 그는 자기가 조사한 사람들이 힘든 변화 과정—부분적으로 심리요법도 있었다—을 거친 다음, 대부분 만족스러운 이성애자로 살고 있다고 소개했다. 원래 대다수 연구들은 성적 지향성의 발생에 생물학적인 구성 요소가 강하게 작용한다고 가정했는데, 이는 변화 능력이 쉽게 생기지 않는다는 뜻이었다. 그러나 스피처가 한 연구의 결과는 비판하는 사람들이 약점이라고 지적한 이의를 통해 설명이 될 것이다. 질문에 응한 한때 동성애자였던 사람들은 스스로를 신심이 아주 강한 사람이라고 생각하고 있었던 것이다. 그러므로 강한 믿음이 당사자들에게 생물학적인 운명에 부딪힐 의지와 힘을 주었다고 보는 것이 타당할 듯하다.

"거꾸로, 그러니까 원하지 않는 사람을 변화시키기란 불가능하지요." 심리학자 그레베의 단언이다. 부모들이 오로지 권위를 통해 자녀들의 '양심'을 강화하려다가 절망하는 것이 이런 이유에서다. 성범죄자들 가운데 극소수만이 스스로 동기를 부여하고 성실하게 요법에 참여하므로, 이들의 재사회화 프로그램은 지극히 낮은 성공률을 보인다. 상대방의 나쁜 습관과 성격을 고치겠다는 부부 사이의 노력이 실패하는 이유도 이와 마찬가지다.

그러나 널리 퍼진 일상적인 심리 격언과는 달리, 문제를 풀기 위해 그 문제에서 도망치는 것은 의미 있는 일이다. "이사와 전업은 성격발달의 기회입니다." 브레멘 국제대학교의 부총장이며 평생 교육과 제도적 발달을 위한 야콥 센터를 운영하는 발달심리학자 우줄라 슈타우딩어Ursula Staudinger의 말이다. "변화는 새로운 관계 속에서 더 쉽게 이루어집니다." 물론 이사를 한 알코올중독자가 집 모퉁이의 술집으로 다시 간다면 이사가 별 의미가 없다. 그러나 술이 없는 사우디아라비아로 간다면 실제로 도움이 될 수도 있다.

자기 자신을 위해 노력하는 사람들에게 예전에 알던 다른 사람들이 취해오는 연락은 특히 큰 의미를 갖는 듯하다. 주변 사람들이 모두 어떤 사람에 대해 뚜렷한 생각을 가지고 있으면, 그 사람은 자기를 바꾸기 어렵다. 새로운 친구와 지인들은 자신을 새롭게 표현하고 스스로를 새로 발견하게 한다. "이런 경우 변화의 잠재력은 매우 큽니다." 슈타우딩어는 이렇게 확신한다. 그러나 동료인 심리학자 그레베는 모든 것이 가능하지는 않다고 부연한다. "쉰다섯 살이 되어도 춤을 배울 수 있지요. 하지만 모든 사람이 이 나이에 플라멩코 무용수가 될 잠재력을 지니고 있지는 않습니다." 목표가 현실적이어야 한다는 뜻이다.

그러므로 몇 주 동안 진행되는 주말 코스를 통해 참가자들에게 새로운 성격을 만들어주겠다는 구루나 트레이너들을 조심해야 한다. 성격 세미나를 주관하는 사람들 가운데 진지한 사람들은 아무도 새로운 사람을 만들어주겠다는 약속을 하지 않는다. "우린 세부 사항들만 조정하지요." 최고경영자들의 코치이며 독일 심리학자직업협회의 노동과 기업 및 조직심리학 부장인 자비네 지글Sabine Siegl의 말이다. "어떤 중역의 예를 들지요. 그는 아주 똑똑해서 문제를 보면 순식간에 이해할 수 있었어요. 그래서 누군가 말을 하면, 그 말을 자르고 해결 방법을 바로 제시했지요. 그 일 때문에 한 번은 직업을 잃은 적도 있어요." 코치는 그가 다른 사람들의 창의성과 일에 대한 기쁨을 빼앗지 않고 좀더 편안하게 대할 수 있도록 도와주었다.

다른 '나', 더 나은 '나'로 향하는 길은 힘들다. 그래서 혼자 성공하는 사람이 드물다. "쓰기와 읽기를 배우는 것처럼, 우리는 자신을 발전시키는 방법도 배워야 합니다." 우줄라 슈타우딩어의 말이다. "어떤 조건에서 성격이 성장할 수 있는가 하는 문제가 중요하지요." 이 분야의 연구는 아직 초보 단계지만, 슈타우딩어의 말에 따르면 사람들의 변화 능력이 다양하다는 증거가 있다고 한다. "결정적인 문제는 자기 이해가 어떻게 생기는가 하는 점입니다." 이 경우 5대 특성 가운데 개방성, 즉 다시 연락을 취해오는 주변 환경을 인식하고 자기 자신을 반성할 준비 자세가 중요할 것이라고 한다. 또한 자신을 새롭게 생각하기 위해서는 지능과 창조성도 어느 정도 필요하고, 예술과 문학이라는 잠재적인 공간에서 인간 존재의 가능성을 재보기 위해 소설을 읽는 것도 의미가 있다고 한다.

트레이닝의 효과

심리학자 슈타우딩어는 여기서 과학과 교육학이 해야 할 중요한 새로운 과제를 본다. 그는 앞으로 동료들이 더 이상 상처 입은 영혼에 붕대를 감는 데만 치중해서는 안 된다고 말한다. 심리상담사들이 트레이너가 되어야 한다는 것이다. 이미 독일에서 수많은 성인 교육 담당자들이 다양한 수준의 성격 트레이닝을 실행하고 있다. 경영자들에 대한 개인적인 코칭은 이 분야에서 큰 수요를 차지하고 있으며, 문화 센터에도 변화하기를 원하는 사람들이 수없이 몰려든다. 슈타우딩어는 학생 때부터 최신 지식을 배워야 한다고 생각한다. "교육 계획에서 인생 경영은 가장 기본입니다. 쓰기와 읽기를 배우듯이, 사는 방법도 배워야 합니다."

이는 야심찬 교육 과정이다. "자기 인생의 극본을 직접 쓸 수 있는 방법을 제시한다는 말은 사람들에게 당연히 축복의 말처럼 들리지요." 뮌헨의 사회심리학자 하이너 코이프Heiner Keupp는 생각의 여지를 둔다. "하지만 실질적이고 사회적인 심리적 자원이 없을 때가 많습니다. 그런 경우에 자아 형성의 사회적인 필요성과 기준은 실행하기 어려운 과제가 되지요."

베를린 막스플랑크 교육연구소의 심리학자들은 모범적인 성격이나 특징의 목록을 제시함으로써 이 문제를 해결하려고 하지 않는다. 모든 사람이 각자에게 주어진 잠재력을 모두 발휘하는 것이 최상일 것이다. 파울 발테스Paul Baltes는 보정이 있는 선택적인 최적화 모델을 개발하고 'SOK(selective optimizing with compensation을 의미한다) 모델'이라는 이름을 붙였다. 심리학이 보통 그렇듯이 그 배경에는 애석하게도 유한한 우리의 인생에서 자신을 위해 최상의 것을 수확하는 방법에 대한 구상이 들어 있다. 이 구상은 유치하지만 납득할 만하다. 발테스에 따르면, 사람들은 이미 지니고 있는 삶의 가능성 중에서 자기가 실행하고 싶은 것을 선택해야 한다. 둘째로 선택한 것을 되도록 잘하기 위해 적당한 수단을 찾아 최적화해야 한다. 셋째는 보정이다. 수단이 없다면 새로운 길을 찾고 새로운 목표를 따를 수 있도록 충분한 유연성을 길러야 한다. "선택하고 최적화하고 보정하는 사람들은 젊은 시절부터 온갖 일에 모두 참견하는 사람들보다 훨씬 행복합니다."

정신적인 속도는 이르면 25세부터 늦어지는데, 30~40세까지의 젊은 성인들은 가정과 직장 생활을 조화시켜야 하는 숙제를 안고 있다. 발테스에 따르면 일단 몇 년 동안 직업에 집중한 다음 가정에 집중하거나 또는 그 반대로 하는 사람들이 그렇지 않은 사람들보다 더 잘 지낸다. 또한 나이가 들수록 SOK 원칙은 더 중요해진다고 한다. 그는 아서 루빈스타인의 예를 자주 인용한다. 피아노 연주자인 루빈스타인은 여든 살 생일에도 여전히 뛰어난 연주 활동을 할 수 있는 방법에 대해 많은 기자들로부터 질문을 받았다. "루빈스타인의 대답에서 SOK 원칙을 읽을 수 있습니다." 발테스의 말이다. "그는 연주 곡목을 줄였습니다. 그러니까 선택을 한 거죠. 그런 다음 그 작품들을 예전보다 더 많이 연습했습니다. 이건 최적화입니다. 그리고 자기가 고른 곡들을 예전처럼 빨리 연주할 수 없었기 때문에 기술적인 방법을 사용했습니다. 특히 빠른 부분 앞에서는 속도를 늦추었던 거죠. 이렇게 하면 뒤에 오는 부분은 앞과 대비되어 충분히 빠르게 느껴지거든요. 이건 일종의 보정 형태입니다."

지혜를 향한 머나먼 길

평탄한 인생을 살면서 자신의 성격을 잘 다듬어온 사람은 나이가 든 후 정신적인 속도를 잃은 것을 보상하고도 남을 정도의 특성인 지혜를 얻을 수 있다. 우줄라 슈타우딩어는 베를린 막스플랑크 교육연구소에서 일하던 시절에 이미 그녀의 멘토였던 파울 발테스와 함께 일반적으로 '사람이 성장하면서 이룰 수 있는 최고의 것'이 무엇인지 학문적으로 정의하려고 노력했다. 이에 따르면 현자賢者란 삶의 '근본적인 실무 지식'을 이해한 사람이다. 인간 존재에 대한 핵심적인 지식을 마음대로 다루고 판단할 수 있으며, 훌륭한 삶을 계획하고 살아가고 이해하는 사람이다. 현명한 사람은 사실적인 지식이 충분하며 삶이 무엇인지 꿰뚫어 본다. 그는 또한 가치란 상대적임을 알고 있으며, 인생의 흥망성쇠를 비교하여 숙고할 수 있다.

슈타우딩어와 발테스는 '지혜의 단계'를 계발하기까지 했다. 누가 얼마나 지혜로운지를 설문 목록을 통해 평가한 것이다. 이 목록의 전형적인 질문은 다음과 같다. "열다섯 살짜리 소녀가 지금 당장 결혼하려고 한다. 어떤 충고를 해야 할까?" 금방 나올 만한 대답, 즉 그 나이에 결혼하는 것은 상당히 바보 같은 계획이라는 대답은 막스플랑크 연구소가 정한 '지혜의 단계' 총 7

점 가운데 겨우 3점을 받는다. 이 연구소의 기준으로 현명한 사람이란, 예를 들어 다음과 같이 추론한 사람이다. "열다섯 살짜리 소녀가 벌써 결혼하려 한다는 것은 처음에는 아주 큰 문제로 보인다. 그러나 주변 환경을 고려해보아야 한다. 그 소녀가 불치병에 걸려 있을 수도 있고, 또 처음으로 사랑에 빠졌을 수도 있다. 그 외에 문화적인 환경도 고려해야 한다. 일찍 결혼하는 것이 일반적인 문화권도 많다." 이런 대답은 벌써 5~6점을 얻는다. 25~75세의 1,200명에게 물은 결과, 몇 명만이 이 점수에 도달할 수 있었다. 지혜는 나이가 든다고 저절로 찾아오는 것이 아니다.

심리학자들은 다양한 질문을 통해, 현명한 사람은 인생 전반에 걸친 전문가임을 밝혀냈다. 현자는 인간의 본성과 평생 동안의 발달, 관계, 사회적인 규범, 위험한 사건들과 그 결과에 대해 잘 알고 있으며, 어떤 목표를 세우고 중요한 결정을 내리는 방법과 갈등을 해결하는 방법도 알고 있다. 또한 현자가 일과 여가, 가정과 우정과 같은 인생의 주제들을 인생의 긴 여정이라는 관점에서 조망할 수 있다는 점도 중요하다. 이렇게 함으로써 현자는 사람들 각자가 우위에 두는 것이 다르고 서로 다른 가치를 지니고 있다는 것을 알며, 또한 이를 관용한다. 이 모든 일에서 현자는 삶과 온갖 결정들이 불확실성으로 가득하다는 것을 알고 있으며, 이를 잘 다룰 수 있다.

막스플랑크 연구소 심리학자들의 견해로 보아도 지혜에까지 도달할 수 있는 사람은 유감스럽게도 얼마 되지 않는다. 유연하고 개방적이고 호기심이 많은 사람만이 인생을 살면서 필요한 경험을 모을 수 있기 때문이다. 또한 모범을 보고 배우기 위해 이미 지혜에 이른 조언자들과 많은 접촉도 해야 한다. 다른 지역과 문화에 대한 관용과 관심은 경험의 보물 창고를 넓힌다. 현자가 될 잠재력을 지니고 있는 사람은 다른 사람에게 피해를 주지 않으면서 자신에게 좋은 것을 추구하는 삶을 산다.

그러나 많은 사람들이 차라리 지름길을 택하려고 할 것이다.

최적화된 사람

이미 오래전부터 생물심리학자들은 성격을 신경화학적으로 분석하고 있다. 먼 미래에는 전자기적 수단을 통해 유전공학적인 변화나 조작이 가능할 것이다. 지금도 많은 대학 병원에서 정신의학자들이 우울증 치료에 자기장을 시험해보고 있다. 이런 의미에서 성격심리의 한 지류는 기원후 2세기의 시작점으로 다시 돌아간다. 그리스 의사 갈레노스는 피와 점액, 황색과 검은 담즙이라는 네 가지 체액의 분포가 서로 다르기 때문에 성격 차이가 생긴다고 설명했다. 생물학적으로 방향을 잡은 21세기의 심리학자들은 우리 성격을 세 가지 체액, 더 자세히 말하면 뇌에 있는 화학적 심부름꾼 물질인 세 가지 신경전달물질에서 읽으려 한다. 세로토닌 결핍은 폭력과 충동성, 적응력 부족 같은 성격들과 관계가 있다. 도파민은 사람들에게 다가갈 수 있는 능력과 새로운 것을 발견하려는 각오와 같은 긍정적인 감정을 조절한다. 노어아드레날린은 부정적인 감정을 조절하는데, 전달물질계에서 아마 조정자의 역할을 하는 듯하다.

여기서 결정적인 것은 균형이다. 반사회적인 성격은 근본적으로 건강한 성격과 달라서가 아니라 전달물질계 사이의 극단적인 불균형 때문에 생긴다.

새로운 연구 결과들은 진단학을 더 세밀하게 만들고, 생물학적 기호들이 설문지를 대체하여 5대 특성의 개혁을 불러올 수도 있을 것이다.

이미 많은 연구자들이 이보다 한발 더 나아간 과제를 연구하고 있다. 신경전달물질이 성격을 어떻게 형성하는지 밝혀진다면, 우리는 아마 약품을 통해 성격에 의도적이고 지속적인 영향을 줄 수도 있을 것이다. 스스로를 향한 노력이 아니라, 손쉽게 심리 약품을 써서 성격변화를 일으키는 것이다. 그럴 경우 약품 시장은 아마 엄청날 것이다. 미국의 정치학자 프란시스 후쿠야마는 이미 '인간의 종말'을 이야기하며 우리 스스로를 '잠재적인 도덕적 나락'에 빠지게 하고 '행복한 노예'로 만드는 '미용 신경정신약품학'에 경고를 보낸다.

현재 약품 시장의 상황을 살펴보면, 재난을 경고하는 후쿠야마가 그다지 이상하게 보이지 않는다. 비교적 부작용이 적은 항우울제 프로작Prozac은 미국의 많은 도시 근교에서 거의 기초식품처럼 취급된다. 얼마 전 영국 BBC 방송은 프로작 찌꺼기가 식수에 퍼져 물고기의 신경계를 혼란시킨다는 생태학자의 걱정을 보도했다. 영국 제약회사 글락소스미스클라인은 항우울제 팍실Paxil을 공식적으로는 심한 사회공포증을 위한 약품으로 팔지만, 사실상 수백만 명이 이 약을 수줍음 치료제로 먹는다. 팍실은 단기간에 세계에서 이윤이 가장 많이 남는 열 가지 약품 가운데 하나가 되었다. 얼마 전 다국적 제약회사 일라이 릴리는 성인의 주의력결핍 과잉행동장애ADHD에 대한 첫 치료제로 스트라테라Strattera를 내놓았는데, 이 장애에 대한 병적인 평가에는 논란의 여지가 있다. 모다피닐Modafinil은 수면 장애인 기면발작 치료제로 개발됐지만, 지금은 계속 깨어 있기를 원하는 많은 사람들이 사용하고 있다. 무대에 서기 두려운 음악가나 배우는, 마음을 안정시키기는 하지만 중독성이 있는 프로프라놀롤Propranolol과 같은 베타 수용체 차단제를 다량으로 삼킨다. 안드로크Androcur는 성범죄자의 충동을 가라앉히기 위한 약이지만 성전환수술을 한 사람들의 남성호르몬 억제제로 이미 오래전부터 암거래 시장에서 거래되고 있다. 문제는 이런 상황이 우리를 안심시키는가 하는 것이다. 부작용이 두려워 지금은 향정신성 약품들을 복용하지 않는 사람들이 이런 약품이 매우 특수해진 후 모두 복용하게 된다면 무슨 일이 벌어질까? 우리는 이 문제에 대해 토론이라도 해봐야 한다.

2004년 5월, 미국의 저명한 신경과학자들은—그중에는 노벨상 수상자인 에릭 캔들Eric Kandel도 있었다—전문 잡지 〈네이처Nature〉 특별호에서 신경정신의학이 점차 '아프지 않은 사람들의 심리적 기능을 개선하기 위해' 사용되고 있다고 경고했다. 현재 미국에서 이미 주의력결핍 과잉행동장애의 분포보다 그 치료제인 리탈린Ritalin 처방전이 훨씬 더 많다는 설명이다. 그러나 진정한 윤리적 문제는 앞으로 있을 새롭고 특수한 신경정신약품에서 비롯될 것이다.

  인식 능력을 향상시킬 새로운 약품이 정말 있다고 가정해보자. 그 사용을 어떻게 결정할 것인가? "직장과 학교에서 쫓겨나지 않는 것이, 신경인지적인 개선에 참여하는가의 여부에 달려 있다면?" 이런 약품들이 인간의 진정성과 존엄성을 해칠지도 모른다는 의학 윤리학자들의 두려움은 힘겨워 보인다. '나'의 인생사적인 구성에서 시작하는 새로운 신경과학과 심리학에 비추어 볼 때, 진정성이란 과연 무엇인가? 신경정신약품을 통해서만 진정한 '내'가 될 수 있다는 사람들에게 과연 무슨 말을 할 수 있을까? 이런 것들이 미래에 토론해야 할 주제들이다.

차이의 장점

  베를린의 심리학자 아젠도르프는 성급하게 성격을 조작하는 문제에 대해 탁월한 이의를 제기한다. 그가 게놈과 뇌화학에 대한 개입을 경고하는 이유는 무엇보다도 모든 사람이 해당 공학에서 똑같은 심리적 기준을 따를 것이기 때문이다. 즉 모든 사람이 더 자신감에 차고 낙천적이며 더 즐거워지기를 원할 것이다. "디터 볼렌(독일 가수. 팝 듀엣 '모던 토킹'의 멤버였다)이야 아주 재미있는 사람이지요. 하지만 길을 걸으면서 디터 볼렌과 똑같은 사람들만 만난다고 상상해보세요." 아젠도르프는 성격 차이에 관한 진화적 의미를 설파한다. "사회에는 용감한 사람과 수줍은 사람이 모두 필요합니다. 용감한 사람은 탐험가이지만, 수줍어하는 사람은 오래 생각하니까요."

그러나 이런 견해를 지닌 아젠도르프도 미래에 대한 전망은 부정적이다. "이런 문제는 곧 닥칠 겁니다. 유전적인 정밀 검사에 의해 규격이 정해진 사회라는 '끔찍한 미래상'이 반드시 오는 건 아닐지라도 유전공학적인 수단들이 어쩌면 이런 결과를 가져올지도 모릅니다."

지금까지 학자들은 인간을 다양하게 해석했다. 하지만 이들은 이제 곧 사람을 바꾸게 될 것이다.

5장 지금과 다를 수도 있는 '나'

유행과 음악, 사회적 정체성

작고 지저분한 컵에 담긴 커피를 가져다주는 여자들이 어쨌든 진짜 창녀들이기는 하다. 하지만 이들이 사진도 찍게 할까? 가슴을 내놓았다거나 입술을 늘어뜨린 여자들은 어디에 있는 거지? 스피커에서는 영어 음절이 이따금 섞인 시끄러운 아프리카 음악이 흘러나온다. 에티오피아 진카에 있는 숙박업소 '고 호텔', 진흙이 질퍽거리는 마당에 앉아 있는 미국 관광객 팀의 기분은 시들하다. 끊임없이 내리는 비, 질척거리는 길. 이 얼마나 지저분한 풍경인가.

"저기 무르시Mursi족이 있어요!" 상아색 천 모자에 '아프리카!'라는 글씨가 쓰여 있는 티셔츠를 입은 중년 여자가 갑자기 크게 소리친다. 반나체인 원주민 남녀가 녹슨 출입구 옆의 물웅덩이 사이에 수줍은 듯 말없이 서 있다. 열여섯 살쯤 되어 보이는 소녀는 아랫입술에 엄청나게 큰 진흙 접시를 달고 있다. 보기만 해도 아프다. 드디어 볼 거리가 생겼다! 관광객들이 얼른 카메라를 움켜쥐고 벌떡 일어나 사진을 찍기 시작한다. 이렇게 챙기는 약탈품은 셀룰로이드 필름이나 디지털 칩에 저장된다.

세계화와 정체성

관광객들은 이런 사진을 찍기 위해 탐험 여행을 조직하는 사람에게 많은 돈을 주었고, 에티오피아의 수도 아디스아바바에서 오모 계곡—아프리카에서 가장 큰 강 가운데 하나인 오모 강의 이름을 딴 계곡이다—까지 먼지가 날리는 길을 이틀 동안 지프로 서둘러 달려왔다. 이 지역은 에티오피아의 남서쪽 가장 끝자리, 케냐와 수단 국경 근처에 있다. 말라리아 위험 구역이며 뜨거운 공기가 작렬하는 위험하고 메마른 사바나 지역이다. 덤불이 찔러대고 과일에서는 쓴맛이 난다. 얼마 되지 않는 강 근처의 비옥한 지역에서는 체체파리가 소를 위협한다. 그러나 늦은 오후가 되어 해가 사바나 위로 금빛을 드리우고 사막의 장미가 빛나면, 이곳은 요술과 같은 아름다움을 뿜낸다.

헤센 주州만 한 크기인 이곳에는 열 몇 부족이 이른바 신석기 시대와 같은 상태로 산다고 알려져 있다. 이들은 사냥을 하고 소를 키우며, 돌 판에 곡식을 갈고, 염소 가죽 옷과 조개 껍데기 허리띠를 하고, 정교한 그림을 그리거나 상처를 내어 몸을 장식한다. 많은 오모 부락의 사람들이 아직 자동차나 카메라나 백인을 본 적이 없다. 진카 행정구역을 벗어난 곳에서 현대를 증명하는 것은 무엇보다도 칼라쉬니코프다. 거의 모든 남자가 등에

이 총을 걸치고 있다. 예전에는 기껏해야 북부 에티오피아에서 좌천된 경찰이나 군인 몇 명만이 극심하게 고립된 이 지역으로 왔다. 최근에 들어서야 이곳에 이방인들이 늘어났다. 이방인들은 선교사와 저개발국 후원자들, 민족학자들, 진정한 삶과 이국적인 모습을 찾는 외국 관광객들이다.

앞에서 언급한 진카의 사진 소동은 현대적인 문화 접촉이 원시적으로 드러난 장면이고, 그 자체로 삶의 한 실험이다. 우리는 '나'를 찾는 문제가 더 넓은 방면에서 조명될 수 있음을 알게 될 것이다. 이것이 마인츠 민족학자 팀이 사우스 오모 리서치센터SORC를 이곳에 세운 이유이기도 하다. 에티오피아의 가장 남서쪽인 이곳 오모 계곡에서, 비극으로 끝나는 일이 많았던 선임자들의 역사가 다시 써진다. 신석기 시대와 현대가 서로 충돌하면서 사람들은 자신의 문화를 캐물으며, 가치관이 흔들리기 시작한다. 학자들은 세계화 시대에 사회적·문화적인 정체성이란 도대체 무엇인지, 어떻게 생기고 어떻게 변화하는지 다시 묻는다.

그러므로 이 장에서는 비교적 뚜렷하고('**나'의 건설 현장**에서 보았듯이 변할 수 있기는 하지만) 부분적으로는 생물학적으로 정해진 성격의 궤적이 아니라, 사람들이 어떤 머리 모양을 하고 어떤 옷을 입는지, 남자와 여자와 청소년과 노인으로서의 역할을 어떻게 수행하는지, 어떤 의식을 치르고 어떤 음악을 좋아하며 어떤 생활방식을 지니고 있는지를 다룬다. 어떤 직업을 선택하는지, 집은 어디에 구하고 휴가는 어디서 보내는지, 신과 세상에 대해 어떤 생각을 가지고 있는지를 살펴보는 것이다.

이는 민족학자와 문화학자들의 근본적인 주제들이다. 이 주제들에서 중심이 되는 주장은 이런 사회적 정체성 또한 세 번째 천 년의 세기에 점차 변하기 쉬운 구조라는 것이다. 변화는 하나의 '내'가 다른 '나'를 만나고, 남부 에티오피아의 오모 계곡에서처럼 한 집단이 다른 집단을 만날 때 일어난다.

늘어진 입술로 벌어들이는 돈

예전의 염려나 예상과는 달리, 서구의 패권적인 문화가 모든 것을 추월하고 단순화시키지는 않는다는 사실이 오모에서도 밝혀졌다. 상호작용은 더 복합적이다. "외국 이방인들과의 만남은 문화를 더 강화할 수 있습니다." 바샤다Bashada족 마을에서 연구 활동을 하는 수잔네 에플레Susanne Epple의 말이다. 훨씬 더 많이 발달한 북부 에티오피아인들에게 경멸을 당하는 이곳 원주민들에게 관광객들의 관심은 위로가 된다고 한다. 바로 이런 이유에서 오모 부족들은 자신의 생활방식이 옳다고 믿어 중요한 전통을 유지한다는 것이다. 더구나 카메라 앞에서 포즈를 취하고 돈도 요구할 수 있으니 금상첨화다. 한 번 찍는 데 2비르(유로화로 25센트, 약 300원)인데, 되도록 새로 나온 1비르 지폐를 받기 원한다. 이 금액은 일인당 일 년 평균수입이 100유로밖에 되지 않는 나라, 특히 얼마 전까지만 해도 물물교환을 하던 오모 지역에서는 무척 큰돈이다.

에플레의 말에 따르면, 이에 비해 몇 안 되는 서구 문화의 흔적은 원래 문화와 동화된다고 한다. 예를 들어 아리Ari족 여성들은 축구할 때 입는 티셔츠를 전통적인 옷차림과 섞었다. 파란색만, 그것도 언제나 두 장을 겹쳐 입는 것이다. 처녀들은 짧은 티셔츠를, 결혼한 여성들은 긴 티셔츠를 입는다.

화폐의 사용은 이전에는 그런 것이 있는지조차 몰랐던 이 지역의 문화적 실생활을 가장 먼저 변화시켰다. 영국의 민족학자 데이비드 터튼David Turton은 최근 무르시족 여성들의 입술이 다시 커지는 이유를 이렇게 설명한다. 관광객들이 집에 돌아가 노트북 앞에서 슬라이드 쇼를 보여주며 이야기하듯, 커다란 입술 접시가 특별한 아름다움의 상징이므로 신부의 값을 올린다는 말은 꾸며낸 이야기에 불과하다고 한다. 무르시족은 어릴 때 이미 약혼을 하기 때문이다. 극단적인 피어싱은 오히려 이곳이 세계화된 경제로 통합되기 시작했다는 뜻이라고 한다. 여성들은 자신이 세계시장에 내보일 수 있는 얼마 되지 않는 자산을 공급하기 때문이다. 그것이 바로 늘어진 입술이다. '그림자 매매'라고 불리는 사진 찍기는 오모 계곡에서 유일하게 성장하는 분야다.

다음은 부족의 전통에 따라 머리를 붉게 물들이고 아랫입술에 쇠못을 박아 넣은 카라kara족의 성인 여성 토르고와의 대화다.

"예전이 살기에 더 좋았나요?"

"아니오, 지금이 훨씬 좋아요. 관광객들이 온 다음부터 신발도 있으니까요."

"관광객을 좋아하나요?"

"예, 좋아요. 돈이 들어오잖아요."

"그래서 달라진 게 있나요?"

"우린 물감이 들어 있는 조롱박을 늘 준비해놓고, 지프 소리가 들리면 바로 몸에 색칠을 해요."

미국 관광객들을 위해 카라족은 전통적인 결혼식을 치렀고, 오모 부족 가운데 가장 큰 하마르Hamar족은 관광객들을 위해 '소 넘기'를 연출했다. 소 넘기란 소년이 남자가 되는 성년식인데, 당사자는 줄지어 서 있는 소들 위를 나체로 네 번 달려야 한다. 원래 채찍질도 하지만, 이 관습은 진짜 성년식 때만 시행된다. 사진을 찍을 때는 돈을 내야 하는데, 이번에는 에스파냐 관광객들이 카메라 한 대당 12유로씩 냈다.

하마르족의 주요 거점인 투르미 근처의 좁은 강 카에스케 위로 뜨거운 햇살이 비친다. 방금 머리카락을 염색한 젊은 여자들이 무아지경 상태에서 춤을 추며 노래를 한다. 등은 나체고, 초록색 잉크가 선명한 티셔츠를 가슴 앞에 올려 묶었다. 한 여자가 나무 그늘 아래 앉아 있는 젊은 남자들에게 다가가, 그중 한 사람의 정강이뼈를 걷어차며 소리친다. "얼른 해!" 마지못해 남자가 일어난다. 갑자기 버드나무 회초리가 날카롭게 공기를 가르며 부딪치는 소리가 난다. 뛰는 여자의 등에 붉은 줄이 그어진다. 여자가 머리를 옆으로 갸우뚱거리며, 작은 금속 악기를 의기양양하게 분다. 다시 한 번 회초리가 날고, 나팔 소리가 다시 울린다. 살이 터지고 피가 흐르며, 카메라 셔터 소리도 울린다. 이렇게 몇 시간이 흐른다. 많은 관광객—장밋빛 셔츠를 입고 니콘 망원 카메라를 든 뚱뚱한 남자도 지금 이런 모습이다—의 눈빛이 빛난다.

"안녕하세요?" 청바지에 셔츠를 입은 하마르족 남자가 자기 이름은 젤티 주보이며 나이는 스물두 살이라고 자기소개를 하고는 턱으로 눈앞의 장면을 가리키며 말한다. "여자들이 저런 걸 좋아해요." 그는 힘들게 학교에 다니며 어느 정도 영어를 배운 몇 안 되는 원주민 가운데 한 명으로 지금은 통역자와 여행 안내자로 일하며 돈을 모은다. 언젠가 아디스아바바로 가기 위해서다. 그는 그곳에 가서 새로운 정체성을 만들게 될 것이다.

수프 속의 사람들

아프리카와 파푸아뉴기니, 아마존 유역과 안다만 제도 등 지구상에 마지막 남은 부족 사회들이 아무리 많이 변하더라도, 앞서 말한 에티오피아의 예는 그러한 문화들이 세계적 단일화에 그냥 패배하지는 않으리라는 사실을 보여준다. 최근 수십 년 동안 국경을 파괴하며 이미지와 물자를 퍼붓는 세계화에도 불구하고, 문화비판가들이 오래전부터 말하던 유치한 맥도날드 세상이 이룩되지는 않았다. 물론 코카콜라와 빅맥을 이제 어느 대륙에서나 먹을 수 있고, 할리우드 영화가 세계 대부분의 은막을 장악한 것도 사실이다. 그러나 문화 수출은 일방통행이 아니다. 세계화란 감상적인 발리우드 영화들을 케이블 TV에서 보고, 보행자 구역 어느 곳에서나 케밥과 인도 카레를 사먹으며, 말리에서 온 타악기 연주자들을 뮌헨의 유명한 '영국 정원'에서 만나고, 일본 인스턴트 요리를 맥주 집 바로 건너편에서 사 먹으며, 일본 학교를 뒤셀도르프에서, 벨리 댄스 코스를 빌레펠트의 문화센터에서, 아프리카 카니발을 런던에서, 요가와 탄트라 마사지를 베를린 한복판에서 만날 수 있다는 의미도 된다.

어느 가을날, 에콰도르 오타발로 출신 인디언들이 남 티롤 지방의 보첸 시장 광장에서 발터 폰 포겔바이데(Walther von der Vogelweide, 1170~1230. 기사문학으로 유명한 중세의 시인)의 동상 바로 옆에 서서 훌륭하게 악기를 연주하는 모습을 보게 되면, 사람들은 진정한 순수성이 무엇인가라는 질문을 더 이상 하지 않는다. 연주자 가운데 한 명은 손으로 짠 평범한 양모 판초 말고도 북 아메리카 수sioux족의 깃털 머리 장식을 쓰고, 얼굴을 선명한 붉은색과 흰색으로 칠했다. 이들은 팬플루트로 사이먼앤가펑클의 「엘 콘도 파사」와 「사운즈 오브 사일런스」를 연주한다. 그러는 동안 지루해진 이 악단의 여성은—세련된 가죽 재킷과 스커트를 입었다—한국산 휴대폰으로 전화를 한다.

여기서 어떤 문화가 어떤 문화를 지배하는가?

사회학자인 롤프 아이켈파쉬Rolf Eickelpasch와 클라우디아 라데마허Claudia Rademacher는 그들의 저서 『정체성』에서 우리는 점차 단순화되고 서구화되는 세계문화 속에서 사는 것이 아니라고 주장한다. 이들에 따르면 그보다는 '문화적인 연관성과 삶의 구상에서 다원화와 탈 경계, 서구와 비서구의 영향력이 섞인 세계화된 혼합물'과 더 많은 연관이 있다. 미국조차 그들의 원래 이데올로기와는 달리 자유를 찾는 민족과 인종이 한 문화에 녹아드는 도가니가 아니라, 다양한 고기 조각과 야채가 어쨌든 같은 소스 속에서 헤엄치며 가끔 서로 부딪치기도 하는 수프다.

몇 년 전부터 다른 추세도 목격된다. 방금 언급한 히스패닉이나 베를린 노이쾰른 지역의 터키 청소년 갱들의 경우처럼 지역적인 많은 하위문화들이 새롭게 정립한 자신의 상징과 의식을 열정적으로 따른다. 그러나 정말 똑똑하고 포스트모던한 사람들은 여기서 한 걸음 더 나가서, 자신의 정체성만으로 유희를 즐긴다.

마돈나 또는 진정성의 종말

1971년에 사망한 록 스타 짐 모리슨과 팝 아이콘 마돈나 사이의 차이점—작지만 의미 있는 사회이론상의 차이—은 짐 모리슨이 1969년 3월 1일 마이애미 무대에서 즐겁게 들떠 있는 관중 앞에서 성기를 꺼내 자위를 잠깐 하고, 그 결과 한동안 미국 검찰에게 쫓기게 된 자신의 행위를 '나'의 진정한 표현으로 보았다는 점이다.

두 사람 사이에 차이가 존재한다는 말이 마돈나가 점잖다는 뜻은 아니다. 마돈나가 불타는 십자가 앞에서 도발적인 춤을 추는 뮤직비디오를 본 교황이 원래 가톨릭 교인인 그녀를 책망할 정도였다. 그녀의 앨범 「에로티카」와 사진집—쉽게 이해할 수 있는 '섹스'라는 제목이 붙었다—은 속이 안 보이도록 불투명하게 포장된 상태로만 팔았다. 마돈나는 성인과 처녀, 요괴, 창녀, 스트립쇼의 무희 흉내를 낸다. 엄청난 비용을 들여 연출하는 무대에서 그녀는 동성애나 사도마조히즘, 어두운 방, 자위, 음경 애무, 그 외에도 엉덩이를 흔드는 등 사람이 상상할 수 있는 갖가지 형태의 성적인 행위들을 암시한다. 그러나 이런 그녀의 자기 묘사를 아무도 진정한 그녀의 모습으로 보지 않는다는 것이 모리슨과의 차이점이다. 이는 역할극일 뿐이고, 바로 이 점에서 관중은 그녀를 모방하고픈 욕구를 크게 받는다.

"문화비평가들은 무한히 계속되는 이런 변장 뒤에 결국은 아무것도 없을 뿐이라는 의심을 하고 있습니다." 파더본 대학교의 영문학자이자 팝 이론가인 라우렌츠 폴크만Laurenz Volkmann의 주장이다. 그는 마돈나를 도발적인 진정한 전투사가 아니라 늘 새로워지는 '자기 연출'을 통해 현대적인 정체성의 허무함과 조작을 완벽하게 은유하는 포스트모더니즘의 장식품쯤으로 간주한다.

그녀는 쉽게 싫증을 내고 강력한 자극에 익숙한 관중을 초조하게 관찰하며, 언제나 관심의 대상으로 머물러 있기 위해 이들의 기대에 부응하려고 노력한다. 잘 계산된 스캔들과 정확하게 조정한 터부 파괴 행위로 오랫동안 이런 기대를 지속할 수 있었다. 그러나 90년대 초에 냉담해진 팝 세계에서 성적인 도발이 더 이상 작동하지 않자, 90년대 말에 마돈나는 진지하고 깊이 있는 모습의 새로운 정체성으로 다시 한 번 나타났다. 앤드류

로이드 웨버의 뮤지컬 〈에비타〉를 영화화한 작품에서 에바 페론의 역을 맡은 것이다. 그 다음에는 종교와 영성을 발견했고, 카발라(중세 유대교의 신비주의적 교파) 비교秘敎에 갑자기 관심을 보였다. 2005년 가을에 발매된 앨범「컨페션스 온 어 댄스 플로어」에서는 다시 장밋빛 육체로 70년대 디스코 퀸 스타일의 포즈를 취했다.

이렇듯 완벽하게 유동적인 역할 변화만이 1958년 8월 16일 미시건 주 베이시티에서 태어난 마돈나 루이제 베로니카 치코네―치어리더였고 지독하게 가난한 무용수였으며 목소리도 가늘다―가 매년 수억 달러를 벌어들이고 수억의 음반을 팔고, 20년 이상 세계적인 팝 스타 '마돈나'로 존속하는 이유를 설명할 수 있다.

이는 탁월한 변신이다. 60년대와 70년대의 고전적인 로큰롤과 팝에서 중요한 것은 완벽한 목소리가 아니었고, 바로 이 점 때문에 진정성이 더욱 중요했다. 음악가들은 사운드와 스타일의 변화를 고통스러운 자기 발견 과정이라고 말했는데, 이 말은 사실이었을 것이다. 많은 음악가들이 자신을 찾는 과정에서 마약 때문에 젊은 나이에 죽었다. 오늘날 예술적인 정체성의 유연함은 세계시장에서 살아남기 위한 필수적인 요소다. 이는 가끔 "나 여기에 서 있습니다. 달리 어찌할 수도 있습니다.(마틴 루터의 "나 여기에 서 있습니다. 달리 어찌할 도리가 없습니다"에 대한 패러디)"라는 아이러니한 형태를 취한다. 록 가수가 진심으로 기타를 연주하는 모습은 이제 대도시 근교의 술집에서나 볼 수 있다.

특히 팝 문화에서는 비슷한 방식이 거의 모든 사회에서 뚜렷한 추세로 발달한다. 적어도 현대 산업사회의 사회학자들은 사회적·문화적인 정체성이 심리적 성격보다 더 강력한 하나의 구조물이라는 데 의견의 일치를 보인다. 특히 중부 유럽에서는 수십 년 전부터 정체성 형성에 극적인 변화가 일어나고 있다.

예전에는 가족, 전통, 국가, 그리고 종교가 방향을 제시했지만, 오늘날에는 점차 각자의 '내'가 어떤 길을 선택할지 스스로 깊이 생각해야 할 수많은 개연성이 있다. 새로운 자유를 환호하는 현대화 이론가들이 있는가 하면, 새로운 요구를 한탄하는 사람들도 있다. 진실은 점점 조망하기 어려워진다.

로빈슨 크루소와 개인의 발견

생전에 자르브뤼켄 대학교의 교수였던 리하르트 반 뒬멘Richard van Dülmen과 같은 심성心性사 학자들의 견해에 따르면 그리스도교적인 중세에 시작된 어떤 과정이 현재 극적으로 빠른 진전을 보인다는 사실은 명백하다. 이 종교에서 중요한 것은 각 개인의 영혼 구원이므로, 경직된 그리스도교 도덕이 역설적으로 개인주의의 발전을 촉진했다는 것이다. 그러나 반 뒬멘 역시 진정한 변화는 예술가와 학자들이 그들의 주제를 신과의 관계—4세기의 교부 아우구스티누스가 『고백록』에서 그랬듯이—에서 뿐만이 아니라 그 자체로 흥미롭고 중요한 각 개인의 고유한 운명에서 찾은 르네상스에 와서야 이루어졌다는 의견에 동의한다.

"'나' 라는 기준은 특히 교회의 감독에서 벗어나기를 시도하며 등장한 인문주의자들과 학자들의 명확한 성격이 되었습니다." 역사학자 반 뒬멘은 이렇게 말하며 로테르담의 에라스무스(1466~1536)와 자연과학자요 의사였던 지롤라모 카르다노(1501~1576), 그리고 특히 유명한 저서 『수상록』에서 현대의 정체성 이론가들이 생각하는 많은 것들을 이미 그때 생각했던 미셸 드 몽테뉴(1533~1592)를 그 예로 든다. "내 책이 나를 만든 것 이상으로 내가 내 책을 만들지는 않았다. 이 책은 저자의 피와 살이고 내 자신과만 관계가 있으며, 내 삶의 한 부분이다. 다른 것들과는 관계가 없으며, 다른 모든 책처럼 다른 목적으로 만들어지지도 않았다."

그러나 지위가 낮은 계층 역시 자아를 발견하기까지는 수백 년이 더 걸렸다. 오늘날과 마찬가지로 이때도 새로운 매체가 중요한 역할을 했다. 15세기 중반, 요하네스 구텐베르크의 금속활자로 시작된 서적 인쇄와 더불어 비로소 세속적인 문학에 대한 교육과 지식과 제작이 널리 퍼지게 됐다. 18세기에 자기 성찰은 자서전과 일기, 서간 교환의 출간 형태로 최고봉에 달했다. 그러나 요한 볼프강 폰 괴테(1749~1832)와 같은 대작가의 자기 표현적이고 자서전적인 작품들에서 모든 자기 성찰의 기본 문제 또한 뚜렷하게 드러나기 시작했다. 자신의 '나'를 추구하면서 사람들은 스스로를 연출하기 시작한 것이다.

유럽 시민 소설의 시초라고 할 다니엘 디포의 소설 『로빈슨 크루소』는 1719년에 출간됐는데, 적어도 문학에서는 이를 통해 궁정의 모든 전통을 넘어 공적인 의식에서 개인을 위한 자리가 확고하게 마련됐다. 『로빈슨 크루소』가 당대 사람들이 가장 많이 읽은 소설이 된 데는 이유가 있었다. 이 작품에서는 난파를 당한 한 개인이 자기 계층의 질서와 종교와 국가와 가족에서 해방되어 카리브 해의 섬에 새로운 세계를 건설하고, 이 세계 안에서 삶을 잘 꾸려나간다.

역사학자 반 뒬멘은 『로빈슨 크루소』와 같은 책들이 실생활에서도 생활방식이 개인화하는 데 기여했다고 한다. 난파 선원이 넝마와 털가죽을 걸치고도 진실하고 경건한 생활을 할 수 있다면, 계층의 의복 규정이 다 뭐란 말인가? 18세기까지도 관계 당국이 의복 규정을 관철하려고 했다는 바로 그 점 때문에, 개인은 의복의 일탈을 통해 개성을 드러낼 수 있었다. 그러나 당시에도 해방된 '내'가 미학적으로 완전히 새로 만들어지지는 않았고, 그보다는 자신이 원하는 집단에 소속되길 원했다.

인간은 무엇을 하고 무엇을 입어야 할지 뚜렷한 명령이 없어도 모범이 되는 사람과 집단의 의견을 바라보는 사회적 동물이다. 독일에서 처음 등장한 커다란 유행은 독특하게도 1774년에 출간된 괴테의 자살 소설 『젊은 베르테르의 슬픔』 때문이었다. 당시 시대정신을 추종하던 사람들은 괴테 소설의 우울한 주인공처럼 놋쇠 단추가 달린 푸른 연미복 윗도리에 노란 바지와 조끼, 윗부분이 접힌 갈색 장화, 둥근 펠트 모자를 썼다. 또한 당시에 이미 번영했던 상품화 산업은 이 서간 소설의 장면들을 찻

잔이나 비스킷 통에 그려 넣어 팔았다.

  이 모든 것에서 받는 첫 인상은 걸 그룹의 DVD가 불법 복제되어 운동장에서 돌아다니고, 잠시 뒤 초조해진 남자 교사가 틴에이저 교실—배꼽이 드러나는 티셔츠에 끈으로 된 속옷이 청바지 겉으로 보이게 옷을 입은 소녀들로 가득한—에서 아이들과 마주했을 때 벌어지는 집단적인 태도와 비슷하다. 교실과 운동장에서 입어야 할 얌전한 의복 규정을 제정한 교장이 있다는 뉴스도 들린다.

거리의 문화

                 시장에서의 유행은 괴테 시대 이후로 뚜렷하게 변했는데, 이런 사실을 보여주는 것은 모리슨과 마돈나의 비교뿐만이 아니다. 무엇보다도 스타일 슈퍼마켓에 공급이 늘어났다. 각 교실에서는 또래집단의 압력이 아직 어느 정도 동질성을 확보해주지만, 거리에서는 전문가들조차 전체적인 통찰을 잃고 만다. "청소년들의 문화는 서로 섞입니다. 표본이 추려지고 다양한 생활방식이 다시 섞여 패치워크와 같은 삶의 상황이 됩니다." 빌레펠트의 교육학 교수인 빌프리드 페르히호프Wilfried Ferchhoff의 말이다. 80년대까지만 해도 청소년들은 펑크나 환경주의자가 될지, 포퍼(세련된 옷차림과 외모로 자신을 펑크와 구별했던 청소년들)가 될지, 아니면 지극히 평범하게 머물러 있을지 결정할 수 있었다. 패션과 세계관은 어느 정도 신빙성 있게 일치했다. 환경주의자는 성실하게 초록색을 골랐고 친환경 상점에서 녹차를 홀짝였으며, 포퍼는 보수적인 태도와 라코스테 스웨터로 자신을 드러냈다. 한쪽은 독문학을, 다른 한쪽은 경영학을 공부했다.

이제 이런 상황은 끝났다. "특히 90년대의 다양한 리바이벌과 크로스오버와 네오가 지난 뒤, 모든 음악적 방향과 방식이 서로 섞여 진정한 새 것은 드물고 특징도 뚜렷하지 않습니다." 라이프치히의 사회학자 디터 링크Dieter Rink는 이렇게 요약하고 걱정스럽게 이런 말도 덧붙인다. "이런 가치 변화의 영역에서 새로운 '환경 형성'을 확인하는 일은 점점 더 어려워집니다. 개인화는 아마 환경을 점차 해체하고, 사회과학적으로 파악되지 않는 유동적인 형상들을 그 자리에 채울 겁니다." 함께 책을 저술하는 미하엘 미르쉬와 디르크 막사이너도 변화가를 돌아본 다음 비슷한 말을 한다. "무엇이 오래된 것이고 무엇이 복고일까요? 이 젊은 남성의 양복은 자신의 야심을 보여주기 위해 입은 걸까요, 아니면 역설적인 반항일까요? 저 젊은 여성은 옷에 대한 훌륭한 취향을 잃은 걸까요, 아니면 '가난한 백인(White-Trash)'을 보여주기 위한 도발적인 연출일까요? 질문에 질문의 연속입니다."

유행 암호를 해독할 때의 이런 어려움은 스타일 문제에서 새로운 임의성이 등장했음을 알리는 것이 아니라, 거의 모든 삶의 영역에 걸쳐 있고 점점 빨라지는 차별성의 증가를 의미한다. 예를 들어 정당 전략가들은, 이제 충성스러운 부동층을 만들어내는 사회문화적인 환경이 거의 없기 때문에 머리카락을 쥐어뜯는다. 유권자들은 예전의 좌파-우파라는 전선을 허무는 경향을 보인다. 점점 더 많은 사람들이 정치와 경제와 생활방식의 문제를 따로 분리하여 본다. 그래서 마약을 할 인권을 옹호하는 진보적인 신자유주의 지지자들도 있으며, 전통을 중시하고 교회에 다니면서도 환경문제에서는 환경주의자들에게 동조하는 바이에른 사람들도 있고, 권위적이며 외국인을 배척하는 성향인 도시 근교 지역 조직의 일원들과 녹색 경제 자유주의자들도 서로 통한다. 여기에 더하여 최근에 유권자들은 기표소에 들어가서도 생각을 바꾸어, 2005년 독일 국회의원 선거에서 여론 조사자들의 예상은 처음으로 산산조각 났다. 선거 결과는 분석 자체가 힘들 정도였다.

이와 비슷하게 대형 교회들도 사람들의 영적 요구에 대한 구속력을 더 이상 행사할 수 없어 당황스러워한다. 부부들의 성생활에 이르기까지 수백 년 동안 온갖 생활을 결정했던 종교적인 전통은 적어도 유럽에서는 더 이상 당연하지 않다. 모든 취사선택권이 주어졌으므로 지금까지 신자였던 사람들조차도 자신의 태도를 결정해야 한다.

특히 종교적 분야에서 영성을 찾는 사람들이 자신의 세계관을 새롭게 조합하는 경우가 많다. 가톨릭과 선禪의 혼합은 잘 작동할 수도 있겠지만, 실험적인 비교도秘敎徒들은 현실로 옮기지 않는 행동이 거의 없다. 이들은 게르만의 이교도 의식을 부활시키고, 현대판 마녀가 되어 보름달이 뜨는 밤에 숲 속에서 춤을 추며, 그리스도교와 인지학과 윤회를 개인의 구원론과 접목한다. 주말에 열리는 세미나에만 몇 번 참석하고도 수피즘(신비주의 경향을 띤 이슬람 종파)이나 마돈나처럼 카발라로 개종하는 사람들도 많다.

이런 결정은 이제 그 사람 전체에 해당하는 것이 아니므로 더 이상 예전과 같은 영향력을 끼치지 못한다. 잘 알려진 대로 계층 사회에서의 정체성은 오로지 하나의 세트로만 존재했다. 제2차 세계대전이 끝난 뒤에도 바이에른 농부의 아들은 아무런 반항 없이 아버지의 농장을 물려받았고, 마을의 다른 사람들과 마찬가지로 죽을 때까지 가톨릭 신자였으며, 일요일이면 옷을 잘 차려입고 미사에 참석했다가 돼지 족발과 절인 양배추—어느 곳에서나 똑같은 맛인—를 먹을 수 있는 선술집에 들르는 생활을 했다. 젊은 시절에는 다른 사람들과 마찬가지로 규칙적으로 토요일 저녁에 춤을 추러 갔고, 20대 중반에 결혼하여 아이를 몇 명 낳았다. 선거가 있는 일요일에는 불가능을 가능하게 하겠다고 약속한 당, 신부가 추천한 당을 찍었다.

오늘날 정체성은 누가 지금 어디에 있는지에 따라—직장과 가정과 여가 생활—여러 역할로 분화된다. 뮌헨에 사는 서른여덟 살의 어떤 이벤트 매니저는 접견과 공개토론회를 조직하는 등 자기 일을 아주 잘 수행한다. 종교는 금강 불교를 선택했고, 매일 아침 일을 시작하기 전 15분 동안 명상을 한다. 고등학교와 대학교 때 팔레스타인 난민의 편에 서서 평화를 위한 시위에 참가했던 그는 이제 정치적으로 자유민주당FDP인데 이는 조세

정책과 관련이 있다. 여가 시간에는 경주용 자전거 타기를 즐긴다. 그의 가구들은 70년대 복고풍이다. 특히 전등들은 갈색과 오렌지색이 섞여 끔찍하지만, 수준 높은 역설적 반란으로 봐줄 만하다. 그는 회를 즐겨 먹는데, 이게 최신 유행 음식이 아니라는 생각이 몇 년 전부터 들기는 한다. 어쩌면 암머 호수 근처에 새로 생긴, 바이에른과 아시아 음식의 크로스오버 레스토랑이 괜찮을지도 모른다. 멀리 바젤에 사는 애인과의 관계 때문에 요즘 스트레스가 쌓인다. 두고 볼 일이다. 어쨌든 이발소에는 다시 가야 한다.

머리카락은 나의 정체성

발전한 산업 사회의 거리 모퉁이마다 이·미용실이 있는 이유는 머리카락 위생만의 문제는 아니다. 본(Bonn, 옛 서독의 수도)의 어떤 이발사는 이 문제의 핵심을 파악하고, 가게 이름을 이중적인 의미로 '요점은 머리카락'이라고 붙였다(독일어 Hauptsache에는 '중요한 일'이라는 뜻 말고도 '머리의 일'이라는 의미가 있다). 머리카락의 중요성은, 하얗게 센 머리를 염색한다는 소문이 돌 때 전 총리인 게르하르트 슈뢰더가 보인 격렬한 반응에서 잘 드러난다. 니더작센 주 출신의 이 정치가는 이 문제에 대해 법정에 고소하겠다는 반응을 보인 것이다. 그 이후로 정치가들의 머리카락 색깔이 자연산인지에 대해서 더 이상 떠들면 안 된다.

머리카락은 정체성을 드러내는 여러 특징 가운데 가장 빨리 바꿀 수 있다. 옷처럼 무한히 많은 색깔과 형태의 변종이 있지만 머리카락은 사람의 몸에 속한다는 점에서 구별된다. 그래서 새로운 머리 모양은 새 외투보다 더 큰 의미가 있다. 그러므로 에티오피아의 오모 계곡에 이르기까지 전통적인 모든 사회에 머리카락에 대한 엄격한 규정이 존재하는 것은 놀랄 일이 아니다. 오모 계곡의 남자들은 진흙으로 예술적인 헤어스타일을 만드는데, 밤에 잘 때 이 모양이 망가지지 않는 것은 특별한 목침 덕분이다.

머리카락이나 인조 머리는 지위와 계층을 명확하게 하는 상징이었다. 루이 14세 시절의 프랑스에서 잘 다듬은 가발은 귀족 신분에 속한다는 의미였다. 그래서 혁명가들은 1789년에 백작과 공작의 예술적인 가발을 즉각 잘랐는데, 가발을 쓴 머리까지 함께 자르는 경우도 흔했다.

독일에서는 1960년대까지도 머리 모양 때문에 사람몰이를 했다. 함부르크에서 해군들이 히피 또는 히피로 보이는 사람들을 쫓았던 것이다. 머리카락이 짧은 해군들은, 속어로 '긴 털 닥스훈트'라고 불리던 히피들의 갈기를 폭력을 써서 자르려고 했다. "매일 훈련을 해야 하는 해군들이 도발적인 자유를 향한 열망으로 보이는 긴 머리를 아마 견딜 수 없었던 모양입니다." 이 사냥의 동기를 니콜 티데만Nicole Tiedemann은 이렇게 설명한다. 알토나 박물관의 문화인류학자인 그녀는 장발이 60년대부터의 학생운동과 시위에서 지녔던 의미를 연구한다.

그러나 머리카락의 상징적 의미는 지극히 일상적인 21세기의 도시 생활에서도 드러난다. 얼굴 전체가 수염으로 뒤덮였던 남성들이 연인과 헤어진 다음에는 말끔하게 면도한 얼굴로 사무실에 나타나고, 새 연인이 생긴 여성들도 머리 모양을 완전히 바꾼다. 가톨릭 수도사가 되기로 결정한 소수의 사람들은 머리 가운데 부분을 여전히 깎고, 불교의 성직자들은 머리 전체를 삭발한다. 이와 반대로 인도의 탁발승들에게는 길게 자란 머리카락이 금욕의 상징이다. 알록달록한 색깔로 빳빳하게 서 있는 펑크족의 헤어스타일은 도발적으로 보이기 위해서다.

하나의 '나'에서 다른 '나'로 빨리 변할 수 있게 해주는 스타일링 제품들과 젤과 염색약의 엄청난 유행은 21세기 대도시의 포스트모던한 정체성에서 깊은 의미를 지닌다. 화장품 시장에 나오는 제품의 도움을 받은 머리카락이 밤과 주말의 변신을 위한 재료로 사용된다는 점이 바로 그것이다. 파티에서의 금발 요부가 다음 날 아침에는 단정하게 머리를 빗은 사업가로, '우아하게' 헝클어진 머리카락으로 춤을 추던 댄서가 감정이 없는 사무실의 매니저로 변하는 것이다.

머리카락에는 보호하거나 따뜻하게 하는 기능은 거의 없다. "의학적으로만 볼 때는 필요 없습니다." 자르브뤼켄 대학교의 심리학자인 로날드 헨스의 말이다. "하지만 사람들이 옛날부터 언제나 머리카락에 아주 관심이 많았다는 증거들이 있지요." 오스트리아 빈의 루트비히 볼츠만 도시 민족학 연구소에서 일하는 인류 민족학자 카를 그람머Karl Grammer는 인간이라는 영장류에게 언제나 그럴 듯하게 적용될 만한 이유를 말한다. "머리카락은 성적인 의사소통을 위한 도구입니다. 특히 눈과 코를 위해서지요." 사춘기에 겨드랑이와 생식기 주변에 털이 나면, 피지선에서 성적인 유인제가 분비되기 시작한다. "그래서 머리카락은 향기를 공기 중에 퍼뜨리는 부채와 같은 역할을 합니다." 여성이 손가락으로 머리카락을 쓸어 올리며 머리를 장난하듯 목덜미로 젖히는 전형적인 교태의 몸짓은 시각적인 신호만이 아니다. 머리카락은 어쩌면 함께 아이를 얻을지도 모르는 후보자의 코 밑에, 세심하게 그녀의 '나'를 문질러주는 환풍기 역할을 한다.

신호는 더욱 뚜렷하게 표현될 수도 있다. 수백 년 전부터 여성들은—점차 남성들도—자신의 시각적인 정체성을 다듬는 데 아주 많은 노력을 기울인다. 성적·사회적 교환 가치에 투자한다는 뜻이다. 피부색이든 치아색이든, 코의 형태든 가슴 크기든, 타고난 그대로의 신체적 조건들이 그대로 수용되는 분야는 거의 없다. "성적인 본능에 의해 움직이는 산업은 언제나 번영을 누릴 것이다." 영국 경제 잡지 〈이코노미스트 The Economist〉는 미용 산업의 세계적 추세를 표제 기사로 다루면서 이와 같이 차분하게 진단하고, 과거에 미용 때문에 벌어졌던 고통을 이야기한다. "중세 귀족 계층의 여성들은 얼굴색을 좋게 하기 위해 비소를 삼키고 박쥐의 피를 문질렀으며, 18세기 미국 여성들은 어린 남자 아이의 따뜻한 오줌으로 얼굴의 주근깨를 씻어내려 했다. 빅토리아 여왕 시대에 이미 몇몇 여성들은 개미허리를 강조하기 위해 수술로 갈비뼈 하나를 제거했다."

전 세계적으로 매년 약 1,600억 달러가 화장과 피부 및 머리 손질, 향수, 다이어트 알약, 피트니스 클럽과 성형 수술 비용으로 쓰인다. 미국인들은 교육보다 미용에 더 많은 돈을 투자한다. 학술 잡지 〈소아과학Pediatrics〉에 발표된 최근 연구에 따르면 미국 청소년 1만 명 가운데 여자 청소년 8퍼센트와 남자 청소년 12퍼센트가 외모나 근육의 양이나 육체적인 능률을 개선하기 위해 호르몬 또는 영양보충제를 사용했다고 한다. 그러나 여기서 허영심만을 본다면 이는 잘못된 판단이다. 자신의 외모에 투자하는 사람은 여기서 얻는 이윤을 계산할 수 있다. "여성이든 남성이든 매력적인 사람들은 더 지적일 뿐 아니라 성생활에서도 더 낫다고 간주된다. 또한 돈도 더 잘 벌고 결혼할 확률도 더 높다." 〈이코노미스트〉에 실린 글이다. 사람들이 자신의 정체성을 위해 들이는 온갖 노력은 개인적인 자기애의 표현에 그치는 것이 아니라 타인에게서 인정을 받으려는 시도임을 여기서도 알 수 있다.

추하거나 평균에 불과한 매력은 이제 더 이상 운명으로 받아들여지지 않는다. 의복이나 장신구뿐 아니라 생물학적인 운명도 자아 설계의 대상이 되어 필요한 경우에 성형외과의 메스나 레이저의 친절한 도움을 받는다.

성性을 바꾸는 사람들

한 개인에게서 가장 명확하다고 간주되던 사실도 이미 오래전부터 해체주의의 사격 범위에 들어섰다. 남자와 여자는 어느 정도 뚜렷하게 구별된다는 의견이 바로 그것이다. 이 주제를 살펴보면, 해방으로 시작했다가 현재 일반적인 혼란 상태로 끝난 역사적인 발전이 요약된다. 프랑스 철학자 시몬 드 보부아르가 1949년 그녀의 저서 『제2의 성』에서 말했듯이 고전적 페미니즘은 무엇보다도 사회적·정치적인 과제가 가장 중요하며 여성에게 남성과 똑같은 권리를 주어야 한다고 믿었다. 그러나 이 페미니즘 역시 명확한 생물학적인 조건을 전제로 출발했다. 여성의 성징을 지니고 태어나는 사람들은 불이익을 염두에 두어야 하며, 이런 불이익에 대항하여 싸워야 한다고 보았던 것이다.

당분간 어느 정도 닫혀 있던 페미니즘의 전선은 이 진영의 이론가들이 '섹스Sex'와 '젠더Gender'의 구별, 즉 생물학적인 성과 사회적인 성 사이의 구별을 요구하면서 갑자기 다시 열렸다. 예를 들어 남성과 여성은 '사회적인 감각체계의 상징'일 뿐이므로, 양성 사이의 연속성을 위해 남성/여성이라는 구상을 폐지하자는 사회학자 캐롤 하게만 화이트Carol Hagemann-White의 주장은 커다란 영향력을 미쳤다.

하게만 화이트와 그녀의 전우들은 학문 세계에서뿐 아니라 일반인들에게도 점차 알려진 성의 경계를 오가는 사람들을 근거로 세웠다. 예를 들어 파사우의 민족학자 수잔네 슈뢰터

Susanne Schröter는 그녀의 저서 『여성FeMale』에서 다양한 문화권의 젠더 크로싱 제도를 소개했는데, 이 제도를 이상하게 느끼는 사람들은 가톨릭의 부부상담자들만이 아닐 것이다. 오만의 하니스Xanith는 원래 동성애자 남성들이지만, 여자 옷과 남자 옷을 섞어 입고 진한 화장품과 향수를 사용하며 나긋나긋한 걸음걸이로 움직인다. 이들은 아랍 세계에서 보통 닫혀 있는 여성의 방과 열려 있는 남성의 공간을 모두 방문할 수 있는 유일한 집단이다.

예로부터 아프리카에는 서른 곳 이상의 사회에 '여성 남편' 제도가 있다. 이들은 다른 여성들과 맺은 목적 단체에서 남성의 사회적 역할을 넘겨받는다. 그/그녀는 노동력을 요구할 수 있고, 애인에게서 얻은 아이에 대한 친권이 있다. 발칸에는 '서약한 처녀들'이 산다. 이들은 여성이지만 남성의 이름으로 산다. 담배를 피우고 술을 마시며, 무기를 들고 사냥과 전쟁에 참여하는 등 완전히 남성처럼 행동한다.

이들보다 더 잘 알려진 것은 120만 명에 달하는 인도의 히즈라Hijra 카스트다. 여기에 속한 사람들은 태어날 때부터 자웅동체인 경우도 있지만 보통은 사회적 또는 성적인 동기에서 구루의 지도를 받으며 공동체 생활을 하는 남성들이다. 이들은 여자 옷을 입고 화장을 하며 과장된 몸짓으로 여성스럽게 움직이고 이야기하는데, 대부분 일정한 시간이 흐른 뒤에 거세한다. 이들과 많은 점에서 유사한 브라질의 '트라베스티Travestis'는 대부분 매음을 하거나 때때로 쇼 비즈니스 활동으로 살아가는데, 히즈라와는 달리 자신의 성기를 소중하게 여긴다. 그 점 말고는 실리콘을 넣어 유방과 엉덩이 형태를 다듬고 여성 호르몬을 먹는 등 몸을 아주 많이 개조한다.

마르부르크의 민속학자이자 종교학자인 폴커 베어는 동성애를 하는 남성 인디언들이 동성애가 인디언의 풍습이 아니며 서구 대도시의 변태라고 생각하는 보수적인 인디언 사회에서 이 문제를 어떻게 해결했는지 알려준다. 동성애자들은 예전에 북아메리카 모든 인디언 부족들의 구역에 존재했던 의식을 부활했다. 청소년기에 자신의 해부학적인 성에 불편함을 느끼는 사람들은 특정한 의식을 치른 뒤에 남성도 여성도 아닌 특별한 역할을 하며 살 수 있었다. 이와 관련하여 남성 동성애자들은 민족학자들의 도움을 얻어 '두 영혼을 지닌 사람들'이라는 개념을 사용했는데, 이 말은 북 아메리카 알곤킨 부족의 말인 '니이즈 마니토그niizh manitoag'를 번역한 것이다. 이는 남성과 여성의 영혼을 모두 지녔다고 간주되는 사람들에게 사용되던 말이었다. 전통 문제가 해결된 것이다.

서구의 성적인 (하위) 문화에서는 일이 이렇게 간단하지 않다. 평범한 사람들이 신문을 읽을 때면, 점점 더 다양해지는 성 지향성을 이해할 수 없다. 사람들은 이제 게이인 정당 의장이나 레즈비언인 축구선수들에게는 익숙해졌고, FTM(female to male, 여자를 남자로) 또는 MTF(male to female, 남자를 여자로)이라는 개념들이 그다지 많이 알려져 있지는 않지만 트랜스섹슈얼의 고통에 연민을 보이기도 한다. 그러나 호르몬을 써서 유방 형태를 만들지만 아직 남근은 지니고 있는 트랜스섹슈얼 남성들, 그리고 호르몬 요법을 사용하여 유방은 작게, 음핵은 크게 만들었지만 남근을 만드는 성형 수술—실패할 때가 많다—은 하려고 하지 않으므로 해부학적으로 볼 때는 남성과 여성의 중간 회색지대 어딘가에 머물러 있는 FTM 등 변형에는 아주 다양한 단계들이 있다. 이쯤 되면 트랜스베스타이트(Transvestite, 이성 복장자)의 세련된 연출과 남성 및 여성 동성애자들의 모습까지도 구별할 수 있는 이성애자들은 거의 없다. 드래그 퀸(Drag Queen, 여장 남자)은 들어보았겠지만, 드래그 킹(Drag King, 남장 여자)은 듣기 힘들다. 바이(Bi, 양성애자), 부치(Butch, 레즈비언 가운데 남자 역할을 하는 여성), 팜므(femme, 레즈비언 가운데 여자 역할을 하는 여성)는? 점점 복잡해지는데 이런 문제는 전문서적을 참조하시길.

여기서는 그런 설명 대신, 이제는 잊혀진 스페인 장애물 달리기 선수의 비극적인 이야기를 하기로 하자. 마리아 파티뇨는 1985년 일본 고베에서 열린 월드 유니버시아드 대회의 메달 유망주였다. 동구권 국가들이 되도록 많은 금메달을 따기 위해 남자 선수들을 여자 선수들로 내보낸다는 의혹이 세계 여론에서 제기된 다음—이 의혹은 타당했다—60년대 말부터 유명한 대회에서 여자 육상 선수들이 경기 전에 산부인과 의료진 앞을 나체로 지나가야 한다는 규정이 도입됐다. 존엄성을 해치는 이런 방식에 종지부를 찍기 위해 새로운 테스트가 실시됐다. 여자 선수들은 입 안쪽의 점막을 긁어 제출하기만 하면 되었던 것이다. 그런 다음 성능 좋은 현미경으로 점막의 염색체를 검사했는데,

생물책에 쓰여 있듯이 X염색체가 두 개면 여성, 하나면 남성을 의미했다. 파티뇨가 남성이라는 검사 결과가 나오자, 몇 번의 항소가 있었지만 그녀는 결국 스페인 국가대표 선수단에서 쫓겨났다. 파티뇨의 유방과 여성 생식기, 그리고 그녀가 그때까지 소녀와 여성으로 살아온 세월을 참작하는 사람은 아무도 없었다. 적어도 생물학적으로 볼 때 '그녀'의 염색체가 남자라는 데 전혀 이의가 없었던 것이다.

실제로 이 운동선수는 남자 태아의 약 2만 명 가운데 한 명이 걸리는 '남성호르몬 불감증후군AIS'이라는 희귀한 장애를 앓고 있었다. 수정란은 보통 임신 6주째까지는 남성과 여성의 유전 인자를 모두 지니고 있으며, 이 시기가 지나야 XX염색체나 XY염색체가 여성 또는 남성 생식 기관을 자라게 한다. 남성호르몬 불감증후군 환자들은 남성호르몬 수용체가 없으므로 외부 생식기가 만들어지지 않는다. 그 결과 겉으로 보기에는 여자 아이로 세상에 태어나지만, 남성적인 유전인자를 지녔고 몸 안에 고환이 있다. 의사들은 특정한 염색체와 호르몬과 효소의 결여나 오작동에 의한 이런 간성間性 장애가 열 몇 가지 정도 있다고 이야기한다. 파티뇨가 여성인지 남성인지에 관해서는 논란의 여지가 많겠지만, 이 경우는 성적인 정체성이 사람들이 보통 생각하듯이 명확하게 경계가 지어져 있는 것이 아님을 보여준다. 플러트(남녀 간의 수작)나 섹스나 관능의 문제에서는 성별도 연출이 가능하다. 이 사실은 특히 인터넷 포럼에 참가하거나 채팅을 하는 사람들이라면 누구나 확실하게 안다.

가상의 정체성

베를린 출신으로 수줍음을 잘 타는 스물세 살의 전기공학과 학생 플로리안은 인터넷 채팅방에서 귀여운 열아홉 살짜리 고등학생 율리아를 만났다. 두 사람은 온라인상으로 자주 데이트를 했고, 플로리안은 자기를 매력적인 금발이라고 소개하는 이 소녀가 보내는 살짝 음란한 메시지에 아주 푹 빠졌다. 몇 주 뒤 그가 그녀와 전화 통화를 시도했을 때, 율리아는 마흔일곱 살인 남자가 장난으로 꾸며낸 인물이라는 사실이 드러났다. 플로리안의 고통과 부끄러움은 이루 말할 수 없었다.

신문 독자들은 최악의 경우에 살인과 강간으로 끝나는 이런 종류의 이야기들을 잘 알고 있을 것이다. 일메나우 공과대학교의 매체심리학자인 니콜라 되링Nicola Döring은 인터넷의 각 포럼에서 여자 이름으로 활동하는 누리꾼들의 80퍼센트가 남자라는 소문이 있다고 말하지만, 사실이 어떤지는 아무도 모른다. 여자라고 밝히는 누리꾼들의 성별을 알아보는 보조 자료를 남학생들에게 나누어주는 미국 대학들도 많다. 여자들만 아는 속옷 치수라든가 월경 등에 관한 질문들인데, 오히려 온라인상에서 뺨을 맞게 되는 건 아닌지?

되링은 가상공간의 가면 속에서 특정한 기회를 발견할 수도 있다고 주장한다. "사람들은 통상적인 매력의 기준에 맞는 이상적인 가상의 정체성을 취함으로써, 오프라인에서는 '낮은 시장 가치'나 사회적인 진부함 때문에 허락되지 않던 자아의 모습—

교제를 즐기고 모험을 찾는 모습 또는 관능적인 모습—을 표현할 용기를 얻고 또 인정을 받는 기분을 느낍니다."

이런 이유로 컴퓨터 게임에 통달한 중년 남성이 자기 실력만 가지고도 해당 포럼에서 능력을 발휘한다. 컴퓨터에 능통한 아이들과 얼굴을 맞대고 있는 상황이라면 그에게는 전혀 기회가 없을 것이다. 예를 들어 우울증에 걸린 경영자는 신분이 드러날 위험이 없이 심리 평가 메일링리스트에서 자신의 병에 대한 정보를 교환하고, 또한 이런 병을 앓고 있음을 고백할 수 있다. 지방에 사는 게이나 레즈비언 청소년들은 가상적인 커밍아웃이라는 과도기를 거쳐 실생활에서 자신의 성 정체성을 찾을 수도 있다. 인터넷이 '나'의 탄생에서 산파 역할을 하는 것이다.

가상공간은 지금까지 우리가 지니고 있던 진정성이라는 개념에 의문을 제기한다. 이 개념은 '나'에 관한 외적·사회 통계적인 자료에 고착되어 있지 않기 때문이다. 나이와 성별, 출신과 외모 등은 이제 각자의 '자아'에게 중요한 의미가 있는 요소에 자리를 내주고 물러섰다. 가상공간은 우리가 실험을 하고, 우리의 자아를 새로 만들고 시험할 수 있는 연구실이다. "보편적인 삶의 개념이 사라지고, 사람들이 다양하고 개별적인 환경 및 생활 방식과 마주하게 된 후기 또는 포스트모더니즘 사회에서는 가상적인 정체성이 자기 발견과 정체성을 위한 노력에 이상적인 배움과 발전의 장을 제공합니다." 되링은 이렇게 요약한다. 이것이 단지 반가운 소식일 뿐인가라는 의문은 여전히 남는다. 이런 '나'의 구조는 실생활과 연결되어야 하기 때문이다.

지친 자아

정체성 유희의 첫인상은 위험하지 않다는 느낌이다. 더욱이 패션이든 세계관이든 전공이든 배우자 선택이든, 모든 결정에 늘 존재하는 변경 가능성은 현대 개인주의의 본질에 속한다. 몇 년씩이나 지속되는 충성심은 차종을 선택할 때 그나마 가장 많이 남아 있고, 다른 소비재에서는 훨씬 덜하다. 특히 디지털 제품에서 점점 더 짧아지는 제품 주기는 이를 교체하기 쉽게 만든다. 연인들은 함께 살 집, 결혼과 출산에 관한 이야기가 오가면 스트레스를 받는 경우가 흔하다. 선택 가능성을 모두 열어두기 위해 확정을 피하는 사람들이 많다. 더 좋은 조건이 생길 수도 있으니까.

수천 년 동안 억압받던 '내'가 오랜 투쟁을 거쳐 스스로를 해방하고, '자아'를 찾다가 그 자아가 아무것도 결정할 수 없다는 사실을 알게 되는 것, 이는 역사의 희비극이자 포스트모던한 정체성의 딜레마다. 이 때문에 우울증에 빠지는 사람들도 많다.

이런 상황은 베를린 장벽이 무너진 뒤, 멋진 신발을 사려고 처음으로 서 베를린의 백화점에 온 동독 사람들을 연상하게 한다. 이들은 소가죽을 원하는지 아니면 들짐승 가죽을 원하는지, 표면이 반짝이는 재질을 원하는지 껄끄러운 걸 원하는지, 점잖은 모양을 찾는지 아니면 스포티한 것 또는 우아한 것을 찾는지, 장화인지 끈을 매는 단화인지 슬리퍼인지, 검은색인지 갈색인지 아니면 대담하게 섞인 색을 원하는지, 이탈리아식으로 세련된 모양을 찾는지 영국식으로 우아한 모양을 찾는지 아니면 단순한 걸 찾는지 등등 온갖 질문을 퍼붓는 종업원들을 만나게 됐다. 많은 사람이 신발을 사지 못한 채 백화점을 나왔다.

필라델피아 근교에 있는 스와스모어 대학의 심리학자 배리 슈워츠Barry Schwartz는 경험 연구를 통해 자율과 자신의 삶에 대한 지배와 선택의 자유가 언제나 행복을 가져온다는 주장에 이의를 제기한다. "선택의 여지가 지나치게 많으면 오히려 악재가 될 수 있다." 이때 선택의 어려움뿐만이 아니라 결과에 대한 책임이 문제가 된다. 서구 소비사회에서는 누구나 추한 자기 신발에 스스로 책임을 져야 한다. 자기 정체성에 관해서도 비슷한 원칙이 적용된다.

세 번째 천 년의 시대에 '나'는 지금까지와 비교도 할 수 없이 자유롭다. 강한 사람은 더욱 잘나가고, 나머지는 자신의 짐을 지고 숨을 헐떡인다. 전통이 더 이상 구속력 있는 길을 제시하지 못하고, 사회적인 강압이 사람들에게 자리를 지시하지 않는 곳에서 자기실현의 기회는 오히려 노력을 필요로 하는 힘든 의무가 된다. 이 의무는 많은 사람들이 적어도 정체성의 핵심을 직업 속에서 발견하던 시대에는 수행될 수 있었고, 이런 정체성은 대부분 평생 지속됐다. 파티에서 낯선 사람에게 던지는 첫 질문은 여전히 "무슨 일을 하세요?"이다.

불확실하고 산만한 직업 상태인 하르츠 4(만성적인 실업 문제 해결을 위해 페터 하르츠를 위원장으로 하는 개혁위원회가 제안하여 2005년부터 시행된 법. 실업수당 지급 자격을 까다롭게 만들고 액수도 줄여 복지가 크게 감축되었다) 사회에 살고 있는 우리는 점점 더 대답을 더듬게 된다. 이때 가장 먼저 문제가 되는 것은 사회적으로 안정되어 있는지의 여부가 아니라, 스스로 가치 있다고 느끼는 감정이다. 창조적이고 사회적인 영역에서 새로운 정체성을 조직해보라는 인생 교수들의 조언은 약간 냉소적으로 들린다. 많은 사람들이 이런 조언에 부담을 느낀다. "사회 계급, 남성과 여성에게 권위적이고 명령적으로 각자의 역할을 지시하며 태도의 방향을 정하게 하던 원칙적인 모델이 개인적 주도권을 요구하는 규범을 위해 자리를 비키는 순간, 즉 각자에게 자아를 찾아 스스로 해결하라는 의무를 지울 때 우울증 경력은 시작된다." 파리의 사회학자 알랭 에른베르Alain Ehrenberg는 이렇게 서술했다. "우울증 환자는…… 자아를 찾아야 하는 노력 때문에 지쳤다."

그러나 에른베르는 일어날 수 있는 한 가지 해결책을 간과하고 있다. 그는 사람들이 누구나 자신의 상태를 어느 정도 현실에 맞게 평가한다는 가정에서 출발한다. 그러나 다음 장에서 다루는 내용은 이런 가정이 부분적으로만 옳다는 사실을 보여줄 것이다. 특히 자서전적인 회상 속에서 '나'는 과거를 적절하게 위조하여 자아를 고정시키는 강한 능력을 발전시켰다.

6장 조작된 기억

진실에 집착하는 인간

그 큰 사고가 일어나기 전에 우도 데더링은 휠체어에서 생활했다. 사고 이후로는 걸을 수 있게 된 대신 기억을 잃어버렸다. "이게 기적처럼 들리지만, 나에게는 별 의미가 없어요." 그가 하는 말이다. "휠체어에서 지낼 때는 어땠는지 전혀 기억나지 않거든요. 난 걸어 다니는 나만 알아요."

과거가 없는 남자

데더링의 삶은 1991년 6월 3일을 기준으로 그 전과 그 후로 나뉜다. 그날 하늘에는 잿빛 구름이 짙게 드리워 푸르기는 했지만 그저 색깔만 그렇게 칠한 겨울 같았다. 데더링은 자기 차로 하노버에서 함부르크로 향하는 고속도로를 달리고 있었다. 빗방울이 유리창에 부딪쳤다. 자동차 한 대가 갑자기 차선을 이탈했을 때, 당시 서른두 살이던 데더링은 자기 차를 제어하지 못하고 빠른 속도 그대로 가드레일을 들이 받았다. 사고를 일으킨 운전자는 도주했고, 데더링은 끔찍한 중상을 입었다. 네 군데 두개頭蓋 골절, 뇌타박상과 뇌출혈, 여러 군데의 골절, 배 대동맥 파열 등이었다. 의사들은 외상성 두개 및 뇌 손상이라는 진단을 내렸다.

데더링의 '나'는 심하게 해체되기는 했지만, 약한 육체가 그 때 그곳에서 살아남았다는 것이 무엇보다 기적이었다. 다음 기적은 6주 뒤에 의식불명에서 깨어난 그가 자리에서 일어나고 걸을 수 있게 된 것이었다. 사고 전에 그를 휠체어에 묶어 놓은 다발성경화증을 여전히 앓고는 있었지만, 그의 육체는 거의 33년의 지난 세월뿐 아니라 그 병도 잊은 모양이었다. 우도 데더링은 기억을 상실했다. 그는 엄마와 아버지, 두 살 어린 여동생에다도 알아보지 못했다. "주변에 있는 모든 사람이 낯설었어요. 마치 어떤 나쁜 사람이 내 뇌 속의 모든 것을 지워버리기라도 한 듯이 말이지요." 그는 자신의 느낌을 이렇게 표현한다.

예전에 그의 인생이었고, 그가 앞뒤로 마음대로 돌릴 수 있었던 필름은 이제 칙칙 소리만 낸다. 첫사랑은 존재하지 않고, 첫 키스도 지워졌다. 친구들, 특별한 만남들, 여자 친구와의 이별도 망각의 안개 속에 빠졌다. 사고가 나기 전까지 그를 그로 결정짓던 경험들 대부분은 기억이 사라지자 함께 삭제됐다. 그가 한 경험이라는 보물은 이제 더 이상 불러올 수 없었으므로 가치가 없었다. 데더링은 인생을 처음부터 다시 시작해야 했다.

그는 세수, 양치질, 옷 입기와 같은 아주 간단한 동작조차도 할 수 없었다. 어떻게 해야 하는지 몰랐던 것이다. 퇴원할 때 그의 상태는 어린아이처럼 막막했다. "읽고 쓸 수도 없었고, 바나나를 주면 껍질째 먹으려고 했어요." 데더링의 아버지는 말했다. 가족들에게도 힘든 세월이 시작됐다.

아들은 과거에 일어났던 일들만 잊은 것이 아니라, 믿기 어렵지만 감정도 잊어버렸다. 아버지와 엄마와 여동생이 돌봐주는 집에서 그는 이방인처럼 행동했다. "난 내 가족이라고 말하는 사람들과 관계를 맺는 방법을 한 걸음씩 배워야 했어요. 일상생활의 소소한 일들과는 달리 사랑은 다시 배울 수 없었지요." 이제 마흔여덟 살이 된 우도 데더링의 말이다. 아들의 태도에 당혹감을 느끼는 것 말고도, 가족들은 그에게 무슨 일이 벌어지지 않을지 늘 걱정해야 했다. 우도가 혼자 집을 나가면 길을 잃고 다시 돌아오지 못할 위험이 있었던 것이다. 그는 과거의 기억만 잃은 것이 아니라 새로운 것을 기억하기도 힘겨워 했다. 낯선 곳에서 그의 방향 감각은 무척 제한적이었다. 안내판이나 빵집, 신호등과 나무의 형태처럼 길을 기억하게 하는 사물들을 지나기만 하면 바로 잊어버리는데, 한자리에서 뱅뱅 돌고 있는 건 아닌지 어떻게 확인할 수 있을까? 가족이 그를 하루 스물네 시간 돌보는 수밖에 없었.

비극적인 사고 때문에 정보를 저장하고 불러오는 기억체계가 손상된 것이다. 학자들은 여기에 '순행성 기억상실증 anterograde amnesia'과 '역행성 기억상실증 retrograde amnesia'이라는 말을 사용한다. 미래와 과거에 대한 이런 기억상실은 우리 뇌가 지닌 기록실의 기능에서 가장 심한 장애에 속한다. 열쇠나 이름, 약속한 날짜나 생일, 비밀 번호를 잊어버리면 크고 작은 중요한 결과가 생길 수 있다. 그러나 일상생활에서 누구나 가끔 겪는 이런 기억의 틈새는 데더링이 겪어야 했던 광범위한 상실과 비교하면 사치스러운 고민이다. 네덜란드 작가 세스 노테봄Cees Nooteboom이 '눕고 싶은 곳에 눕는 개처럼'이라고 비유했듯이, 기억이 제멋대로일 때가 잦다는 사실을 우리는 경험상 알고 있다. 그러나 기억은 안경을 어디에 두었는지, 『파우스트』의 여주인공 그레첸의 질문이 무엇이며 어떤 의미인지 생각하는 것보다 훨씬 많은 일을 한다.

언어와 사고, 문화와 인식 등 한 사람을 이루는 모든 것은 기억을 저장하고 불러오는 능력에 기반을 두고 있다. 우리는 일상생활에서 거의 매초마다 예전에 얻은 지식을 불러온다. 어릴 때 걷기나 공차기나 피아노 치기와 같은 운동적인 과정을 연습하면 나중에는 더 이상 생각하지 않아도 마치 저절로 이루어지듯 손가락으로 건반을 두드리고 발로는 공을 골문에 차 넣는다. 컵을 쥐고 입으로 가져갈 때면, 확실하게 저장된 동작 프로그램들이 조화롭게 움직여 섬세한 움직임을 가능하게 한다.

머릿속에 있는 천억 개의 신경세포라는 경이적인 작품은 우리가 글을 배우게 하고 그 결과 지금 이 책을 읽고 이해할 수 있게 해준다. 나이가 몇 살쯤 된 저 뻣뻣한 형상을 나무라고 부르고, 나무를 어떻게 발음하는지도 안다. 이는 이 식물에 이름을 새겨 넣을 수 있는 껍질이 있고, 비비면 싱싱한 풀냄새가 나는 잎이 있다는 사실만큼이나 우리 머릿속에 확실하게 자리를 잡은 듯이 보인다. 우리는 오래전의 어떤 상像과 그 과정들, 예를 들어 지난번 휴가 때의 일들을 기억한다. 우리는 보통 어떤 일이 언제 있었는지, 그리고 그때 우리 기분은 어땠는지 알고 있고, 이러한 경험을 통해 현명해진다. 수백만 년의 진화를 통해 우리는 뱀이 내는 긴장된 쉿 소리와 사람들이 내는 공격적인 고함 소리를 조심해야 하며, 이럴 때는 뒤로 물러나는 것이 좋다는 사실을 확실하게 알고 있다.

기억이 우리의 뇌 속에 자리를 잡고 있기는 하지만, 기억은 사람이나 심오한 사고 기관보다 훨씬 오래됐다. 호모 사피엔스가 등장하려면 아직 멀고도 멀었을 때, 기억은 이미 세상에 존재했다. 박테리아와 같은 가장 단순한 생명체도 생존에 필요한 기억력을 지니고 있다. 생물학자들은 미생물이 먹이의 공급원을 향해 확실하게 움직일 수 있다는 사실을 관찰했다. 미생물도 지속적으로 영양물질의 농축도를 측정하여 이 수치를 저장하고, 나중에 서로 비교하는 능력이 있는 것이다. 이로 미루어 볼 때, 기억은 처음부터 명백하게 후각과 관련이 있다. 후각이나 미각이 아주 발달한 사람들이 대부분 기억력이 좋다는 관찰 결과도 이로써 설명이 될 수 있을 것이다. 사랑에서도 코는 두 사람을 필연적으로 연결해준다. 성행위가 끝나면 정자는 유인제를 통해 바른 방향을 잡고 난자를 향해 움직인다. 이렇듯 기억이 없다면 기본적인 삶의 현상들은 불가능하다.

"기억은 우리가 세상에서 자립할 수 있게 해줍니다." 이 분야에서 세계적으로 가장 유명한 학자 가운데 한 명인 빌레펠트 대학교의 한스 마르코비치Hans Markowitsch는 이렇게 요약한다. 이 심리학자는 우도 데더링처럼 기억을 잃은 아주 많은 환자들을 진찰했다. 환자들 중에는 아무런 이유도 없이 시베리아로 갔던 남자도 있었다. 독일 북서부의 루르 지방에 살던 어떤 남자 한 명은 아침에 자전거를 타고 빵을 사러 갔다가, 그대로 헤센 주의 프랑크푸르트 암 마인까지 약 250킬로미터나 되는 거리를 달렸다. 달리면서 그는 자기 아내의 이름과 자기가 누구인지 잊었을 뿐 아니라, 자기가 천식과 알레르기 환자라는 사실도 잊었다. 병이 나은 것이다.

  인간의 의식 구조에 중요한 현상은 또 있다. 많은 물리학자들은 이 현상이 실제가 아니라 뇌의 산물이라고 본다. 시간이 바로 그것이다. 기억은 윤곽뿐인 끝없는 강물처럼 보이는 사건들을 정리하고, 한 사람의 행위를 과거와 현재와 미래로 나눈다. 기억은 우리에게 '내'가 이런 모든 경험을 한 바로 그 사람이라고 말해준다. 이 말이 유치하게 들릴지는 몰라도 뇌의 처지에서는 그렇게 간단한 임무가 아니다. 스키 여행을 다녀온 것과 운전을 한 것과 TV 앞에 앉아 있던 것이 각각 다른 사람들이 독립적으로 행한 행위가 아니라 언제나 하나의 '내'가, 그것도 같은 사람인 '내'가 한 행위임을 알려주는 것이다.

  그래서 자서전적인 기억을 잃는다는 것은 정말 비인간적이다. 그러나 우도 데더링은 낙천주의자이고, 어제가 어땠는지 오늘 더 이상 알지 못한다는 사실에서 어느 정도 긍정적인 면도 찾는다. "이렇게 사는 것도 참 괜찮긴 해요. 아침이면 어제라는 부담이 없이 잠에서 깨요. 백지처럼 말입니다." 그러나 끈질긴 질문을 피할 수는 없다. 주변 사람들은 그가 누구였는지, 지금은 누구인지 알려고 한다. 그는 이런 사람들을 이해할 수 있다. 그 스스로도 알고 싶다. 그는 자신의 정체성을 찾는 중이다.

자기를 잊어버린 우도 데더링은 예전의 '나'를 간접적인 방법으로만 안다. 과거의 '나'는 사진첩 속에, 그리고 다른 사람들이 그에 대해 말하는 이야기 속에만 있다. 그는 자기 과거와 친구 관계, 어릴 적에 있었던 일을 가족에게 계속 물어본다.

그러나 들었던 것 가운데 많은 부분을 다시 잊어버리기 때문에 이 일은 무척 힘든 모험이다. 게다가 그는 이런 탐정 소설 같은 조사가 기껏해야 다른 사람들이 그에 대해 가지고 있던 관점을 재조합한 것에 불과하다는 사실도 알고 있다. 타인이 보는 '그' 우도가 자아상을 지닌 '나' 우도와 반드시 일치하지는 않는다. "다른 사람들의 설명은 스스로의 경험을 대신하는, 그다지 질이 좋지 않은 대용품이지요. 하지만 나 자신에 대해 전혀 알지 못하는 것보다는 나아요." 데더링은 이렇게 이야기한다.

복잡한 결과를 불러온 사고를 당한 뒤에 우도가 달라졌기 때문에 자아를 찾는 노력은 더 힘들다. 적어도 가족이 보기에는 달라졌다. 그의 아버지는 우도가 정체성의 많은 부분을 잃었다고 말한다. 우도는 예전보다 낙천적이고 활달해졌으며, 의사들조차 놀랄 정도로 마치 사고를 전혀 겪지 않았다는 듯이 영어도 한다. 아버지는 그가 공원 벤치에 앉아 '당연하다는 듯이' 미국 여자와 이야기하던 모습을 기억한다. 그러나 아버지가 보기에 우도는 인내심을 잃었다. 이제 그는 전보다 더욱 충동적이고, 성격이 급해졌다. 사고가 나기 전에 부모는 무질서하고 시간을 지키지 못하는 그의 성격에 화를 냈지만, 이런 행동은 물에 씻겨 내려간 듯하다. 그는 이제 신뢰의 표본이다. 편식도 사라졌다. "예전 같으면 차라리 굶으면 굶었지 먹지 않던 스튜 요리도 지금은 먹는답니다."

우도 데더링은 자기 인생을 극복했다. 그는 여러 해 동안 한스 마르코비치의 동료에게서 다양한 훈련을 받았다. 심리상담사들은 컴퓨터 프로그램의 도움으로 그에게 집중력을 높이는 방법과 기억하는 법을 가르쳤다. 이들은 그가 아쉬운 대로 그럭저럭 잘 지내기 위해 일상생활과 주변을 어떻게 계획해야 하는지 알려주었다. 그를 돌보던 사람들은 그에게 생활을 위해 달력이나 포스트잇과 같은 도구를 기억 보조품으로 사용하라고 권했다. 지나간 일을 알고 싶으면 그는 자신이 쓴 일기를 본다. 시장을 보러 갈 때면, 뜻밖의 장소라서 기억이 날 만한 집안 구석구석에 사야 할 물건을 상상 속에서 붙인다. 이는 '장소법'이라는 것으로 이미 고대부터 사용되던 방법이다. 우유는 화장실에, 바나나는 거실 전등에 걸려 있고, 푸른 콩은 베개 위에, 빵은 개수대 속에 있는 식이다. 상상 속에서 집 전체가 구입 목록이 된다. 우도 데더링이 웃으며 말한다. "전등에 걸려 있는 바나나는 절대로 잊어버리지 않지요." 이 정도면 괜찮은 것이다.

그는 책과 잡지, 신문을 많이 읽고 재즈 음악을 들으며, 색소폰도 연주한다. 무슨 양념을 이미 넣었는지 가끔 잊어버릴 때가 있지만 요리도 자주 한다. 여자 친구도 생겼는데, 이 친구는 둘이 함께 겪은 일을 그가 금방 잊어버리는 것에 이제 익숙해졌다. 우도 데더링은 라이프치히에서 상담사로 일한다. 그는 더 많은 것을 기억하여 머릿속에 있는 현재의 감옥을 극복하리라는 희망을 버리지 않는다. 이것이 아마 그가 라이너 마리아 릴케의 「표범」을 가장 좋아하여 늘 읽고 낭송하는 이유일 것이다.

우도 데더링은 다 합쳐서 열두 줄짜리 그 시를 외우는 데 2년이 걸렸다. 한 단어에 여드레씩…….

세포 속의 할머니

고대의 사상가들도 뇌가 완수하는 놀라운 일들에 매료됐다. 사람들은 머릿속에 벌집처럼 생긴 가형적인 덩어리가 있어 그 속에 철필로 엔그램(외부의 자극이 생체에 새기는 생리적 변화, 기억 흔적)이나 기억 심상心像이라는 정보를 새겨 넣을 수 있다고 상상했다. 기억에 대한 또 다른 은유는 보물 창고나 궁전이나 저장소였다. 정보의 저장과 그 뒤에 따라오는 불러오기는 이미 그때도 서로 분리된 과정으로 생각됐다. 그러나 '기억의 기술 ars memorativa'이란 반드시 타고나는 그 무엇이 아니라, 예를 들어 수사학의 범위 안에서 배우고 발전시켜야 하는 능력이라고 간주됐다.

철학자요 자연연구가이자 알렉산드로스 대왕의 스승이었던 아리스토텔레스(기원전 384~322)는 현대적인 심리학 연구에서 하듯이 기억의 다양한 형태를 그 당시에 이미 구분했다. 그는 자서전적인 일들에 대한 기억은 외워서 아는 단어나 지리적인 사실들을 그냥 말하는 것보다 훨씬 복잡하다고 주장했다.

고대 학자들이 이미 저장과 회상을 지각하는, 즉 인간의 물리적인 변화와 언제나 함께 일어나는 인지적 행위로 상상했다는 사실은 흥미롭다. 오늘날의 분자생물학은 이런 견해가 옳았다는 사실을 보여주며, 매 순간 겪는 경험을 통해 우리의 뇌 그리고 그와 더불어 '내'가 어떤 변화 과정의 지배를 받는지 아주 상세하게 묘사한다.

근대 의학의 발달과 함께 환자와 환자들의 장애는 기억에 관한 연구에서 결정적인 역할을 한다. 아주 복잡하게 일하는 기억력은 오류가 있을 때 가장 잘 분석될 수 있다. 1880년 러시아의 신경학자 세르게이 세르게예비치 코르사코프(Sergei Sergeevich Korsakov, 1854~1900)는 얼굴이든 사건이든 읽은 정보든 새로운 것은 전혀 기억하지 못하지만 옛날 기억은 온전한 남자에 관해 보고했다. "그를 처음 보면 정신이 이상하다는 인상을 받지 못한다. 그러나 오랫동안 이야기를 나누다보면, 이 환자가 가끔 사건들을 심하게 섞고 주변에서 일어나는 일을 기억하지 못한다는 사실을 알 수 있다. 그는 자신이 식사를 했는지, 침대에서 일어났는지 기억하지 못하고, 무슨 일이 있었는지 바로 잊어버리기도 한다. 누군가 환자의 방에 들어가 그와 이야기를 하고 1분쯤 나갔다가 다시 들어오면, 환자는 그가 조금 전에 자기 방에 있었다는 것을 모르는 것이다. 이런 환자들은 책 한 쪽을 몇 시간씩 읽기도 한다. 읽은 것을 기억하지 못하기 때문이다. 그러나 방금 일어난 일은 모두 잊어버리는 이 환자들이 발병하기 전에 있었던 옛날 일은 보통 아주 잘 기억한다는 점은 특이하다. 대부분 발병한 다음부터 혹은 발병 직전에 있었던 일부터 기억에서 사라진다."

코르사코프 증후군 환자들은 이상한 이야기를 할 때가 많다. 이야기를 지어내는 것이다. 이는 이 환자들이 일어나지 않았던 일을 기억한다고 믿는다는 뜻이다. 이들은 시공간적인 감각을 잃을 확률이 높다. 코르사코프가 언급한 증상이 수수께끼 같은 원인에 의해서가 아니라 지속적으로 섭취한 다량의 알코올 때문이라는 것이 나중에 밝혀지기는 했다. 그러나 그는 사례 보고를 통해 뇌의 다양한 생물학적 구조에 상응하는 기억의 기초적인 차이를 그때 이미 알아맞혔다. 그 가운데 하나인 순행성 기억은 새로운 정보를 저장하고, 다른 하나인 역행성 기억은 오래된 정보를 불러오는 역할을 한다. 뭔가 '아는 것을 알고 있는' 뇌의 기록실 기능은 기억의 또 다른 부분 조직이다. 이 기능은 원래의 내용 저장소보다 더 잘 작동할 때도 있어서, '뭔가 혀끝에 걸려 있다는' 느낌, 그래서 지금이라도 당장 생각이 날 듯한 느낌을 우리에게 준다. 이를 전문 은어로는 'FOK Feeling of Knowing'라고 한다.

프랑스의 신경과 의사 에두아르 클라파레드(Edouard Claparède, 1843~1940)가 말한 코르사코프 증후군 환자는 무척 시사하는 바가 많다. 이 여자 환자도 어떤 일이 생긴 다음에는 금방 그 일을 잊어버렸다. 그러나 의사가 핀을 손가락 사이에 숨기고, 매일 아침 늘 그랬듯이 환자에게 악수를 하면서 상황이 변했다. 환자는 아프게 찌르던 느낌을 분명히 기억하는 모양인지, 다음 날 아침 의사에게 마주 손을 내밀지 않았다. 그녀는 악수를 하지 않으려는 이유가 무엇인지 말하지는 못했다. 기억을 감정으로 물들이고 위험할 때 경보 깃발을 올리기도 하는 기관이 이 환자에게서 작동했지만, 그 내용이 의식에까지 밀고 들어가지는 못했던 것이다.

마르코비치와 캐나다 토론토 대학교에서 일하는 그의 동료 엔델 털빙Endel Tulving은 인간의 기억을 다섯 가지 체계로 세분했다.

- **점화 기억 Priming memory**   이 기억은 우리가 의식적으로 인식하지 못하지만, 우리 행동에 영향을 줄 때가 많다. 이러면 우리는 공허한 이유를 대며 뭔가 할 마음이 없다거나, 어떤 아이디어나 사람이나 상황이 마음에 들거나 들지 않는다는 이야기를 한다. 특히 광고 산업은 신문이나 방송 광고를 통해 우리가 특정한 제품을 사도록 유혹하기 위해 점화 기억을 사용한다. "점화는 사람들이 예전에 무의식적으로 인식한 자극을 다시 인식할 가능성이 높다는 점과 연관이 있습니다." 빌레펠트 대학교 한스 마르코비치의 설명이다.

- **절차 기억 procedural memory**   걷기, 먹기, 피아노 치기,

계단 오르기 등 움직이는 데 필요한 절차나 과정을 저장하고 조종한다.

- **지각적 기억 perceptual memory**　지각은 감각적인 인식으로, 예를 들면 버찌를 인식하고 '버찌'라는 언어 표현으로 분류하는 형태가 여기에 포함된다.
- **사실 기억 fact memory 또는 지식 체계 knowledge system**　이 기억은 감정과 연결되지 않은 정보, 예를 들어 삼각형의 내각의 합은 180도라거나 이탈리아의 수도는 로마라는 정보의 문서실을 만든다.
- **일화적 기억 episodic memory 또는 자서전적 기억 autobiographical memory**　이곳에는 예를 들어 휴가나 도보 여행을 갔을 때 또는 일을 할 때의 '나'처럼 각자의 삶에서 대부분 감정과 연결된 일들이 저장된다. 이 형태는 생물학적으로 가장 발달했다. '내'가 나에 대해 생각하게 하고, 일반적으로 불안한 지식인 존재의 유한성을 나에게 알려주며, 과거와 미래로 떠나는 정신적인 여행을 가능하게 한다.

이런 구성은 서술적이라는 점이 중요하다. 다시 말해서 의사와 심리학자들이 임상 의학에서 일상적인 업무를 하는 데 기초를 마련하려는 것이지 최종적인 범주화가 아니다. 서술적이고 의식적으로 접근할 수 있는 명시적 (또는 서술적) 기억과 무의식적인 암시적 (또는 비서술적) 기억으로 단순하게 구분하는 심리학자들도 많다. 예를 들어 계통발생적 기억 phyletic memory이란 진화를 통해 물려받은 기억이다. 우리는 독사나 원시시대의 스밀로돈(홍적세 때 번성했던 맹수)이 위험한지 또는 위험했는지, 얼른 도망을 쳐야 할지 오래 생각하고 시험해볼 필요가 없다. 태어날 때부터 알고 있기 때문이다. 이 기제는 미적인 감각에도 영향을 준다. 그래서 어느 문화권이든 '편평하고 텅 빈 해변과 바다가 보이는 전경'의 그림이 있다. 아마 그것이 먹을거리가 풍부하고 안전해 보이는 삶의 공간을 표현하기 때문일 것이다. 범주화의 또 다른 예는 의도적 기억intentional memory이다. 이는 의도가 실제로 이루어질 때까지 활성 상태로 있는 기억장치다.

 학자들은 시간을 기준으로 하여 기억을 장기―이 기억은 마르코비치와 털빙의 다섯 가지 체계를 모두 포함한다―와 단기, 중기 기억으로 구분한다. 중기 기억은 정보를 며칠 동안 저장한다. 이에 비해 단기 기억은 몇 초에서 30분 정도까지만 기억된다. 예를 들어 한 문단이나 한 문장을 읽을 때, 또는 한 번 읽고 적은 다음에는 보통 잊어버리는―이 정보가 더 큰 의미를 갖게 되어 장기 기억으로 넘어가지 않는 한―전화번호를 기억할 때 도움이 되는 기억이다. 컴퓨터공학에서 빌린 개념인 작업 기억 working memory은 주어진 시간에 의식 속에 있으면서 어떤 결정을 내리는 데 기본이 되는 기억을 말한다.

 지금 혼란스러운 명칭을 이해하기 위해 특히 중요한 것은 여러 분야의 학문을 모두 포괄하는 통일된 기억의 가설은 없다는 점이다. 단순하게 말하자면 사회학, 심리학, 의학, 신경생물학은 각자 그들의 용어를 사용한다.

몇 십 년 전만 해도 우리 머릿속에 있는 수수께끼 같은 덩어리가 내용을 저장하는 방법에 관한 논쟁이 격렬했다. 이때 학자들에게 특히 중요했고 지금도 중요한 것은 어떤 장소를 찾는 일이다. 고대 사람들이 생각했던 벌집의 현대판은 이른바 '기억의 서랍들'이다. 사람이든 사물이든 상이든 모두 하나 또는 한 그룹의 신경세포에 새겨져서 이를 통해 자신이 드러난다는 생각이다. 최초의 뇌 지도는 독일의 신경학자인 카를 클라이스트(Karl Kleist, 1879~1960)에 의해 1934년, 그러니까 탐험가들이 서구 세계를 위해 지구상에 마지막 남아 있던 미지의 지역과 나라들을 탐색한 지 몇 년 지나지 않았던 시기에 만들어졌다. 클라이스트는 제1차 세계대전에서 총탄과 유산탄을 머리에 맞고 결손 증상을 보이는 약 1,600명의 군인들을 진찰했다. 그는 이 연구를 바탕으로 사람의 이름과 멜로디를 다시 인식하고 색깔과 장소와 도덕의 문제에 관한 이해와 그 외의 일들을 지각하는 자리가 대뇌피질 어느 곳에 있는지 진술할 수 있었다. 영국인 찰스 셰링턴(Charles Sherrington, 1857~1952)은 시류에 맞게 뇌를 전신국에 비유했다.

기억의 서랍들이라는 아이디어는 1970년대 초기에 신경심리학자들이 뚜렷하게 정의할 수 있는 자극—특정한 주파수의 음색이나 시야에서 수직선처럼—에만 반응하는 세포들을 포유류 뇌의 일차 처리 영역들에서 실제로 발견함으로써 비약적으로 발전했다. 그러나 이루 말할 수 없이 유연하고 복잡한 인간의 지각이 어떻게 작동하는지는 여전히 수수께끼로 남았다. 비판가들은 하나의 대상을 지각하는 데는 세포 하나로 충분하다고 해도, 유한한 수인 뇌의 뉴런이 첩첩이 쌓여 들어간 상자와 같은 구조를 지닌 이 세상의 무한한 정보량을 어떻게 수용할 수 있는지 의문을 제기했다. 서랍 이론에 반대하는 사람들은 가상적인 이 세포들을 약간 경멸하듯 '할머니 뉴런'이라고 불렀다. 이 이론에 대항하는 다른 아이디어는 홀로그램 이론이다. 모든 내용은 뇌 전체에 분산되어 있고, 이에 상응하여 도처에서 다시 발견된다는 것이다.

오늘날 외부 세계와 신경세포의 일대일대응 또는 홀로그램이라는 그림은 시대에 뒤떨어진 이론으로 취급된다. 신경학자들은 기억이 뇌 전체에 배치되어 있는 구체적인 네트워크로 구성되어 있다고 추측한다. 아주 단순한 임무를 수행할 때조차도 클라이스트가 해부학적 연구로 확인할 수 있었던 것보다 훨씬 많은 뇌 영역들에서 활성의 변화가 일어난다. 캐나다 심리학자인 도널드 헵(Donald Hebb, 1904~1985)이 1949년에 이미 짐작했듯이 학습과 기억의 흔적은 자극 패턴 때문에 신경세포 사이의 연결이 변할 때 만들어진다. 그는 파블로프가 개에게 행한 유명한 조건반사 실험에서 영감을 얻어, 동시에 자극을 받는 신경세포 사이의 연결이 더 강화되리라는 것을 직관적으로 추론했다. 이것이 헵의 규칙이다. 그러므로 인식과 기억의 모든 과정은 뇌를 예전과는 다른 상태로 만든다. 신경세포는 상호 접속 패턴을 지속적으로 변화시킨다. 더 이상 필요 없는 연결은 제거하고 다른 곳을 연결함으로써 기억이라는 기적을 가능하게 한다. 빈 출신의 미국 신경생물학자이자 노벨상 수상자로 뉴욕 컬럼비아 대학교에서 일하는 에릭 캔들과 같은 과학자들은 그 뒤에 있는 분자적 기계장치를 놀라울 만큼 세부적으로 해독했다.

기억의 마약

1970년대에는 분자생물학적인 기반 위에서 기억을 연구하려는 의도를 오만한 행동으로 보는 학자들이 많았다. 이런 의도는 아주 복잡해 보였다. 그러나 유쾌한 낙천주의자요 「뤼키 루크(Lucky Luke, 벨기에-프랑스 만화 시리즈로 주인공 이름이기도 하다)」에 등장하는 말처럼 웃는 캔들은 연구에 쓰일 아주 적합한 동물을 선택했다. 캘리포니아 군소류인 바다달팽이, 속칭 아플리시아Aplysia라고 불리는 동물이 바로 그것이다. 고대 그리스어인 이 단어는 '오염'이라는 뜻인데, 축 늘어진데다가 닥스훈트만큼 커지는 이 갈색 연체동물이 사실 아름답지는 않다. 그러나 아플리시아에게는 무척 큰 장점이 있는데 외양과 마찬가지로 내부도 아주 단순하다는 점이다. 이 군소류에는 신경세포가 2만 개밖에 없고 사람의 뉴런보다 천 배는 커서 맨눈으로도 볼 수 있다. 모든 세포는 동물마다 모두 똑같은 자리에 있으며 언제나 같은 패턴으로 서로 연결되어 있으므로 배선도로 나타낼 수 있을 정도다. 이 동물들은 이렇게 단순하긴 하지만 학습의 단순한 형태들을 구사할 수 있다. 이들은 지속적인 자극에 익숙해지고(habituation, 습관화) 민감하게 반응하기도 하고 조건화되기도 한다. 기억 형성에서 분자적이고 세포적인 과정들은 군소류나 곤충이나 쥐나 사람이나 본질상 별로 차이가 없을 것이다. 그렇지 않다면 캔들의 연구는 독특하긴 하지만 쓸모없는 시간 낭비에 불과하다.

이 자웅동체 동물이 아가미 반응을 배우는 데는 신경세포 100개면 충분하다. 바다달팽이는 신선하고 산소가 많은 물이 호흡기관으로 들어오도록 호흡관을 더듬이처럼 길게 늘이는데, 도구로 건들면 이 호흡관을 얼른 보호벽 속으로 끌어들인다. 그러나 반복하여 건들면 반응은 사라진다. 달팽이들이 자극에 익숙해졌다고 볼 수 있는데 이를 행동연구가들의 언어로는 '습관화' 됐다고 한다. 캔들은 습관화가 신경세포 벽에 생기는 단백질의 화학적 변화 때문임을 밝혔고, 또한 이를 통해 단기 기억의 분자적 기제를 발견했다. 자극이 끝난 다음 몇 분 지나지 않아 습관화가 사라졌기 때문이다. 말하자면 달팽이는 습관을 잊어버렸다.

이 바다 동물에게는 단순한 형태의 장기 기억도 가능했다. 학자들이 달팽이 꼬리를 다섯 번씩 짧고 강하게 계속 치자 며칠이 지난 뒤에도 달팽이들은 이 타격을 기억했다. 살짝만 건들어도 호흡관을 집어넣었던 것이다. 자극이 오래 지속될수록 호흡관을 집어넣는 반응도 오래 남았다. 캔들은 이 행동이 개별적인 신경세포 사이에 생기는 상호 접속의 강화에 기초를 두고 있음을 증명할 수 있었다. 뇌가 오랫동안 정보들을 저장하면 시냅스라고 불리는 뉴런 사이의 연결 부위가 변한다. 이미 있는 연결점이 강화되거나 새로운 연결점이 형성되는 것이다.

학습과 기억은 신경 네트워크의 지속적인 변화 때문에 일어난다. 뇌는 이때 사용되는 길을 더 강력하게 연결하여 처음에는 밟아서 저절로 생긴 샛길이었던 기억 흔적이 나중에는 국도나 고속도로가 되게 한다. 분자의 톱니바퀴는 필요하지 않은 연결들을 가지치기하거나 완전히 제거한다. 모든 종류의 지각은 학습 및 기억과 연관이 있고, 기억에 머무는 일들은 언제나 새로 생기므로 우리의 뇌는 쉴 새 없이 개조 작업을 하고 있다. 그러므로 뇌의 지속적인 변화는 우리 사고 기관의 가장 중요한 특징이라고 해야 할 것이다. "이번 주의 뇌는 지난 주의 뇌와는 다릅니다. 기억의 흔적은 역동적인 일입니다." 알베르트 아인슈타인도 연구 생활을 했던 프린스턴 대학의 신경생물학자 조 치엔Joe Tsien의 말이다.

보기 흉한 바다달팽이 덕분에 캔들은 어둠 속에 놓여 있던 기억 형성의 물리적 과정을 해명할 수 있었다. 그는 아플리시아의 신경세포를 체외 배양관에서 배양하는 데도 성공했다. 이렇게 하여 그는 학습과 각인이―단어와 이름, 얼굴과 일화 등―한 세포의 분자적 과정에 광범위하게 관여함을 증명했다. 예를 들어 전화번호 하나를 외울 때는 뇌에서 신경세포 핵에까지 영향을 주고 그곳에서 세포의 분자적 장치가 새로운 단백질을 생산해내는 물리적인 변화가 일어난다. 학자들이 동물 실험에서―아플리시아와 초파리, 나중에는 쥐도―단백질 합성을 인위적으로 잠깐 방해했을 때, 단기 기억은 형성됐지만 장기 기억은 형성되지 못했다.

　기억의 시초는 주변 세계의 다양한 정보들이다. 눈·귀·코·혀·평형기관 그리고 촉각과 온도와 통각을 느끼는 피부의 감각기들은 흘러 들어오는 모든 감각 자료를 이른바 활동전위라는 전기 신호로 바꾼다. 이 자극이 신경섬유를 따라 퍼지고 뇌에 도달한다. 다른 말로 하면 우리 머릿속의 회백질은 완벽하게 어둠 속에 있다는 뜻이다. 회백질은 우리 주위에서 일어나는 모든 일을 방전放電의 형태로만 경험한다.

　똑같은 자극이 반복되면—예를 들어 외국어를 배우는 학생이 단어를 외울 때—기억의 흔적을 형성하는 뉴런 안에서는 경험한 일들이 뜀박질을 시작한다. 활동전위는 미네랄 칼슘 이온들이 특별한 관들을 통해 세포로 들어가게 한다. 미네랄은 일종의 심부름꾼 역할을 하고, 세포벽의 다른 관들이 쉽게 흥분하도록 활성화한다. 또한 유입된 칼슘은 다양한 중간 단계를 거쳐 환상環狀 아데노신 1인산—전 세계적으로 실험실에서 쓰이는 영어 약자로 cAMP—이라는 분자의 농도를 높인다. 이는 다시 몇몇 중간 단계를 거쳐, CREB 단백질—cAMP responsive element binding protein을 줄여 이렇게 부른다—이 활성화되는 신경세포 핵에까지 영향을 준다. CREB는 단백질이 생성되도록 하므로 신경세포 안에서 '학습' 프로그램을 켜는 활성화 단백질이다.

　또한 새로 만들어진 단백질은 그들대로 새로운 시냅스 구축에 참가한 신경세포들이 서로 다르게 또는 더 강력하게 연결되도록 영향력을 행사할 수 있다. 우리가 전화번호나 웹 주소를 외울 수 있는 분자적 톱니구조를 학자들이 아직 완전히 이해하지는 못했지만 CREB와 cAMP는 기억에서 아주 중요한 조정기 역할을 한다. 그러나 이 두 가지가 전부는 아니다. 뉴욕의 동쪽 목가적인 해변에 있는 콜드 스프링 하버 연구소의 팀 털리Tim Tully는 기억을 만들어내기 위해 몇 개의 유전자가 함께 움직여야 하는가라는 질문에 다음과 같이 대답한다. "그렇게 복합적인 행위에는 수백 개의 유전자가 필요합니다. 이제 겨우 몇 개만 발견했으니, 우리가 앞으로 할 일은 아주 많습니다."

캔들의 동료이자 경쟁자인 털리는 그의 '학문적인' 감독 아래 엄청난 기억을 갖게 된 초파리 연구로 유명해졌다. 드로소필라 종류에 속하는 이 곤충은 3차원 미로에서 설탕이 있는 먹이의 진원지를 외우려면 보통 열두어 번은 날아야 한다. 그러나 CREB를 아주 많이 만들어내는 유전공학적인 조치를 취한 다음에는 초파리들의 망각이 급격하게 낮아졌다. 새로운 초파리들은 단 한 번의 비행으로도 설탕이 있는 길을 계속 기억할 수 있었다.

곤충은 사람과 별로 유사하지 않으므로 체절동물의 전단부 신경절과 후단부 신경절에는 사람과는 아주 다른 기제가 작동하리라는 것을 예상할 수 있다. 그러나 호모 사피엔스와 같은 포유류인 쥐들도 CREB 조절나사를 돌리면 기억력이 향상된다. 하지만 이번에 털리와 동료들은 유전공학적인 조치로 생명체를 지속적으로 변하게 한 것이 아니라 CREB 강화제를 쥐에게 약품처럼 먹였다. '기억의 마약'은 포유류에게서도 연구자들이 기대했던 결과를 불러왔다. 쥐들은 3분 30초 동안 새로운 우리에 머문 다음, 그 안에 있던 모든 대상을 세부적으로 기억했다. 화학적인 기억의 도움이 없이는 빨라도 보통 15분이 걸린다. 학자들은 다음 날 쥐가 그전에 우리에 없던 물체를 알아채고 눈에 익은 것 또는 낯선 것으로 취급하는지, 알아챈다면 시간은 얼마나 걸리는지 알아봄으로써 이를 측정했다. "우리는 아주 많은 물질이 평범한 쥐가 새로운 대상을 기억하는 능력을 높인다는 사실을 알아냈습니다. 사람에게 적용되는 약이 나오는가의 여부가 문제가 아니라, 다만 언제 시장에 나오는지가 문제입니다." 틸리의 설명이다.

학습을 잘하는 쥐들은 사고력을 증진시키는 약품으로 향하는 이정표다. 그것이 언제 실현될지는 현재 아무도 장담할 수 없다. 그러나 기억력이 약해진 노인, 정신 장애가 있거나 뇌졸중 또는 알츠하이머병이나 파킨슨병을 앓는 환자를 도와 삶의 질을 높일 수 있는 수많은 약제가 이미 시험 중이다. 특히 고령화 속도가 아주 빠른 서구 사회에서 여기에 해당되는 사람들의 수는 급증할 것이다. 독일에서는 약 160만 명이 기억 장애를 앓고 있다고 추정된다. 대부분 50세가 넘은 사람들이고, 그중 120만 명은 알츠하이머 환자들이다. 메모리 파르마서티컬스(Memory Pharmaceuticals, 공동 설립자 에릭 캔들)나 헬리콘 테러퓨틱스(Helicon Therapeutics, 공동 설립자 팀 틸리)처럼 창립된 지 얼마 되지 않은 회사들을 포함한 연구 기업들은 수십 억 인구를 겨냥한 시장을 예감하고 있다. 이들은 CREB를 강화하는 물질뿐 아니라 억제하는 물질도 연구한다. 통제할 수 없는 기억의 변덕에는 원하지 않는 망각뿐 아니라, 예를 들어 충격적인 경험처럼 원하지 않는 회상도 포함하기 때문이다. 기억 학자들은 폭력과 학대, 고문 또는 슬픔을 극복할 수 없는 사람들에게 도움을 약속한다. "임상 과정 전前 단계의 연구는 CREB 억제제가 이미 형성된 충격적인 기억을 선택적으로 차단할 수도 있음을 보여줍니다." 헬리콘 회사의 공동 설립자인 틸리의 설명이다.

새로운 기억의 세계가 현실이 되기까지 연구자들이 해야 할 일은 아직도 많다. 부작용은 어떨까? 어떤 경험이, 자기가 사라져야 할지 남아야 할지 어떻게 '알 수' 있는가? 끔찍한 사고 기억 대신 학교에 입학하던 날의 추억이 삭제된다면? 반대로, 물리학 공식 대신 선생님 재킷의 색깔이 남는다면? 연구자들은 여기에 대한 대답은 아직 모른다. "우리가 한 실험들에서 약은 모든 내용에서, 그러니까 감정이 실려 있지 않은 내용에서도 작동했어요. 다시 말해서 이 약은 보편적인 기억 강화제라는 뜻이지요. 하지만 어떻게 자세히 알 수 있겠어요? 쥐한테 물어볼 수도 없는걸요." 흐린 전망에 직면하여 속수무책이라는 느낌이 역력한 캔들의 설명이다.

또한 건강한 사람들이 자신의 망각—사실이든 아니면 자칭 그렇게 생각하든—이 신경에 거슬려 약제를 사용하는 경우도 생각해야 한다. 구원의 약속이 있는 곳에는 대부분 고객들도 금방 생기는 법이다. 프레젠테이션 때문에 밤샘을 하고서도 다음

날 아침 정신을 집중하여 산뜻하게 발표하고 싶은 경영자, 시험 준비 기간을 줄이거나 최적화하고 싶은 중고등학생이나 대학생, 비행기 조종사든 보병이든 졸거나 뭔가 잊어버릴 염려 없이 언제나 투입될 수 있는 군인들을 원하는 군대 등이다. 미국 공군은 알츠하이머병 약품인 도네페질Donepezil이 비행기 조종사들을 더 빨리 생각할 수 있게 하는지의 여부를 시험하고 있다. 필라델피아에 있는 펜실베이니아 대학교의 생명윤리학자인 아서 캐플란Arthur Caplan과 같은 비판가는 이미 '미용 신경과학' 시대의 여명이 동트고 있음을 감지한다.

분자생물학은 앞으로 의학 교과서에 언급된 결함을 지닌 환자나 허약한 환자들만 돕는 것이 아니라 뇌 성능의 '미화'를 목표로 할 것이다. 여기서는 미용적인 교정과 마찬가지로 의사의 진단이 아니라 완전히 개인적인 소원과 선호와 욕구가 기준이 된다. 또는 거꾸로 의약산업과 의사와 약사 협회가 병을 만들어 내기 위해 정상적인, 즉 개별적인 행위의 다양성을 병이라고 간주하여 치료가 필요하다고 바꾸어 정의하게 될 것이다. 이제 얼마 지나지 않아 '인지적 장애'가 치료가 필요한 질병 목록에 등록될 수도 있다.

그 한 예로는 과다행동장애 학생들의 치료에 쓰는 리탈린 처방의 급격한 증가다. 이 약품은 최근 직업상의 스트레스에도 불구하고 맑은 정신과 집중력을 유지하려는 경영자들에게 특히 사랑받는다. 미국 대학생의 약 16퍼센트가 이 약을 복용한다고 추정된다. 아이스하키 팀들도 약을 먹는다는 소문이 들린다. 독일에서도 믿을 만한 숫자를 얻기란 매우 어렵다. 비길도 전 세계적으로 엄청난 수익을 올리는 약제인데, 아마 이 약을 복용하면 며칠 밤씩 계속 쉬지 않고 일할 수 있다는 소문 때문일 것이다. 원래 이 약은 비길이라는 수면병 치료를 위해 처방이 허용됐다. 독일에서 이 병을 앓는다고 추정되는 사람들은 약 4만 명이다. 예측되는 소비자가 얼마 없을 때는 의약산업이 약품 개발에 필요한 엄청난 비용을 보통 감당하지 않으려고 한다는 점으로 미루어 볼 때 그들이 이 약품 개발에 들인 노력은 기이하기 그지없다. 그러므로 기업들은 이 약을 나중에 '라이프스타일 약품'으로, 경영자와 성적의 압박을 받는 대학생과 더 나아가 중고등학생들을 위한 정신적 약품으로 사용하려는 뚜렷한 목적을 지니고 있는 것이다. 식물성 징코 빌로바Ginkgo biloba도 잘 팔리는 약제다. 은행 추출액이 기억력을 향상시킨다는 말이 있지만 증명된 효과는 없다. 아마 커피 한 잔에 들어 있는 카페인 이상은 아닐 것이다.

지금 든 예들은 무엇보다도 한 사회에서 나쁜 것은 개선하고 바람직하지 못한 것—지나친 활력, 나쁜 기분, 공격적인 행동, 망각 또는 원하지 않는 기억—은 삭제할 욕구가 점점 커진다는 사실을 보여준다. 그러나 수많은 사회적 질문들이 아직 해결되지 않았다. 예를 들어 학교에서 기회 균등 문제는 어떤가? 사고력 강화제를 사용한 시험 결과도 유효한가? '인식의 자유'라는 이름 아래 성적이 나쁜 학생들에게도 좋은 성적을 받을 권리를 인정해야 하는가? 무엇이 정상적인 행동이고, 누가 그것을 결정하는가? 법적 책임감 문제도 있다. 매년 열리는 기억력 세계 대회와 같은 정신적인 최고 능력은 스포츠와 마찬가지로 앞으로 약품의 도움을 받은 조작이라는 비난을 견뎌야 하는지? 대재난이나 전쟁에서 살아남은 사람들이 다음 세대를 위해 이 일들을 기억해야 할 의무는 없는지? 비통한 사건들에 대한 회상만이 국가나 개인을 똑같은 실수를 저지를 위험으로부터 막아준다. 한 사회는 잔인한 폭력과 테러와 빈곤과 기아에 대한 기억 속에서만 정치적인 도구로 사용되는 전쟁과 작별할 수 있다.

이런 질문들을 생각하고 미국 대통령에게 조언하는 생명윤리학자들은 특히 과거의 아픈 경험을 흐리게 하는 약품에 반대한다. 사람들이 자신의 '나'를 잊어버리게 되리라는 주장이다. 나치에 의해 고향 빈에서 가족과 함께 추방된 기억 연구자 에릭 캔들은 이와 다르게 생각한다. "우리가 경험한 일은 강제수용소에 끌려간 유대인들이 겪은 일과 비교하면 아주 미미합니다. 끔찍한 정신적 부상을 입은 사람들에게는 약을 권하고 싶습니다. 아무도 다른 사람에게 공중公衆을 위해 고통을 견디라고 요구할 수는 없습니다." 그러나 약이 한 사회나 그 구성원이 폭력을 사용하는 문턱을 낮춘다면, 이는 우리의 문화적 학습을 변화시키는 일이다. 이때는 약의 사용을 엄격하게 규제해야 한다.

지속적인 성격이나 일시적인 기분을 조작하기 위해 어느 정도까지 상세하게 진전이 이루어질지 지금은 아무도 모른다. 사회가 성격의 자리인 뇌를 비뚤게 난 이나 구부러진 코보다 더 보호해야 할 가치가 있다고 판단할지 그 여부도 알 수 없다. 그러나 얼마나 많은 사람들이 자신의 외모에 만족하지 못하고 기꺼이 수술을 하려고 하는지 염두에 둔다면 한 가지 전망만이 가능할 듯하다. 사람들은 더 아름답고 나은 '나'를 향해 가는 길에서, 뇌에 영향을 주는 일도 망설이지 않을 것이다. 유행이 지난 옷을 벗어버리듯 뉴런 네트워크의 단점이나 오점을 없애고 점점 더 좋고 아름다운 새로운 뇌를 계속 원하게 될 것이다.

뇌를 덮친 쓰나미

세상에는 우리가 영원히 잊지 못하는 사건들이 있다. 대부분의 사람들은 2005년이나 2003년 또는 2002년 9월 11일에 무엇을 하고 지냈는지 기억하지 못할 것이다. 그러나 2001년의 같은 날짜에 있었던 일, 거대한 여객기들이 뉴욕의 높은 두 탑인 세계무역센터에 부딪치고 사람들이 끔찍하게 죽어간 소식을 언제 누구와 어디서 보고 들었으며 얼마나 걱정을 했는지에 대해서는 할 이야기가 많을 것이다. 남부 아시아에서 발생한 쓰나미도 이와 비슷하다. 우리는 보통 성탄절 휴가를 비스킷 냄새 또는 가족들이 모여 벌이는 싸움과 연관 짓지만 2004년 12월 26일을 떠올릴 때 마음의 눈에 보이는 장면은 이것과 다르다. 바다가 육지로 밀려들어오고, 집과 자동차와 온갖 것들을 쓸어버리는 물을 피해 사람들이 도망을 친다. 물에 불어 해변에 누워 있는 시신이 TV에 비친다.

모든 세대와 모든 문화는 그들 고유의 기억을 지니고 있는데 이런 기억의 이미지들은 언제나 강한 감정을 일으킨다. 어려서 제2차 세계대전을 겪은 노인들—도피와 추방, 부모와 형제자매를 잃은 사람들—은 아직도 그들이 겪은 경험의 포로다. 특정한 연도만 들어도 스스로도 이유를 모르면서 눈물을 쏟는 사람들이 많다. 의사이자 정신분석가인 하르트무트 라데볼트Hartmut Radebold는 나치가 저지른 잔학한 행위의 그늘 속에서 오랫동안 전혀 관심을 받지 못한 어린이들의 트라우마를 진찰하고 심리치료를 시도했다. 그는 아버지가 사망했다는 소식을 들은 엄마가 어떤 모습이었는지 생생하게 기억한다. "엄마는 얼어붙었습니다. 머리는 백발이 되었고 그 다음부터는 평생 한 번도 울지 않았어요."

물론 사람들에게 삶의 부정적인 사건들만이 지속적으로 새겨지는 것은 아니다. 부정적인 일들이 중증 트라우마가 되거나 복합증이 되어 학자와 의사들이 이를 연구하고 저술하는 대상이 되는 것뿐이다. 첫 비행, 처음으로 본 바다, 휴가 때 경험한 일들, 잊지 못할 사랑의 키스, 아이의 탄생, 스포츠에서 거둔 훌륭한 성과나 승진 등 긍정적인 사건들도 잊히지 않고 기억에 고정된다. 해가 지나고 사람들이 자주 회고하면서 많은 것들이 변하는 경우도 흔하다.

이에 대한 유명한 예는 작가 마르셀 프루스트가 자신의 작품 『잃어버린 시간을 찾아서』에서 묘사한 영감이다. 많은 심리학자들이 이를 '번개 기억' 프루스트 현상이라고 일컫는다. 소설의 주인공은 자신의 평소 습관과는 달리 차를 한 잔 마시며 부드러운 마들렌을 차에 찍는다. 바로 그 '순간' 그는 '이루 말할 수 없는 행복한 감정'을 느끼고 깜짝 놀란다. 갑자기 레오니 숙모가 홍차나 보리수차와 함께 마들렌을 주곤 하던 어린 시절의 일요일 오전이 떠오른 것이다. 예상치 못하게 감각의 표면으로 떠오른 수수께끼를 더듬기 위해 그는 몇 번이고 차를 조금씩 맛본다. 그러나 한 모금씩 마실 때마다 '차의 비밀스러운 힘'은 약해지는 듯하다. 그러다가 그는 놀라운 사실을 깨닫는다. "내가 찾는 진실은 차 속이 아니라 내 안에 있음이 명백해졌다."

완벽하게 찾을 수는 없었지만 학자들은 프루스트의 작품 주인공이 그렇게 감성적으로 흔적을 찾았던 느낌과 기억의 수수께끼라는 진리의 핵심에 약간 가깝게 다가갈 수 있었다. 일반적으로 감정에 의해 분비되는 행복한 호르몬과 스트레스 호르몬이 기억의 형성에 결정적인 역할을 한다. 기쁜 일들은 도파민과 세로토닌과 신체 고유의 마취제를, 부정적인 사건들은 아드레날린과 코르티솔을 분비한다. 극단적인 양쪽 감정의 결과는 똑같다. 호르몬 분비는 뇌가 경험한 인상들을 뚜렷하게 기록하는 결과를 가져오는 것이다. 다시 말해서 우리는 특별히 마음에 들거나 들지 않는 일들을 기억한다. 이때 우리는 스스로에게 영향력을 행사할 수 없다.

아름답고 노란 난초 꽃을 마음속으로 좋아하는 사람은 난초의 이름이 발음하기 어렵더라도 쉽게 외울 것이다. 자동차를 좋아하는 사람은 다른 사람들에게는 아무런 의미도 없는 차의 형식명이나 후미를 기억한다. 감정은 뉴런으로 하여금 일상생활을 하면서 끝없이 흘러오는 정보의 강물 속에서 중요한 것과 그렇지 않은 것, 기억해야 할 것과 가치가 없어 지나치는 정류장의 구별 기준을 만들게 한다. 이 기제는 원시시대부터 작동 중이며 우리를 위험에서 보호한다. 사바나에서 물을 찾아가다가 야생동물을 만나면, 우리는 이 일을 기억하고 다음부터는 그 길을 피할 것이다. 우리가 위험한 일을 겪은 사거리에서는 오늘날에도 이와 비슷한 상황이 된다. 도망치거나 어떤 상황을 피하게 하는 스트레스 호르몬은 우리가 어떤 일이 발생하는 상황을 잘 기억하게 하기도 한다. 이는 동물 실험에서 명확하게 증명됐다.

학자들이 무엇인가 학습을 한 들쥐에게 스트레스를 일으키는 호르몬인 아드레날린을 직접 주사하자 이 동물들은 배운 상황을 더 잘 기억했다. 이 실험 평가는 사람들에게서도 작동했다. 어바인 캘리포니아 대학교의 짐 맥거프 Jim McGaugh와 그의 동료 래리 카힐 Larry Cahill은 두 집단에게 자전거를 타는 소년에 대해 감정이 섞인 이야기와 섞이지 않은 이야기를 들려주었다. 한 이야기에서는 이 소년이 엄마와 함께 병원에서 일하는 아버지를 찾아갔다. 다른 이야기에서는 이 소년이 자전거 사고를 당해 응급차로 아버지가 일하는 병원으로 이송됐다. 두 집단은 두 이야기를 들은 다음 주사를 맞았는데, 한 집단은 아드레날린 억제제를, 다른 집단은 위약偽藥을 맞았다. 위약이란 식염수나 밀가루로 만든 알약처럼 약효가 없는 물질을 말한다. 연구자들은 실험을 할 때 심리적인 영향을 막기 위해 위약이라는 전략을 사용한다. 통계적인 평균으로 볼 때 위약을 주사 맞은 집단은 감정이 섞인 이야기에서 더 많은 세부 사항을 기억했다. 아드레날린 억제제를 맞은 사람들은 두 이야기에서 느끼는 차이가 없었다. 이 집단은 두 이야기를 같은 정도로 기억하고 있었는데 마치 감정이 섞이지 않은 이야기만 들은 듯했다. 두 연구자는 이 실험을 통해 아드레날린 억제제는 이야기의 감정적인 스트레스가 만들어낸 효과를 방해한다는 결론을 내렸다. 여기서 충격적인 경험 때문에 생긴 심한 트라우마에 대한 요법이 만들어질 수 있다. 끔찍한 사고 뒤에 아드레날린 억제제를 사용하기만 하면 괴로운 감정에서 해방될 수 있다. 미용 신경과학이 해야 할 일이다.

의사들은 이 아이디어를 이미 임상 실험으로 옮겼다. 프랑스 학자들은 교통사고나 육체적인 폭력을 당한 열한 명의 환자들을 실험했다. 환자들은 병원에 이송된 지 몇 시간이 지난 다음부터 3주 동안 아드레날린 억제제를 처방받았다. 그 결과 이 치료를 받은 환자들은 사고를 기억하기는 했지만, 기억이 나도 스트레스를 받지는 않았다. 트라우마를 보이는 경우도 드물었다.

인간적인 모든 감정이 솟아오르는 원천은 양쪽 측두엽에 있는 한 쌍의 작은 세포조직인데, 뇌과학자들은 과일이나 견과류처럼 여기에 핵(씨)이라는 말을 사용하여 편도핵이라고 부른다. 편도핵은 변연계의 한 부분으로, 들어오는 정보를 감정적인 내용에 따라 우리가 알지 못하는 사이에 계속 평가한다. 어떤 동물이 위험해진다거나 한 사회에 적이 나타나는 등 위급한 상황이 벌어지면 편도핵은 경보를 울린다. 편도핵은 의도적으로 조절할 수 없는 자율신경계, 그리고 이와 더불어 부신피질—이름이 이미 말해주듯이 신장 근처에 있는 분비 조직이다—을 활성화한다. 부신피질은 아드레날린을 분비함으로써 몸을 활발한 상태로 만든다. 심장이 더 빨리 뛰고 혈압이 오르며 감각이 더 깨어나는 등 몸은 빠른 운동 반응—싸움이나 도주 또는 기타 많은 중간 단계—을 준비한다. 또한 호르몬 분비는 편도핵과 해마(hippocampus, 뇌의 중간에 있는 핵심 영역)에 영향을 주어 이들의 반응을 조절한다.

감정적으로 흥분된 상태에서 경험들이 어떻게 선택적으로 저장되는지, 뇌의 어떤 영역이 세부적으로 이런 네트워크에 참여하는지 연구자들은 아직 모른다. 그러나 이들은 극단적인 위협이 어떻게 모든 것을 혼란스럽게 만들 수 있는지는 대략 짐작한다. 끔찍한 소식이나 트라우마를 남길 만한 경험들은 육체적인 반응만 극단적으로 몰아가는 것이 아니라, 뇌가 일시적으로 고장이 날 만큼 스트레스 호르몬이 넘치게 한다.

한스 마르코비치의 환자 가운데 한 명은 집에 불이 나자, 자서전적인 장기 기억이 여덟 달 동안 파업을 일으킬 정도로 충격에 빠졌다. 어릴 적에 겪은 경험 때문이라고 짐작됐다. 그 젊은 환자는 네 살 때, 교통사고를 당한 사람이 차에서 불타 죽는 장면을 목격했다. 뇌 해부학적으로 아무런 손상도 보이지 않았으나 특별한 컴퓨터단층촬영으로 분석하자 장애의 원인이 밝혀졌다. 측두피질(temporal cortex, 관자놀이 아래 있는 뇌 영역) 부분의 신진대사 활성화가 현저하게 줄어든 상태였다. 이것도 트라우마 때문에 분비되는 스트레스 호르몬을 통한 장애 가운데 하나다. 여기에서 얻은 놀라운 결론은 뇌가 사고로 육체적인 부상을 입은 것과 마찬가지로 충격적인 경험이 뇌를 파괴할 수 있다는 사실이다.

충격적인 비상 상태에서 다른 모든 정보는 흐릿해지므로 잘못 저장되고 잘못 기억된다. 객관성은 설 곳이 없고 충격만 기억에 남아 그 자체가 독립적인 내용이 된다. "파도를 볼 때마다 파도의 크기와 상관없이 뇌에서는 끔찍한 상상이 펼쳐질 겁니다." 빌레펠트 대학교의 기억연구가인 마르코비치가 2004년 쓰나미 때문에 일어날지 모르는 심리적 장애에 대해 하는 말이다. "우린 그런 것을 '플래시백'이라고 부릅니다. 실마리가 되는 아주 작은 자극이 끔찍한 장면들로 이루어진 폭포를 다시 쏟아냅니다. 아시아의 쓰나미를 겪은 사람들에게는 평화롭고 아름다운 해변 사진이나 발트 해의 평범한 파도 소리, 그날 아침 쓰나미가 덮치기 전에 타이의 호텔에서 맡았던 계란 프라이 냄새만으로도 이런 연상이 충분히 일어날 겁니다."

광고에서 도시 상공에 뜬 비행기 사진들은 2001년 9월 11일 이후로 이제 더 이상 '오늘은 니스, 내일은 두바이'라는 편안한 은유를 의미하지 않는다. 이런 의미 변화에는 사회나 사회의 큰 부분이 어떤 사건을 공동으로 겪어 비슷한 느낌으로 연결되는 경험이 전제가 된다. 이런 느낌은 TV와 인터넷, 잡지의 그림들이 전달한다.

기억의 일곱 가지 죄악

2003년 3월 말, 이라크 전쟁이 시작되고 며칠 지나지 않아 미국 대통령 조지 부시와 영국 총리 토니 블레어가 기자회견을 했다. 캠프 데이비드에서 이 두 '해방 전사'는 이라크 군대가 두 명의 영국군을 포로로 잡아 처형했다고 발표했다. 다음 날 정부 대변인은 이것과 다른 소식을 전했다. 사담 후세인 군대가 제네바 협정을 위배한 일은 없으며 두 군인은 전투 중에 숨졌다는 내용이었다. 그러나 오보 바로잡기는 소용이 없었다. 실제로 일어나지 않았던 잔악 행위는 많은 사람의 머릿속에 사실로 남았다.

웨스턴오스트레일리아 대학교의 심리학자 스티븐 르완도프스키Stephan Lewandowsky와 그의 연구팀은 이와 같은 오보를 많이 조사했다. 이들은 총 870명의 미국인과 호주인과 독일인들에게 이라크 병원에서 있었던 군인 제시카 린치의 구출이나 쿠웨이트 백화점 폭발을 기억하는지 물었다. 심리학자들은 전 세계에서 정치적으로 첨예하게 논란의 대상이 되는 침략전쟁에 관한 뉴스를 사람들이 어떻게 인식하고 있는지 궁금했다. 이 연구 결과, 우리가 평소에 어떤 선입견을 가지고 있는지 분석됐다. 질문을 받은 사람들은 일어난 일 자체에는 관심이 없고, 평소에 자신이 가지고 있던 정치적인 기본 자세를 뒷받침하는 사건들이 실제라고 여겼다. 호주와 독일 사람들은 거의 모두 나중에 정정보도가 나오면 이미 들은 오보가 잘못된 것이었다고 제대로 판단했다. 이에 비해 미국 사람들은 보통 정정보도에도 흔들리지 않았고, 들었던 오보를 계속 사실이라고 생각했다. 자신의 일이 옳다고 믿으면, 정정보도는 효력을 상실했던 것이다.

그러나 르완도프스키는 유럽인들에게는 아주 심하게 왜곡되어 보이는 미국의 이런 관점이 지능이나 교육의 결핍 때문이 아니라 뉴스가 사람들의 확신과 맞지 않을 때 일어나는 '정보 처리의 오류'가 원인이라고 생각한다. 심리학자들은 사람들이 전쟁에 대해 지니고 있는 기본 자세를 조사함으로써 이를 증명했다. 대량살상무기의 위협이 사실이라고 믿는 사람들은 독재자 사담 후세인의 잔인함과 위협에 대한 뉴스를 인정하는 쪽으로 기울었으며, 이를 별로 의심하지 않았다. 이에 상응하여 전쟁을 찬성하는 사람들은 자신의 입장에 맞는 사건을 사실로 간주하고, 정정보도를 무시하는 경향을 보였다. 이에 비해 전쟁에 비판적인 태도를 지닌 사람들은 정정보도를 사실로 간주했다. 다른 말로 하면 진실은 견해의 문제이며, 어느 쪽이든 자신의 선입견을 사실로 확인하기 위해 세심하게 신경을 쓴다.

우리 기억의 인지 기관은 끊임없이 우리를 속인다. 실험참가자들에게 몇 가지 개념을 제시한 심리학자들도 이런 경험을 했다. '시다, 쓰다, 좋다, 맛, 이, 아름답다, 꿀, 탄산수, 초콜릿, 파이, 음식, 케이크'라는 말이 적힌 목록은 '달다'는 단어를 포함하고 있지 않으나, 이를 읽는 사람들에게 이 단어를 결합하도록 강요한다. 보통 실험참가자의 60퍼센트는 '달다'가 목록에 분명히 있었다고 금방 대답한다. '잠'이라는 주제 단어도 비슷한 결과를 보인다. 심리학자들이 어떤 단어 모음을 보이든 상관없이 사람들은 주제 단어가 거기 없음에도 불구하고 거의 언제나 있다고 대답한다. 이것뿐이 아니다. 참가자들 가운데 많은 사람들은 주제 단어를 들었던 그 순간도 기억할 수 있다고 고집스럽게 주장하여 연구자들을 아연케 했다. 이 대답은 어떤 점에서는 옳지 않지만 어떤 점에서는 정확하다. 기억이 속이기는 하지만, 사람들은 본질적인 것—관점이 서로 다르기는 해도—을 분명히 기억하는 경향을 보이기 때문이다.

기억은 정지된 서류철이나 문이 닫히고 먼지가 앉은 문서실이 아니라 개인을 증명하는 역할을 한다. 그래서 '내'가 잡은 물고기가 큰 법이고, 낚싯대가 비면 날씨나 미끼나 수영을 하는 사람들이 내가 물고기를 잡지 못하는 원인이 된다. 직업의 스트레스가 클수록 휴가는 미화된다. 여자 마음에 들고 싶으면 남자들은 자신의 영웅적 행위를 강조한다. 연인들은 질문을 받은 당시 상대방과 아직 연인인지 헤어졌는지에 따라 관계의 질을 근본적으로 다르게 회상한다. 똑같이 마음에 드는 예술 작품 두 개 가운데 하나를 선택해야 하는 피시험자들은 나중에 작품에 대한 생각을 바꾼다. 이들은 자신이 왜 더 나은 선택을 했는지 이유를 찾고, 선택하지 않은 그림에서 마음에 들지 않는 점을 갑자기 발견해낸다. 심리학자들은 모든 선택에 잠재되어 있는 고민인 불일치를 사람들이 없애려 하기 때문에 이런 현상이 나타난다고 설명한다. 유명한 연구가 보여주듯이, 우리는 정치적인 견해조차 나중에 달리 해석한다. 심리학자들은 1973년과 1982년에 사회적인 문제에 대한 견해를 피시험자들에게 물었다. 마약 소비 문제에 진보적이었다가 보수적인 견해로 돌아선 사람은 예전의 자기 견해를 실제로 그랬던 것보다 보수적으로 평가했다.

앞서 든 예들에서 독자들은 주변 사람들과 상사와 자기 자신의 모습을 발견할 것이다. 카림 네이더Karim Nader와 조제프 르두Joseph LeDoux가 행한 동물실험이 사람에게 조금이라도 해당된다면 우리의 전기傳記가 지닌 신뢰도는 정말로 바닥을 드러낸다. 몬트리올 맥길 대학교와 뉴욕 대학교의 두 연구자를 중심으로 하는 연구팀은 들쥐가 장기 기억에서 정보를 불러낼 때의 기억 과정을 연구했다. 이들은 이 설치류 동물이 우리 속의 어둠을 앞발에 가해지는 가벼운 전기 충격과 결합하도록 훈련시켰다. 이 실험은 고전적인 파블로프의 개 조건반사 실험과 비교될 만하다. 들쥐들은 우리가 '부정적'으로 분류되도록 학습했으므로 실험자가 우리에 집어넣으려고 하면 몸이 마비될 정도로 공포에 떠는 반응을 보였다.

네이더와 르두의 연구팀이 동물에게 단백질 생산을 저지하는 물질—앞에서 이미 보았듯이, 새로운 단백질은 장기 기억 형성에 필수적이다—을 주었을 때, 이들은 놀라운 기제를 발견했다. 조건화된 자극인 우리를 보기 전에 기억 억제제를 받은 들쥐들은 이를 기억하는 데 아무런 영향도 받지 않았다. 조건은 확고하게 뿌리를 내리고 고정된 듯이 보였다. 그러나 순서가 바뀌면, 다시 말해서 '무서운' 우리라는 기억의 자극이 있은 뒤에 기억 억제제를 주면 며칠 전에 이미 만들어진 조건이 완전히 사라졌다. 학자들은 이 현상에 '재공고화 reconsolidation'라는 이름을 붙였다. 이미 완성된 기억의 내용을 불러내는 일은 이를 새로 저장하는 것과 비슷하다는 뜻이다. 연구자들은 그들이 들쥐에게 준 물질이 재공고화 과정을 저지한다고 추측했다. 이들이 2000년 8월 17일에 과학 전문 잡지 〈네이처〉에 발표한 이 실험에서 내린 결론, 즉 기억의 내용은 단단히 묶이지 않는다는 결론의 파장은 컸다. 예전에 이미 확고하게 저장된 정보를 불러내는 과정은 이 정보를 다시 사용하게 할 뿐만 아니라 다시 '녹인다.' 어떤 사실이 머릿속의 극장에서 새로 상영되듯이 정보는 반죽되고 달라질 수 있다는 뜻이다.

이들이 일으킨 센세이션은 동료 학자들의 비판도 받았다. 조건화된 우리라는 장기 기억이 동물들에게 아마 아직 완전히 형성되지 않았으리라는 것도 이의 제기 내용 가운데 하나였다. 전문가들 대부분이 공고화 과정이 최대 한 달이라고 가정하기는 하지만 시간이 얼마나 걸리는지는 사실 아무도 모른다. 이 경우에는 들쥐에게 준 물질이 이제 막 만들어지려는 기억을 억제했다는 뜻이 된다. 네이더와 르두는 실험을 반복했다. 일단 45일을 기다렸다가 들쥐의 기억을 없앴는데 이번에도 성공이었다. 이들은 논거를 확실하게 하기 위해 동물의 해마를 없앴는데 이는 화학적인 기억 억제제와 똑같은 효력을 지니고 있었다. 우리에 대한 나쁜 기억이 삭제된 것이다. "예전의 독단적인 학설은 한번 공고해진 기억은 지속적으로 존재한다고 주장했습니다. 그러나 이 실험은 기억이란 금방 만들어진 새로운 경험과 똑같이 불안정하고, 영향을 받기 쉽다는 것을 보여줍니다. 우리는 기억이 이루 말할 수 없이 역동적임을 밝혔습니다." 네이더는 실험으로 드러난 상황을 이렇게 평가한다.

'재공고화'라는 구상이 아직 비판을 완전히 극복한 것은 아니다. 특히 일단 학습된 내용이 모양을 바꿀 수 있을 뿐 아니라 완전히 삭제될 수도 있다는 점은 더욱 그렇다. 그러나 연구자들은 게와 달팽이, 닭과 같은 다른 동물에서도 이런 작용을 증명했다. 독자들은 또한 심리학자들이 이미 60년대와 70년대에 '재공고화' 경험을 했다는 사실을 기억할 것이다. 당시에는 정신과 환자들에게 전기충격요법을 사용하는 것이 그다지 예외적인 일이 아니었다. 몇몇 경우에는 이 고통스러운 치료 방법이 효능을 보이기도 했다. 윤리적 이유와 작동의 불확실성 때문에 이 불행한 요법은 종결됐다. 그러나 네이더와 르두가 시행한 실험의 의미는 무엇인가라는 의문은 여전히 남는다.

기억력은 우리에게 자주 도움을 주므로 이를 전혀 신뢰할 수 없다는 결론이 나오는 일은 거의 없을 것이다. 그러나 다른 한편, 기억력은 우리가 생각하는 것보다 훨씬 믿을 만하지 못하다. 물론 우리는 안경을 어디에 두었는지 깜박하기도 하고, 생일과 직업상의 약속과 이름들을 잊어버리기도 한다. 그러나 기억이 어쩌면 기억하는 바로 그 순간 변할 수도 있다는 사실은 이보다 더 광범위한 결과를 만든다. 트라우마와 공포증과 불안 상태를 겪는 사람들을 간단하게 약으로 돕는 일은 축복이 될 수도 있다. 그러나 일상생활에서는? 머릿속에 가지고 있는 자아의 이야기를 우리가 반복하여 꺼내면, 실제 연대기적 진실과 그다지 일치하지 않는다는 증거가 점차 농후해진다. 이런 일상적인 심리학의 경험은 이제 분자생물학이 증명하는 듯하다.

보스턴 하버드 대학교의 유명한 기억연구가인 대니얼 L. 샥터Daniel L. Shacter의 논문 가운데 하나는 비전문가들에게도 전혀 부담이 없는 문장으로 시작된다. "기억이 완벽하다면 그것을 과학적으로 분석하는 일은 불가능할 것이다." 우리는 많은 것을 잊어버리며, 기억력이 좋은 사람들을 보면 경탄한다. 그러나 굳이 의사에게까지 갈 필요는 없는 평범하고 일상적인 기억의 오류가 지닌 특성과 기제가 어떠한가에 관한 의문은 점점 더 많은 연구자들의 관심을 끈다. 샥터는 오류들의 범주를 정하고 이를 가톨릭 교리에서 구원을 방해한다고 말하는 치명적인 죄악에 빗대어 '기억의 일곱 가지 죄악'으로 분류했다.

1. 일시성 _ 한번 저장된 정보들은 시간이 지남에 따라 점차 흐릿해지고 소멸된다. 몇몇 예외적인 경우 말고는 작년 바로 지금 이 시간에 무엇을 했는지 기억하는 사람은 거의 없다. 일시성이 남겨두는 것만을 근거로 우리는 자서전을 쓸 수 있다.

2. 방심 _ 다른 생각을 하고 있는 사람은 안경을 어디에 벗어 두었는지, 차를 주차장 어디에 세워 두었는지 기억하지 못한다.

3. 차단 _ 기억의 내용이 사라진 것은 아니지만 무슨 이유에서든 일시적으로 차단된다. 예를 들어 어떤 것이 '혀끝에 있다'거나, 우리가 뭔가 알고 있음을 알기는 하지만 지금 이 순간에

는 떠오르지 않는다. 스트레스나 알코올이 원인이 될 수 있다.

4. 오귀인誤歸因 _ 어떤 사실은 알지만 그 출처는 모르는 경우가 여기에 해당한다. 친구가 우리에게 "그것 들었어?"라며 어떤 일을 이야기했지만, 나중에 그 일을 신문에서 읽었다고 생각하는 것이 전형적인 예다. 하지 않은 일을 했다고 믿는 것도 여기에 속한다.

5. 피암시성 _ 우리에게 어떤 일이 일어났다고 잘못 믿는 경우가 있다. 이는 집중적인 질문 공세나 경찰의 암시적인 심문을 받을 때 일어날 수 있다. 법정에서 다루어진 거창한 몇몇 성폭행 사건들은 이런 형태의 '잘못된 기억' 때문으로 밝혀졌다.

6. 편견 _ 앞에서 이라크 전쟁의 경우를 예로 들었듯이, 현재 지니고 있는 지식과 확신과 믿음은 우리가 과거를 판단하는 데 영향을 준다.

7. 집착 _ 이 '죄악'은 많은 사건을 잊지 못하는 우리의 무능력을 말한다. 의사나 심리학자들의 전문적인 도움이 필요할 정도로 대단히 고통스러운 경험도 많다. 극단적인 경우에 집착은 '내'가 기억의 한계를 완전히 정하고, 자신의 과거를 보는 관점에 편파적인 색조를 입히는 결과를 낳는다.

기억은 매 순간 과거를 돌아보고 우리가 알지 못하는 사이에 우리의 일상적인 인식에 끊임없이 끼어든다. 심각한 병을 앓지만 말하는 것이 우스꽝스러운 환자 H.W―그는 전뇌 아래쪽에 뇌졸중을 앓았다―와의 인터뷰가 뚜렷하게 보여주듯이 기억의 목표는 '나'에게 견고한 이야기를 들려주는 것이다. H.W는 아내와 아이들의 이름은 바르게 댈 수 있었지만 그의 자서전적 기억에는 틈이 있었다. 그는 자신의 뚜렷한 믿음에도 불구하고 사실은 허구인 이야기들로 이 틈을 채웠다. 토론토 대학교의 신경심리학자 모리스 모스코비치Morris Moscovitch는 그의 저서에서 환자와의 대화를 다음과 같이 묘사했다.

>M : 본인 이야기를 조금 해보시겠습니까? 나이는 몇 살인가요?
>
>H.W : 마흔입니다. 아니, 예순 둘입니다. (그는 62세다.)
>
>M : 기혼입니까, 미혼입니까?
>
>H.W : 기혼입니다.
>
>M : 결혼한 지는 얼마나 되었습니까?
>
>H.W : 음, 넉 달가량 됩니다.
>
>M : 부인 이름은 뭡니까?
>
>H.W : 마르타입니다. (사실이다.)
>
>M : 자녀는 몇 명입니까?
>
>H.W : 넷입니다. (웃으면서) 넉 달 치고는 꽤 괜찮은 성적이지요?
>
>M : 그런데 여기 서류에는, 귀하가 결혼한 지 30년이라고 쓰여 있군요. 이 말이 옳은 것 같습니까?
>
>H.W : 아닙니다.
>
>M : 정말 결혼한 지 넉 달 되었다고 생각하십니까?

H.W : 예.

M : 귀하는 오랜 세월 한 여성과 결혼한 상태입니다. 30년 동안이지요. 이 말이 이상하게 들립니까?

H.W : 아주 이상합니다.

  H.W에게는 명백하게 자의식이 있지만 자서전적인 그의 이야기—그의 느낌이라고 해도 좋을 것이다—가 논리적인 반증이 제시됨에도 불구하고 그를 속이고 있다는 사실은 흥미롭다. 기능적 자기공명영상법으로 여러 번 진찰한 결과, 이렇듯 잘못된 기억의 책임은 중측두 영역에 있음이 밝혀졌다.

  우리가 원하지 않는 내용을 약화시키고 선택적으로 잊으려고—정치가와 최고경영자의 경력에 도움이 되는 재능이다—애를 쓸 때는 평소와는 다른 네트워크의 합동 작전이 필요하다. 여기에 대해서는 오레곤 대학교의 심리학자 마이클 앤더슨 Michael Andersen과 스탠포드 대학교의 존 가브리엘리 John Gabrieli 가 아주 성공적인 실험을 했다. 두 사람은 19~31세의 성인 44명에게 '증기—기차'나 '턱—껌'처럼 관계가 뚜렷한 서른여섯 쌍의 단어를 주고 외울 때까지 보라고 했다.

  그런 다음 이들에게 첫 단어를 열두 가지 보여주고, 뒤에 오는 단어를 몇 초 동안 기억하라고 부탁했다. 그런 다음에 다시 첫 단어가 쓰인 열두 가지 표를 보여주고, 이번에는 뒤에 오는 단어를 생각하지 말라고 했다. 그 뒤 치러진 시험에서, 기억에서 밀어낸 단어들이 실제로 기억에 조금밖에 남지 않았다는 사실이 밝혀졌다. 뇌에서 선택적 망각을 위한 포인트가 어디에 있는지 자기공명영상법을 통해 드러났다. 새로 만들어진 기억 내용의 중심 중계국 역할을 하는 해마의 반응이 감소한 반면, 전뇌에 있는 영역들(prefrontal cortex, 전전두피질)의 활성화가 뚜렷하게 증가했던 것이다. 그러므로 피질은 의식이 들어가지 못하는 기억 형성의 중추에 대한 통제 역할을 어느 정도 넘겨받는다고 할 수 있다.

다른 실험들은 사람들이 관심을 집중하거나 원하지 않는 것을 희석시킬 온갖 장치를 지니고 있음을 보여주었다. 우리는 집중하려고 애를 쓰고, 뭔가 배운 다음에는 기억의 형성을 방해하지 않으려고 다른 신경을 끈다. 우리는 또한 별로 중요하지 않은 것을 차단하기도 한다. 예를 들어 배우자의 연인일지도 모르는 사람이 사는 곳이나 여가 시간에 사무실을 떠올리는 것 등 원하지 않는 일을 생각나게 할 수도 있는 자극을 인식하는 것조차도 차단한다. 우리가 정신적인 눈을 딴 데로 돌릴수록 더 적은 내용이 기억된다는 사실도 실험으로 증명됐다. 그러나 이 일이 세부적으로 어떻게 일어나는지는 아직 밝혀지지 않았으며 또한 우리가 완벽하게 잊으려고 하지만 그 과정이 얼마나 근본적으로 작동하는지에 대해서도 알려지지 않았다. 어떤 유기체가 특정한 자극이 무슨 의미인지, 그 정보를 아직 어디에도 가지고 있지 않다면, 이 자극을 어떻게 차단할 수 있을까? 어쩌면 해당 내용이 의식의 검열에도 불구하고 뇌의 회로로 들어오는 통로를 찾아 통제되지 않는 영향력을 그곳에서 펴고 있는지도 모른다.

"오랫동안 모른다고 믿으면, 나중에는 정말 모른다." 독문학자의 미화된 전기를 다룬 한스 요아힘 새들리히의 소설 『다르게 Anders』에 등장하는 두 주인공의 약삭빠른 주장은 유감스럽게도 사실이다. 우리는 우리의 기억을 너무나 통제하고 억누르고 미화하고 조작해서 나중에는 이런 자기기만을 느끼지도 못한다. 이는 사회적으로나 형법상으로 엄청난 결과를 불러온다. 호기심 많은 자연과학자처럼 순진하게 기억의 함정에 다가가는 것과 사회적·정치적·법적 현실에 대한 관점은 다른 문제다.

실제 생활에서는 언제나 더 이상 유리하지 않은 일, 지금 알려지면 자신에게 약점이 될 일들에 대한 기억이 약화되어 사라진다. 예를 들어 뉘른베르크 재판에서는 수백만 명의 유대인과 신티와 로마('집시'를 말한다), 동성애자들과 정치적으로 다른 생각을 가진 사람들에게 행해진 살인에 대해 아무도 책임을 지려고 하지 않았다. 피고인들은 모두 위에서 내려온 명령을 따랐다고 주장했다. 판사든 대학 교수든 의사든 저널리스트든 시장이든 누구를 막론하고 국가사회주의독일노동자당(NSDAP, 나치스)의 당원이었다거나 아니면 어떤 식으로든 갈색 인간쓰레기들(나치스의 제복이 갈색이었다)을 도와주었다는 기억을 가지고 있는 독일 국민은 1945년 이후에는 아무도 없었다. 주범이든 공범이든 모두 과거를 말끔히 잊었고 독일 국민도 모두 과거의 소름끼치는 사건들 위에 침묵이라는 외투를 덮었다. 70년대 학생운동에 이르러서야 사회적으로 급박하게 요구되던 과거청산 과정이 진행되기 시작했다. 1989년 베를린 장벽이 무너진 후에도 상황은 비슷했다. 아무도 패배자가 되려고 하지 않았다. 동독 비밀경찰이나 국민을 억압하던 동독 정부 기구와 관련이 있던 사람은 아무도 없었다. 가장 강경하던 당원들도 신념에 넘치는 민주주의자들이 됐다. 독일 사람들은 뚜렷하게 뇌에 각인된 '나'의 기회주의적 가면을 벗기는 명칭을 금방 생각해냈다. 목을 마음대로 돌리는 개미잡이가 바로 그것이다.

과거 재생과 기억 형성은 의사소통 과정, 즉 사회의 이해 집단 사이나 개인 사이의 대화를 통해 이루어지고 학습된다. 지난 몇 년 동안 미국에서는 잘못된 기억—이 개념은 기본적으로 옳은 기억이 있음을 전제로 하므로, 문제가 있다는 것을 언급해야겠다—때문에 생긴 성적 학대 사건들이 법정에서 다루어지고 신문에 크게 보도됐다. 이 사건 심리는 당사자들에게 끔찍한 고통을 주었을 뿐 아니라 프로이드를 기반으로 하는 심리치료사들이 두루 사용하는 임상 방법—과거 트라우마의 기억을 치료하기 위해서는 이 기억을 끌어내야 한다는—이 신용을 잃게 만들었다. 여러 사건들을 과학적으로 조사하고 저서 『억압된 기억의 신화』를 출간한 뒤 살해 협박까지 받은 엘리자베스 롭터스 Elisabeth Loftus는 워싱턴 대학교의 교수 직위만 잃은 것이 아니라 전문가로서의 명성도 거의 잃을 뻔했다. 이 용감한 심리학자는 인간을 '이야기꾼이라는 하나의 종種'이라고 불렀다.

제인 도우 사건은 잘못된 기억이 불러오는 온갖 극적 긴장을 드러냈다. 양육권과 지저분한 세부 사항을 둘러싼 이혼 재판은 엄마가 얼마 전에 자신을 성적으로 학대했다는 여섯 살짜리 제인 도우의 주장으로 정점에 달했다. 법정은 증인 진술에 따라 양육권을 아이의 아버지와 그의 새 아내에게 주었다.

그 뒤 몇 년 동안 제인 도우는 성적 학대에 대한 기억을 잊었거나 억누르고 살았다. 그러다가 열일곱 살이 되던 해, 한 연구 프로젝트의 일환으로 행해진 조사에서 세부 사항들을 다시 기억한다고 진술했다. 그녀가 어릴 때 상담했던 의사와 억압된 기억을 연구하는 전문가 한 명이 새로운 진술을 글로 기록하고 촬영도 했다. 도우의 사례는 충격적인 경험에 대한 억압된 기억을 잘 기록한 대표적인 본보기로 전문서적에 올랐다.

비디오테이프를 보고 논문도 읽은 롭터스는 이 일에서 뭔가 잘못된 것이 있다는 인상을 받고, 탐정과 같은 아주 자잘하고 세밀한 일들을 통해 제인 도우의 실제 인물을 찾아냈다.(제인 도우는 일반적으로 익명 또는 신원미상인 여성을 나타내는 말) 그녀는 동료 한 명과 함께 친엄마와 새엄마 등 그 일과 관련된 중요한 사람들을 인터뷰했다. 연구자들은 제인이 성적 학대를 다시 기억해내도록 새엄마가 '도와주었으리라고' 추측했다. 모든 정보를 평가한 결과, 롭터스와 동료는 성적 학대가 없었다는 결론을 내렸다. 제인 도우의 인생에서 오랫동안 뚜렷하게 핵심적인 경험이 된 기억들은 오류일 수도 있었다.

롭터스는 2002년 여름, 「누가 제인 도우를 학대했는가?」라는 도발적인 제목의 논문을 발표했다. 2003년 5월, 그녀는 '타우스 대 롭터스' 민사소송에서 피고가 되었다. 제인 도우의 본명은 니콜 타우스, 미국 해군 소속의 군인이었다. 학대를 받은 일이 실제로 있었을지도 혹은 없었을지도 모르는 타우스는 롭터스가 자신의 사생활에 피해를 주었다고 고발했다. 그러나 그녀의 실체는 고발과 재판을 통해서야 드러났다. 법정에서 공방이 이어졌다. 현재 어바인 캘리포니아 대학교에서 일하는 롭터스는 상대방이 도우에게 성적 학대를 암시하여 주입했다고 공격했고, 상대측은 롭터스가 도우의 친엄마를 설득하여 딸을 학대한 적이 없으며 이를 공식적으로 밝히라고 했다고 주장했다. 이 재판은 아직 끝나지 않았다. 니콜 타우스, 다른 이름으로는 제인 도우가 어릴 때 끔찍한 일을 겪었는지의 여부는 아마 영원히 밝혀지지 않을 것이다. 사실이 어떻든 그녀에게는 별 차이가 없을 것 같다.

이 사건은 의견이 다른 쌍방이 법정에서 벌인 지금까지의 '기억 전쟁' 가운데 최고봉이다. 롭터스는 가족이나 심리상담자, 경찰 등 믿는 사람들에 대한 우리의 기억이 조작될 수 있다고 주장했다. 상대측은 그녀가 성범죄자들을 옹호하는 변태적인 욕구를 지니고 있으며, 이들이 확실하게 수감되는 것을 방해한다고 지저분한 욕설을 자주 사용하며 비난했다.

억압에서 풀려난 기억 또는 잘못된 기억에 대한 싸움은 미국 가족들을 분열시켰다. 이제 성인이 된 아이들이 어릴 때 성적으로 자신을 학대했다며 갑자기 부모들을 고발했는데, 이런 성적 학대는 치료가 시작되기 전에는 본인들도 모르던 일이었다. 피의자를 돕기 위해 필라델피아에 세워진 사설 조직인 '오기억 증후군 재단(FMSF, False Memory Syndrome Foundation)'에 의뢰가 들어온 질문은 지금까지 2만 건이 넘는다. 오기억 증후군 재단은 심리상담사들이 프로이드가 주장한 무의식에 파묻혀 있다는, 역사적으로 올바른 진실—그게 무엇인지는 알 수 없지만—을 드러낸다면서 최면과 꿈 해석과 약품과 긴장완화 훈련을 사용한다고 비판한다.

이는 유럽과는 달리 개인이 각각 정신과 주치의를 두는 것이 유행인, 전형적인 미국식 문제다. 그러나 이런 과정에서 어떤 심연이 드러날지 상상하기는 어렵지 않다. 돌팔이 의사 가운데 한 명은 성적 학대 희생자를 만들어내는 이런 관행 때문에 지갑을 아주 톡톡히 털어야 했다. 심리 상담을 받은 젊은 여자 한 명이 가족 구성원 가운데 남자 성기가 있는 사람은 거의 모두—아버지, 할아버지, 삼촌, 남자 형제, 사촌 두 명—자신을 강간했다고 주장했다. 이 범죄가 날조된 것이며 이 여자가 해리성 정체 장애를 앓고 있다는 사실이 밝혀지자 가족들의 변호사는 담당 심리상담사를 오진으로 고소하여 재판에서 승소했다. 재판부는 가족이 5백만 달러를 받을 수 있다고 판결했다.

물론 사람들의 불안감은 크다. 잘못을 저지르지 않은 사람에게 죄를 씌우는 일은 피해야 하지만, 다른 한편으로는 변태적인 범죄자가 처벌을 받지 않는 상황도 없어야 한다. 그러나 어떤 기억이 가짜고, 어떤 기억이 진짜인가? 롭터스에 따르면 진짜 기억은 일반적으로 더 생생하고 더 세부적이라고 한다. 그러나 사람들이 실제로 있었던 충격적인 경험을 얼마나 바르게 기억하는가라는 의문은 프로이드식의 가설 외에는 거의 연구되지 않았다. 롭터스는 사람들이 특정한 경험을 완벽하게 억압하는 것이 아니라 이야기하기 싫어하고 약화시켜 나중에는 기억하지 못한다고 보는 견해가 더 타당하다고 생각한다.

롭터스는 자신의 연구에 근거하여 단 한 명의 증인 진술로 피고를 판결하는 재판 관례에 원칙적으로 반대한다. 목격자는 비디오카메라와는 아주 다르게 범행 장소를 인식하기 때문이다. 이들은 객관적이지 못하며, 깨진 컵이나 카세트테이프를 만들어내 기억에 덧붙이기도 한다. 말끔하게 면도한 사람이 지나가도 수염이 있다고 하고, 생머리를 고수머리로 보기도 하며, 지나가도 좋다는 신호를 멈춤 표지판으로 읽고, 나사돌리개를 망치로 보며, 아무것도 없는 장소에 아주 커다란 헛간이 있었다고 기억하기도 한다. 롭터스는 특히 목격자들이 어떤 사건 바로 뒤에 얻은 정보들이 그들의 기억을 왜곡한다는 사실을 실험으로 증명했다.

전형적인 패러다임 — 심리학자들은 어떤 실험의 일반적인 조건들을 이렇게 부른다 — 은 다음과 같다. 실험 참가자들은 비디오로 자동차 사고나 폭력 범죄와 같은 복합적인 장면을 본다. 그런 다음 참가자들의 반은 고의적으로 조작된 사건 정보를 문서로 받고, 나머지 반은 아무런 정보도 받지 않는다. 그 뒤 참가자들은 자신이 본 사건을 묘사한다. 올바른 정보의 비율은 두 집단 사이에 보통 30~40퍼센트 정도 차이를 보인다. 예를 들어 군중 사이에 섞여 앞이 잘 보이지 않는 상황에서 파란 자동차가 결정적인 역할을 하는 살인 사건을 본 실험 참가자 집단이 있다. 그들 가운데 차의 색깔이 흰색이었다는 암시를 미리 문서로 받은 사람들은 사고 차량이 흰색이었다고 대답했다. 목격자의 진술은 기본적으로 믿을 만하지 못하고, 이 세상의 그 어떤 법정도 단 한 명의 증인 진술에 의해 판결을 내려서는 안 된다.

롭터스는 또 다른 패러다임 하나를 '백화점에서 길 잃기'라고 표현한다. 그녀는 열네 살짜리 크리스에게 어릴 때 거대한 백화점에서 길을 잃은 적이 있다는 기억—트라우마의 흔적을 지속적으로 남길 만한 사건이 아니었으므로 윤리적으로 받아들일 만한—을 심는 데 성공했다. 롭터스와 그녀의 동료는 이 사건 말고는 모두 사실인 크리스의 어린 시절 기록에 이 거짓말을 짧은 글로 슬쩍 집어넣었다. 만들어진 이 이야기는 크리스로 하여금 가족이 정기적으로 시장을 보러가던 워싱턴 주 스포케인 쇼핑몰에서 다섯 살 때 길을 잃었다는 것을 '기억나게' 했다. 크리스는 중년 남자가 가족에게 그를 다시 데려다 주었을 때, 자기가 무척 심하게 울었다는 내용을 읽었다.

실험에 따르면 크리스는 그 뒤 며칠 동안 길을 잃었을 때의 상황을 점점 더 선명하게 기억해냈다고 한다. 그는 자기 손을 잡아주었던 남자가 "정말 멋졌다"고 말했다. 그리고 자기가 얼마나 놀랐는지, 가족을 다시 못 볼까 봐 얼마나 겁을 냈는지 생각해냈다. 나중에 엄마가 자기를 도닥여주던 것도 기억해냈다.

몇 주가 지난 뒤, 롭터스는 크리스에게 어릴 때의 다양한 일화들을 얼마나 자세히(10) 또는 얼마나 흐릿하게(1) 기억하는지 1부터 10까지의 단계로 대답해보라고 했다. 크리스는 백화점에서 있었던 잘못된 기억을 8단계라고 평가했다. 구체적인 내용을 묻자, 크리스는 이제 더 많은 세부 사항들을 이야기했다. 장난감 가게에서 가족을 잃어버린 뒤 처음 든 생각은 "아휴, 이제 큰일 났네"였다고 했다. 그는 자기를 발견한 중년 남자가 푸른색 얇은 모직 셔츠를 입고 있었으며, 대머리였고 안경을 썼다고 말했다. 롭터스가 크리스에게 그가 기억해낸 어린 시절의 일화들 가운데 하나는 거짓인데 어느 이야기가 거짓이라고 생각하는지 묻자, 크리스는 실제로는 사실인 기억을 거짓이라고 대답했다. "우리가 백화점 이야기가 거짓이라고 하자, 크리스는 이를 받아들이기 어려워했지요." 롭터스의 말이다.

생각이 깊은 학자들은 기억이 우리를 속이는 이야기들 가운데 특히 코미디처럼 보이는 한 가지 예로 외계인에 의한 납치 진술—아주 생생하게 묘사된다—을 든다. 외계인이 거의 언제나 미국인들을 납치하고, 그 만남이 상당히 비슷한 형태로 진행된다는 사실은 놀랍다. 사람들이 한밤중에 잠에서 깨면 침대 끝에 키가 작은 잿빛 외계인이 서 있다. 몸은 가늘고 머리는 크며, 눈은 검고 물기가 많다. 외계인은 텔레파시로 바깥에 있는 우주선으로 가라고 강요하고, 우주선의 진찰실로 가보면 이미 다른 사람들이 누워 있다. 고통스러운 진찰이 먼저 실시되고, 그 다음에는 이보다 약간 편안한 시간이 따른다. 외계인과 성행위를 하거나 여자는 난자를, 남자는 정자를 채취당한다. 이와 동시에 외계인은 납치된 사람의 코에 작은 물체를 집어넣는다.

돌아오는 길에 반은 인간이고 반은 외계인인 키메라가 들어 있는 통들, 그리고 허약한 아이들이 말없이 있는 병동이 보인다. 이 모든 과정은 몇 시간 정도 걸리지만 주차장에서 우주선을 본 사람은 납치된 사람 말고는 아무도 없다.

이런 기억도 대부분 심리상담사를 만나고 온 다음이나 이들에게서 최면을 받은 다음 나타나는 현상임을 여기서 특별히 언급할 필요는 없을 것이다. 그러나 지나치게 성급한 빈정거림은 피해야 한다. 하버드 대학교의 실험심리학자 리처드 맥널리 Richard Mcnally의 연구에 따르면 외계인에 대한 기억은 당사자가 반은 꿈을 꾸고 반은 깨어 있는 형태에서 생기는 경우가 많고, 납치를 당하는 사람들이 뉴에이지 신앙이나 마술, 윤회나 수정 구슬을 통한 예언을 믿는 사람일 때도 흔하다. 대부분은 외계인과 밤에 만났던 일을 직접 기억하는 것이 아니라, 납치를 당했었다는 기분 나쁜 느낌으로 잠에서 깬다. 그런 다음 심리상담사의 암시적인 질문을 받으면 외계인에 의한 '유명한' 납치 이야기를 기억해내는데, 아마 다른 문화적 조건 아래서는 마녀나 유령 또는 사탄에게 납치당한 이야기가 나올 것이다.

그러므로 맥널리는 당사자들이 거짓말을 하는 것이 아니며, 이것이 본인들에게는 아주 진지한 문제라고 말한다. 이들 대부분은 자신이 겪은 일을 다른 식으로 설명하는 데 격렬하게 반대하며 더욱이 납치 사건을 자기 존재의 정수로 받아들이기도 한다. 이들은 외계인을 만나고 살아남은 생존자들이 된다.

기억의 힘

"코니, 인생 전체가 기억들로 만들어져 있다는 생각을 해본 적 있어? 너무 빨리 지나가서 네가 거의 느낄 수 없는, 현재라는 순간을 제외하고 말이야. 정말 모든 것은 기억이야. 하지만 지금 막 지나가는 그 순간은 아니지." 미국의 극작가 테네시 윌리엄스(Tennessee Wiliams, 1911~1983)가 자신의 작품 『우유 열차는 이제 여기 서지 않는다』에서 정확하게 표현한 말인데 잠깐 생각해보면 이 말을 납득할 수 있다. 그러나 이제 인간의 기억이 그다지 신뢰할 수 없다는 것을 알게 된 지금, 딜레마 하나가 얼른 떠오른다. 우리가 우리의 인생이라고 말할 때, 어떤 인생을 이야기하는 것인가? 경험한 인생, 아니면 기억된 전기傳記?

1킬로그램보다 약간 더 무거운, 두개골 아래 있는 부드러운 뉴런 덩어리 속에 우리를 인간으로 만드는 모든 것이 들어 있다. 이 세상에 관한 중요하고 중요하지 않은 사실들의 목록, 자전거 타기부터 케이크 만들기에 이르기까지 우리가 배운 온갖 기술들이 그것이다. 과거의 삶에 대한 기억은 '나'를 이 세상에 하나밖에 없는 사람으로 만들고, '나'에게 이야기를 제공한다. 뇌는—사람이 달리 어쩔 도리가 없다—매일 일어나는 일을 수집하고, 문 앞에 '나의 자서전'이라고 쓰여 있는 거대한 문서실에 이를 저장한다. 앞에서 보았듯이 감정과 관련된 모든 경험은 단조로운 바다 위에 등대처럼 서 있으며, 삶의 이야기에서 강력한 기준점을 형성한다. 눈물과 웃음, 불안, 엄마와 아버지와 형제자매와 친구와 적과의 경험들, 친근함과 섹스, 실패, 신을 향한 느낌, 이별, 위협적인 목소리, 익숙한 소곤거림, 무아지경과 기쁨……. 그러나 우리의 기억은 일상생활의 사소한 사건들 따위는 구멍이 커다란 체로 걸러버린다.

'내' 경험을 저장하고 의미 있는 이야기로 연결하여 다시 불러올 수 있는 능력은 자아의 신비한 접착제에서 나온다. 이미 1870년에 독일의 심리학자 에발트 헤링(Ewald Hering, 1834~1918)은 이 힘을 모든 물질을 결합하는 원자의 인력에 비유했다. "기억은 수없이 많은 개별적인 현상들을 완전한 하나로 연결한다. 물질 사이의 인력에 의해 결합되지 않으면 우리 몸이 수많은 원자들로 흩어지듯이 연결하는 기억의 힘이 없으면 우리의 의식은 이 순간 존재하는 수많은 조각들로 부서질 것이다." 그가 쓴 글이다.

"나는 나야"라고 말하는 것은 스스로에 대해 알고 있는 기억이다. 이 기억은 사람을 시간과 공간의 연속체에 고정시키고 그에게 스스로를 의식하는 지식—예를 들어 특정한 시간에 특정한 장소에 있었다고 지금 바로 이 순간에 기억하는 것—을 준다. 자서전적인 기억은 어떤 사회 집단과 한 사회와 세상에서 차지하는 자신의 위치에 대한 확신을 우리에게 준다. "그러므로 기억은 인간의 삶에서 가장 귀중한 특성 가운데 하나입니다." 한스 마르코비치의 말이다.

기억이 머무는 곳

에릭 캔들과 동료들의 연구는 정보들이 세포의 측면에서 어떻게 저장되고 시냅스의 개조 과정이 어떤지 등등 몇몇 원칙들을 발견하기는 했지만 이런 지식은 각각 고립되어 있다. 인간의 뇌 전체에 해당하는 지식은 없다는 뜻이다. 집에서 우연히 지난번 휴가 때 여행지에서 사온 엽서를 발견한 '내'가 잠깐 동안 과거의 모험에 잠겨 있을 때, 이 모험을 과장하거나 낯설게 하거나 변하게 하는 데에 사고 기관의 어느 영역이 참가하는지 그리고 뉴런이 서로 어떻게 작용하는지 조망할 수 있는 사람은 아무도 없다. 우리가 이미 살펴보았듯이, 이런 상황에서는 감정중추인 편도핵이 바로 작용한다. 그곳에 손상을 입은 환자들은 자서전적인 정보들을 불러내기 어렵고 심지어 자의식을 잃기도 한다. 이런 사람들은 감정적으로 얕은 자신의 전기를 개괄하면서 거대한 틈을 보일 때가 잦다. 다시 말해서 건강한 사람들과 비교할 때, 이들이 느끼는 감정은 아주 적다. "편도핵은 우리의 전기에서 감정이 지배하는 선명한 기억을 만드는 데 중요한 역할을 합니다." 마르코비치의 설명이다.

그 외에도 컴퓨터단층촬영처럼 사진을 볼 수 있는 몇몇 진찰들은 자서전적 기억의 중심이 우반구의 전뇌에 있을 가능성을 보여준다. 뉴런의 신진대사 활성화에 근거를 둔 다른 연구들에 따르면, '나'의 역사를 저장하고 불러오는 데는 뇌의 다른 부분들도 많이 작용한다.

빌레펠트의 한스 마르코비치 연구팀은 실험참가자들이 실제로 경험했던 이야기와 사실처럼 들리기는 하지만 그냥 지어내서 하는 일화는 뇌에서 전혀 다른 영역을 활성화한다는 사실을 발견했다. 예를 들어 이런 이야기들이다. "내가 처음 비행기를 탔던 경험은 영국에 갈 때였다. 그때 여자 친구도 같이 갔는데 우리 부모님은 그 사실은 알지 못했다." (정말 경험한 일이라는 의미에서 '실제') 또는 "친구 두 명과 차를 타고 암스테르담으로 갔다. 우리는 그곳에서 대마초를 샀는데 나중에 독일 세관원이 이것을 발견했다." (경험하지 않은 일이라는 의미에서 '날조')

외부 관찰자들에게는 두 이야기가 모두 경험한 듯이 들리지만 실험에 참가한 사람들에게는 실제 일어난 이야기만 감정적인 의미가 있었다. 이는 실제 있었던 이야기를 들을 때는 우반구에 있는 편도핵, 즉 감정적인 색채를 담당하는 뇌 영역이 활성화된다는 뉴런상의 사실에서 읽을 수 있었다. 날조된 이야기를 들으면 감정중추는 침묵한다. '실제' 상황에서는 이마 쪽에 있는 뇌 영역인 오른쪽 전전두피질에 있는 영역들과 관자엽에 있는 영역들, 그리고 두 영역을 연결하는 신경섬유다발(전문용어로 Fasciculus uncinatus, 갈고리 섬유다발)이 활성화됐다. 날조된 이야기에서는 특히 쐐기앞소엽(precuneus, 대뇌피질의 한 부분, 두정엽 안쪽의 일부 영역)의 뉴런들이 작동했는데, 이 부위는 뇌의 '내부의 눈'이라는 이름으로 불리는 일이 잦아 오해를 불러일으킨다. 뇌 스캔을 해보면 이 중추는 특히 그림을 그리듯 상상을 할 때 잘 드러난다. 실험참가자들은 날조된 이야기를 눈앞에 그려보기 위해 이 능력이 필요했던 것이다.

인생은 기억의 드라마다

미국의 전 대통령인 로널드 레이건은 어떤 일화가 그가 묘사하듯 정말 그렇게 감동적으로 일어났다고 확신했다. 나중에 알츠하이머병으로 사망한 이 정치가는 어떤 용감한 전투 비행사에 대해 눈물을 흘리며 이야기했다. 이 비행사는 비행기가 폭격을 맞자 타고 있던 군인들에게 뛰어내리라고 소리쳤다고 한다. 그러나 한 저격수가 너무 심하게 다쳐 뛰어내릴 수 없음이 밝혀졌고, 비행사는 자기도 비행기에 남아 닥쳐오는 재난을 부상자와 함께 어떻게든 막아보리라고 결정했다. "괜찮아. 우리 둘이 요 놈의 비행기를 같이 끌어내리도록 하지 뭐." 레이건은 감동을 받은 것이 역력한 표정으로 그 비행사가 했던 말을 기자들에게 인용했다. 그러나 그때 몇몇 사람들이 이 일화는 1944년에 만들어진 영화 「날개와 기도A Wing and A Prayer」의 한 장면이라는 것을 떠올렸고, 이 일이 정말 일어났던 일이 아닐 수도 있다고 생각했다. 당시 대통령은 이 사실을 깜박 잊고, 영화의 한 장면을 자기 전기의 일부분으로 만들었던 것이다. 우리가 보았다시피 오귀인은 샥터의 '일곱 가지 죄악' 가운데 넷째 죄악이다.

레이건의 실수는 어쩌면 이미 그때 그림자를 드리우고 있던 알츠하이머병 때문일 수도 있다. 영화나 책의 장면을 무의식중에 자기 자신이 경험한 이야기와 엮는 현상은 인간적인 기억의 기본적인 특징 가운데 하나다. 수많은 참전 군인을 면담한 비텐 헤어데케 대학교의 사회학자 하랄드 벨처Harald Welzer는 이들의 이야기에서 뚜렷하게 구분이 되는 주제 패턴을 찾았을 뿐 아니라 이런 토포이(Topoi. Topos의 복수. 원래 자리나 경지라는 뜻의 그리스어지만, 늘 사용되는 개념이나 표현이라는 의미로 쓰인다)를 매체 속에 실제로 있던 표본과 연결하는 데 성공했다.

독일 잠수함에서 복무하던 어떤 옛 해군은 자신의 경험을 묘사하면서 계속하여 볼프강 페터슨의 영화「특전 유보트Das Boot」에 등장하는 장면으로 빠져 들어갔다. 다른 한 사람은 적군과의 만남을 이야기했다. 그는 자기가 적군에게 담배를 한 대 권하고 둘이 함께 불을 붙여 피운 다음, 그를 놓아주었다고 말했다. "내가 그 사람을 어떻게 쏠 수 있었겠습니까?" 그는 이렇게 물었다. 이 장면은 반전 문학의 고전인 에리히 마리아 레마르크의 소설『서부 전선 이상 없다』에 등장한다. 또 다른 한 사람은 베른하르트 비키가 1959년에 만든 영화「다리Die Brücke」에 나오는 장면을 묘사했다.

"전쟁 이야기에서 보편적인 서술 모델은 '마지막 순간에 가까스로 도망하기'입니다. '마지막 비행기로 스탈린그라드를 탈출'했다거나 '마지막 헬리콥터로 사이공을 탈출'했다는 사람들을 모두 계산한다면 그때 비행기나 헬리콥터는 아마 엄청나게 컸을 겁니다." 벨처는 비꼬듯 자신의 연구를 이렇게 요약한다. 이 기억연구가는 퇴역 군인들의 모임에서 스탈린그라드를 탈출하는 마지막 비행기에 '실제로' 있었다는 두 사람이 싸움을 벌였다는 이야기도 전한다. 둘은 알지 못하는 사이였고, 서로 상대방이 사기꾼이라고 주장했다. 두 사람은 자신의 이야기가 진실이라고 확신하고 있었다.

물론 면담에 응한 사람들이 거짓말을 한다거나 의식적으로 영화나 책들의 장면을 사용한다고 말하면 너무 단순한 결론일 것이다. 몇몇 사람들이 작품 속의 극적인 긴장감을 사용함으로써 자신의 이야기에 더 많은 폭발력을 부여하고, 실제로는 아주 일어나기 힘든 일들을 '내'가 직접 경험한 일로 하려 했을 수도 있다. 그러나 벨처는 이런 이야기 속에 인간적인 기억의 기본적인 특성이 들어 있다는 점이 더 중요하다고 말한다. 기억은 의사소통 맥락 속에서 형성된다.

친구들은 대화를 하면서 함께 겪은 모험을 기억하며, 이때 서로 일치하는 사실이 경험한 일이 된다. 연인들은 처음 만났던 일을 서로에게 계속 묻고, 이렇게 생긴 친화력으로 현재를 살아간다. 가족은 과거에 대해 서로 이야기하는 '대화형 기억'을 통해 그들의 이야기를 공동의 상호작용으로 기념하는데, 이때 중요한 것은—만하임 대학교의 사회학자 앙겔라 케플러가 저술했듯이—'우리 집단'이라는 사회적 정체성의 확인이다. 기억의 의사소통적 특징은 어린 아이가 자기 경험을 처음으로 이야기할 때도 이미 드러난다. 아이와 함께 있는 성인은 이른바 '메모리 토크'에서 감정적인 신호를 계속 사용하고 이런 식으로 말할 가치가 있는 것과 그 경험의 구성 방법을 아이에게 만들어주고 확인시킨다(**요람 속의 과학자** 참조). "인생사적인 사건을 이야기하는 행위는 그 자체로 다시 인생사적인 사건입니다. 이야기는 특정한 시간과 장소에서 특정한 사람이 참석한 가운데 이루어지지요. 이 모든 것은 나중에 다시 기억되고 다시 이야기됩니다." 벨처의 해석이다. 이런 과정으로 기억에 대한 기억이 생긴다.

'대화형 기억'이라는 이론은 전문가들 사이에서 확증 가능한 가설인가 하는 의미에서 새로운 구상이 없다는 비판을 때때로 받는다. 그러나 신경생물학자들은 벨처의 결과를 진지하게 받아들이는 게 좋을 듯하다. 이들은 사회적 상호작용을 기반으로 하는 뇌의 작동 방식을 언급하기 때문이다. 그 외에도 '대화형 기억' 이론이 분자생물학(네이더와 르두의 연구를 참조할 것)과 심리학의 결과를 확증할 뿐만 아니라 인간적으로 만든다는 사실도 아주 흥미롭다. 우리가 수행하는 기억은 과거를 필름으로 찍어 그대로 보관하는 기능을 지니고 있지 않으므로 유동적이며, 아마 불러오기를 할 때 변할 것이다. 불러올 때 내용이 지워지지 않는다고 해도 이 과정에서 아마 새로 기입하는 일이 일어날 것이다. 이는 저장소에 남아 있어야 할 것들이 사회 집단의 틀 안에서 반복적인 만져보기와 심사숙고를 통해 견고해져야 한다는 뜻이다. "자서전적인 기억의 임무는 우리의 모든 과거가 지금 기억을 하고 있는 '나'의 현재 상태와 정확하게 일치하도록 바꾸고 배열하는 겁니다." 벨처의 말이다. 회상은 현재의 사회 집단과 장소와 시간에 '나'를 고정시키는 이야기를 들려준다. 내가 내 모습 그대로 있다는 사실을 말하자면 '나'에게 확신시키는 일이 사회 집단의 임무다. 이런 사회적인 맥락에서 심리상담사와 상담 받는 사람이 미리 결정된 구상과 암시와 반복적인 질문을 통해 '잊어버린' 학대에 대해 의견 일치를 보면 앞에서 살펴본 바와 같이 '잘못된 기억'이 생길 수 있다.

우리 모두에게는 하나의 과거가 아닌 여러 과거가 있다. 그중 현재 가지고 있는 과거의 모습은 우리가 지금 살아가는 데 가장 필요한 것이다. 그러므로 사람들에게 자신의 전기는 자기를 찾아온 방문객처럼 보인다. 로베르트 무질(Robert Musil, 1880~1942)은 그의 저서 『특성 없는 남자』에서 이 생각을 시적으로 탁월하게 표현했다.

> 청소년기의 삶은 지칠 줄 모르는 아침처럼 온갖 가능성을 품고 무無의 상태에서 사방을 향해 열린 채 그들 앞에 놓여 있었다. 그러나 점심이 되면 갑자기 그들의 삶이라고 주장하는 뭔가가 생긴다. 이는 일반적으로 20년 동안이나 편지를 교환하기는 했지만 알지는 못하던 사람이 상상과는 전혀 다른 모습으로 어느 날 갑자기 나타나 눈앞에 앉아 있는 것만큼이나 놀라운 일이다. 그러나 이보다 더 기이한 것은 사람들 대부분이 이를 느끼지 못한다는 사실이다. 사람들은 그들에게 와서 그들의 삶에 익숙해진 이 남자를 받아들인다. 이 남자의 경험은 이제 사람들에게 그들 자신이 지닌 특성의 표현처럼 보이고, 그의

운명은 그들의 공로 또는 그들의 불행이 된다.

진화적으로 볼 때 이는 의미가 있다. 뉴런은 생물학적인 구조고 비행기 조종실의 보이스리코더나 컴퓨터의 하드디스크처럼 과거를 붙잡기 위해 만들어진 것이 아니기 때문이다. 진화는 과거에 대해 숙고하라고 우리에게 기억을 준 것이 아니라 현재의 문제를 풀라고 주었다. 세상을 살아가는 생명체가 과거의 경험에서 이제 곧 무슨 일이 일어날지 어느 정도 확실하게 알 수 있다면 장점을 소유하는 것이다. 기억은 앞으로 일어날 일을 예측하도록 도와준다. 사람들이 지금 지닌 것과 같은 기억을 자연이 왜 만들어냈는가에 대한 기억 연구의 질문에서 자연과학은 아직 많이 진화하지 못했다. 그러나 다음과 같은 정도는 말할 수 있다. 생물학은 교황이나 정치가나 기업가나 학자들이 원하듯이, 누군가 과거에 고유한 성격과 고유한 생각을 만들어왔으며, 현재에 이를 확인받고 미래에 계속해간다는 확증에 관한 문제가 아니다.

진화는 이보다는 '어제의 쓸데없는 수다'에 전혀 신경 쓰지 않는다고 공공연하게 이야기한 콘라드 아데나워 스타일의 실용주의자다. 진화에서 중요한 것은 오늘이다. 진화는 지금 여기에 충실한 유기체를 선발하는 기회주의자다. 이에 맞게 기억의 임무는 사람을 계속 전진하는 현재에 묶어두고 그 사람이 내린 결정이 정당함을 보여주며, 미래에 일어날지도 모르는 일을 되도록 정확하게 예측하는 것이다.

좀더 현대적으로 표현하자면 우리의 기억은 '나'의 위대한 쇼다. 기억은 교정하고 검열하고 자르고 희석하며, 머물러 있는 모든 것들을 과거가 의미를 지니도록 새로 연결한다. 기억되는 전기는 '나'라는 무대에서 언제나 새롭게 펼쳐지는 연극이다. 진실을 말하자면—이 위대한 단어가 이런 맥락에서 허용되기나 한다면— 정치가든 전철 차장이든 우리는 누구나, 많은 부분에서 단지 자신이 과거에 누구였다고 확신하는 그 사람일 뿐이다.

7장 자율적 인간
자유가 유한한 이유

여러분의 머릿속에서 지금 벌어지는 일을 누가 결정하는지 생각해본 적이 있는지? 좋다, 앞으로 3초 동안 분홍색 북극곰을 생각하지 말아볼 것. 어떤가? 안 된다고? 그럼 시간을 3초 더 드려볼까? 집중하시길. 분홍색 북극곰을 생각하지 말 것! 분홍색 북극곰을 생각하지 않는 일이 그렇게나 어려운가? 그렇다면 독일 총리 앙겔라 메르켈을 생각하시길.

하버드의 심리학자 대니얼 M. 웨그너Daniel M. Wegner가 사용하는 것과 같은 이런 심리적인 마술사의 묘수는 문제점이 무엇인지 우리에게 보여준다. 특정한 것을 생각하지 말라고 누군가에게 요구하면, 요구를 받은 사람은 당연히 바로 그것을 생각한다. 적어도 몇 초 동안은 아주 단순한 방법으로 한 사람의 생각을 조작할 수 있는 것이다.

비판자들은 이것이 단지 주의력 유발에 관한 문제라고 말할지도 모른다. 단어든 거리의 신호등이든 외부에서 오는 자극을 뇌에서 자동적으로 처리하는 일은 생명체에게 의미가 있을 뿐 아니라 생존에 무척 도움이 된다. 하필이면 자동차 운전석에 앉아 있는 바로 그 시간에 빨간색에 대해 연구를 해볼까 어쩔까 오랫동안 생각하는 사람의 유전자는 그다지 널리 퍼지지 못할 것이다.

그러면 우리가 우리 생각의 진정한 주인일 때는 언제인가? 초등학교 음악 시간에 누구나 불렀던 낙천적인 독일 옛 노래와 같은가? "생각은 자유로워. 누가 알아맞힐 수 있을까. 생각은 밤의 그림자처럼 날아가지. 아무도 알 수 없고, 그 어떤 사냥꾼도 쏠 수 없어. 그건 변하지 않아. 생각은 자유로워." 가사를 읽기만 해도 마음속에서는 멜로디가 울려 퍼지고 이 멜로디를 떨쳐버리기란 거의 불가능하다.

누구나 경험으로 알고 있고 신시내티 대학교 경영대학의 제임스 켈라리스James Kellaris가 과학적으로 증명했듯이 '귓속의 벌레'라고 불리는 단순하고 반복적인 유행가들도 이런 유형의 문제다. "우리의 뇌에 가려움증을 일으키는 히스타민과 같은 노래들이 많습니다. 이런 인지적인 가려움을 긁어줄 수 있는 단 한 가지 방법은 멜로디를 계속 반복하는 것이지요." 이 학자의 말이다. 그의 연구에 따르면 전체 인구의 97~99퍼센트가 이런 멜로디의 급습을 이따금 당하는데, 아무런 계기도 없이 갑자기 떠오를 때도 있다. 남자들보다는 여자들이, 비음악가들보다는 음악가들이 더 자주 겪는다.

연구자들은 어떤 노래들이 뇌에 가장 자리를 잡기 쉬운지 이미 오래전에 밝혀냈다. 누구나 짐작하겠지만, 예를 들어 TV시리즈 핑크 팬더의 주제가 「누가 시계를 돌렸지? 정말 시간이 벌써 이렇게 되었나?」나 롤링 스톤스의 「새티스팩션」처럼 명쾌한 멜로디에 반복이 많은 단순한 구조의 노래들이다. 다트머스 대학의 신경심리학자 데이비드 크래머David Kraemer와 그의 동료 두 사람은 실험참가자들을 자기공명스캐너에 눕히고 이 노래들을 들려주다가 갑자기 노래를 끈 다음 이들의 뇌를 관찰했다. 청각 연합피질, 즉 소리 자극을 처리하는 뇌 피질 부분이 여전히 깜박이고 있었다. 노래를 완성하려는 스스로의 욕구 때문에 뇌가 계속 허밍을 하는 모양이었다. 뇌의 주인이 분명히 계속하지 않으려고 해도 결과는 마찬가지였다.

자동판매기보다 못한 인간

북극곰과 유행가의 집요함은 우리 의지가 마냥 자유롭지는 않다는 간접 증거다. 그리스 시대에 이에 관한 논쟁은 어느 정도 있었지만 고전 역학적 물리학의 완성과 더불어 완전히 끝이 났다고 생각됐다. 그러나 이 논쟁은 양자역학의 철학적 의미에 관한 토론과 더불어 다시 떠올랐다. 몇몇 신경생물학자들이 인간의 존재는 누구에게 콜라를 줄지 스스로 결정한다고 착각하는 콜라 자동판매기보다 사실 그다지 더 나을 바 없다고 주장한 뒤부터—자유 의지란 전혀 없다는 뜻이다—독일에는 이 토론의 광풍이 몰아친다.

결정과 행위의 많은 부분이 의식의 참여 없이 자동적으로 일어난다는 데 이의를 제기하는 학자는 아무도 없다. 이는 원칙상 무의식적인 신체 기능에서는 커다란 편의를 제공한다. 우리가 물론 의식적으로 호흡 빈도를 조절할 수 있지만, 산소 공급은 우리의 생각이 끼어들지 않을 때 가장 잘 이루어진다. 자전거나 스키, 피아노나 타자처럼 힘들게 의식적으로 배운 일들도 일단 익숙해진 다음에는 무의식적인 기억, 즉 절차적인 기억으로 넘어간다. 이렇게 하여 손가락은 어느 정도 연습을 한 다음에는 저절로 키보드에서 철자를 찾고, 자전거를 타는 사람들은 굽은 길을 돌 때 중력이나 원심력을 생각할 필요가 없다. 또 우리가 토요일에 사람들로 가득한 보행자 거리를 지날 때 하는 행동도 자동적이다. 맞은편에서 사람이 올 때마다 그 사람의 오른쪽이나 왼쪽 중에 어디로 지나가야 할지 생각한다면, 코피가 터지는 일이 비일비재할 것이다.

사람들 대부분은 자동차의 자동변속기와 마찬가지로 자기 행동의 무의식적인 조절에 신경을 쓰지 않는다. 이런 무의식적인 조절은 위급한 상황이 되면 곧장 의식적인 조절로 넘어가는 의미심장한 분업이다. 앞에서 언급한 북극곰과 유행가들이 약간 귀찮게 느껴질 때도 있겠지만, 이런 것들은 적어도—외관상으로—생각의 자유를 위협하지는 않는다. 난 지금 내 안에서 울려 퍼지는 롤링 스톤스의 노래를 더 이상 듣고 싶지 않다고 생각할 자유가 있다. 다만 이 의지가 실제로 이루어지는 데는 문제가 있다.

무의식의 선택

무의식적인 요소들이 배우자를 선택할 때도 영향을 준다는 가정이 사실로 증명된다면 사람들 대부분은 아마 이를 걱정스러워할 것이다. 보통의 후각으로는 인식할 수 없는 화학적 전달물질인 페로몬에 사람들도 반응한다고 생각하는 학자들이 많다. 이 현상은 동물에게서는 명백하다. 나방의 한 종류인 누에나방의 암컷은 화학 물질인 봄비콜Bombykol로 수컷의 짝짓기를 유도한다. 야생 햄스터 수컷은 암컷이 홀로 사는 둥지의 출입금지 표시를 대부분 잘 지킨다. 그러나 암컷이 성 분비물인 디메틸설파이드Dimethylsulfid를 내보내서 배란기라는 표시를 하면 수컷들이 줄지어 달려온다. 여기에 더하여 짝짓기 페로몬인 아프로디신Aphrodisin 냄새를 수컷이 맡으면 성적 결합은 더 이상 막을 수 없게 된다. 이 경우 햄스터 수컷은 자유로운가?

사람들도 스치듯 지나가는 화학 물질에 무의식적으로 정보를 교환한다. 이는 기숙사 등에서 오랜 시간 함께 생활한 여성들의 생리주기가 같아지는—흔하게 나타나지만 사람들이 오랫동안 이해하지 못한—현상이 가장 잘 보여준다. 미국 시카고 대학교의 마서 맥클린톡Martha K. McClintock과 캐서린 스턴Kathleen Stern은 약간 지저분한 방법으로 이 기제의 비밀을 풀었다. 이들은 한 집단 여성들의 겨드랑이 분비물을 솜으로 닦아 다른 집단 여성들의 코 밑에 이 성분을 발랐다. 분비물을 준 여성들이 배란기였던 경우 냄새를 맡은 여성들의 다음 생리 시기는 미루어졌고, 분비물을 준 여성들이 배란기가 지난 생리주기 후반기였을 때는 냄새를 맡은 여성들의 생리주기가 앞당겨졌다.

겨드랑이 땀의 어떤 성분이 이런 작용을 하는지 아직 발견되지 않았고, 어떤 감각기관이 정보를 수용하는지도 명확하지 않다. 학자들은 비강鼻腔의 점막관에 있는 서골코기관(VNO, Vormeronasal organ)에 어떤 기능이 있는지, 아니면 이것이 그저 진화의 잔재에 불과한지에 대해 논쟁을 벌인다. 동물의 경우에는 이것이 실제로 페로몬 안테나 역할을 하는 일이 흔하다. 인간의 경우, 이 여분의 코는 태아일 때 발달하고 출생 직후에도 잘 형성되어 있지만 그 뒤로는 쪼그라든다. 우리에게도 평범한 코로 냄새를 맡을 수 있는 성 호르몬이 있다. 예를 들어 아드로스테논Adrostenon은 남성의 겨드랑이 땀에서, 코풀린copuline은 여성의 질 분비물에서 발견된다.

버밍햄 대학교에서 1978년에 실시한 연구는 매체에 자주 인용되긴 하지만 방법론적으로 논쟁의 여지가 있다. 이 연구에 따르면 병원 대기실에서 여성들은 실제로 아드로스테논 처리된 의자를 선호했다. 뮌스터 대학교의 최신 연구도 이와는 약간 다른 부분이 있지만 최종적으로는 비슷한 결론에 도달했다. 이 연구에 따르면 아드로스테논을 수용하는 능력은 유전적으로 다양하게 정해진 듯하다. 여기서 땀이나 소변 냄새를 맡는 사람도 많고, 다른 사람들은 백단(단향) 냄새를, 또 다른 사람들은 냄새를 전혀 맡지 못한다. 그러나 뮌스터 연구팀도 이 물질이 지닌 유혹적인 효능을 증명했다. 연구팀은 실험참가자들에게 평범한 이성의 사진을 보여주고, 알코올에 용해한 아드로스테논 또는 그냥 알코올만 코 밑에 바른 다음, 사진에 있는 사람의 매력을 -3부터 +3까지 단계로 평가해보라고 했다. 아드로스테논은 실제로 여성들이 사진에 있는 남성들의 매력을 확실히 더 높게 평가하도록 하는 효력을 나타냈다. 그러나 이 물질은 사람들이 지각할 수 없을 정도의 양만 공급됐을 때, 그리고 여성들이 생리주기의 3분의 2 시기에 있을 때만 효력이 있었다. 비슷한 방법으로 다른 연구자들도 코풀린이 남성들에게 여성들을 매력적으로 보이게 한다는 사실을 증명할 수 있었다. 이런 사실들 말고도 모든 성 페로몬은 평균 정도의 매력에만 적용된다. 비밀스러운 향기의 유혹으로 미인대회 우승자들이 자신의 매력을 더 높일 수 없으며, 추한 사람들이 시원찮은 자신의 외모를 감출 수도 없다. 사람은 관능의 문제에서 그 무엇보다도 일단 '시각적인 존재'다.

그러므로 짝을 원하는 사람들은 페로몬 처리가 된 비싼 향수—재빠른 제작자들이 벌써 시장에 내놓은—에 지나치게 많은 기대를 걸어서는 안 된다. 그러나 일시적인 전달 물질의 작은 효력에도 철학적인 의미는 아마 있을 것이다. 우리 인간은—배우자를 선택할 때 원칙적으로 그렇듯이—부분적으로 무의식적인 기반 위에서, 그리고 넓은 영향권 안에서 뭔가를 결정한다. 페로몬은 뇌의 뒷문으로 살그머니 들어온다.

이성과 감정

감자 그라탱을 곁들인 양고기를 먹을까, 밥을 곁들인 프랑스 요리를 먹을까? 터키로 갈까, 다시 한 번 마요르카로 갈까? 갈까, 가지 말까? 슈뢰더를 택할까, 메르켈을 택할까? 펩시콜라를 마실까, 코카콜라를 마실까? 우리가 일상생활에서 뭔가 선택할 때 어떻게 결정을 내리는지 정확하게 알 수 있는 문제는 거의 없다. 감정에 따라? 아니면 논거에 따라? 감정과 이성이 타당한 이유로 협동한다는 것은 이제 신경과학에서 널리 알려진 사실이다. 예를 들어 담당 뇌중추가 사고로 파괴되어 감정이 없다면, 최악의 경우에 당사자는 무감각해지고 결정을 내릴 수 없게 된다. 가장 유명한 예는 스물다섯 살의 철로 노동자 피니어스 게이지의 경우로 폭발 사고로 강철봉이 그의 두개골을 꿰뚫었다. 사고 뒤 게이지는 미래와 관련된 이성적인 판단을 더 이상 내릴 수 없었다.

무엇보다도 빠른 결정을 내려야 할 때 사람들은 더 자주 자동변속기로 전환하는 듯하다. 페널티킥에서 골키퍼는 옳은 방향을 기대하며 직관적으로 몸을 날리고, 슈퍼마켓을 찾은 고객도 직관적으로 선반의 물건을 집으며, 신문을 읽는 사람도 직관적으로 한 면에 눈길을 준다. 어떤 사람에게 호감을 느끼는지 우리는 순식간에 결정한다. 사람들이 자기가 생각한 것보다 더 빨리 행동하는 경우는 무척 흔하다. 아마 진화를 거치는 동안, 부족한 정보에도 불구하고 어느 정도 빠르고 재치 있게 결정하는 능력을 얻었기 때문일 것이다. 흥미롭게도 학자와 예술가들도 영감의 힘에 대해 이야기한다. "정말 중요한 것은 직관입니다." 알베르트 아인슈타인은 이렇게 말하고, 특수상대성이론의 많은 부분을 직관적으로 추론했다고 밝혔다. 그러나 어쨌든 그는 그 뒤에 능력이 있는 물리학자라면 누구나 계산할 수 있는 수학적인 증거를 제시하기는 했다.

직관은 1887년에 태어난 인도의 천재적인 수학이론가 스리니바사 라마누잔Srinivasa Ramanujan의 인생사에서 이보다 좀더 중요한 역할을 했다. 그는 마드라스 항만청의 직원으로 일하며 우연히 발견한 공식 모음집만 가지고 독학으로 수학의 높은 경지에 올랐다. 스물여섯 살에 그는 영국 캠브리지 대학교의 유명한 수학자 고드프리 해럴드 하디Godfrey Harold Hardy에게 아홉 장의 공식을 증명이 없는 상태로 써서 보냈다. 하디는 거기에 쓰여 있는 공식이 중요하다는 것을 '직관적으로' 알아차렸다. "이 공식들은 사실이어야 한다. 사실이 아니라면 그 누구도 이런 것을 생각해낼 상상력이 없었을 테니까."

하디는 편지도 보내고 직접 심부름꾼도 보내 라마누잔을 캠브리지로 데려왔다. 라마누잔은 유서 깊은 트리니티 대학에서 1914년부터 그 후 몇 년 동안 수학의 역사를 창조하게 되었다. 예를 들어 1985년에 수학자들은 그가 발견한 공식에 따라 원주율 π의 소수점 아래를 1,700만 자릿수까지 계산해냈는데 이는 세계 기록이었다. 그는 대부분 그저 직관으로 얻은 공식을 남겼을 뿐이고, 이에 대한 증명은 다른 학자들이 찾아야 했다. 그가 이렇게 행동한 이유는 "신의 생각을 표현하는 경우를 제외하고,

등식은 나에게 아무런 의미가 없다"는 것을 알리기 위해서였다.

한편 뇌 연구가들은 최근 몇 년 동안 직관이 어떻게 작동하는가에 대해 신학적인 이유 말고 다른 이유도 발견했다. 예를 들어 미국의 신경학자 안토니오 다마지오Antonio Damasio는 '신체적 표지somatic marker' 이론을 주장했다. 이 이론에 따르면 사람은 태어날 때부터 모든 경험을 평가하고 이를 긍정적 또는 부정적으로 뇌에 저장한다. "감정은 우리 존재 전체를 일종의 응축된 인생 경험으로 만듭니다." 다마지오의 설명이다.

이렇게 하여 무의식적으로 민첩하게 일하고 직관적인 빠른 판단을 가능하게 하는 세련된 '경험 기억'이 사는 동안 점차 생겨난다는 것이다. 우리가 미처 생각도 하기 전에 이 경험 기억은 특히 신체의 느낌을 통해 자신이 어떤 선택을 했는지 우리에게 알려준다. "0.2초 안에 '어머나'와 '아이고'가 결정되는 거지요." 취리히 대학교의 심리상담학자 마야 슈토르흐Maja Storch는 이렇게 묘사한다. 집을 살 때나 계약을 체결하려고 할 때 손에서 땀이 나고 목에 뭔가 걸린 듯하면 이미 내린 결정에 대해 적어도 한 번 더 심사숙고해봐야 한다.

그러나 다른 한편으로, 느낌에 언제나 우선권을 주는 일은 위험하다. 예를 들어 주식시장의 오르내림처럼 자연스러운 우리 주변 환경에 속하지 않는 일들은 특히 더욱 그렇다. 새로운 경제의 엄청난 몰락은—비싼 주식을 제때에 팔아 많은 돈을 번 몇몇 사람의 경우를 제외하고는—과대평가 받는 느낌의 판단력보다는 집단적이고 직관적인 자본의 파괴를 보여준다. '신체적 표지'는 빠르고 실용적인 결정을 내리지만, 언제나 최적이라거나 더구나 공정한 결정을 내리는 것은 결코 아니다. 슈토르흐에 따르면 안개에 쌓인 느낌의 구름은 우리를 강제로 미궁으로 이끈다. 붉은 머리 학급 친구와 자주 다투었던 사람의 신체적 표지는 나중에 사무실에 붉은 머리가 나타나면 곧장 경보를 울릴 것이다. 그가 기분 좋은 표정으로 등장한다고 해도 첫인상은 부정적이다. 비슷한 경우는 고유명사에도 적용된다. 아돌프라는 이름을 들었을 때 저절로 밀려오는 느낌을 막으려면, 우리는 온갖 이성을 모두 동원해야 한다. 쉬운 문제 하나를 내보자. 애인을 구하는 신문 광고란에 이 이름이 났을 때—다른 모든 사항이 매력적으로 들린다고 하더라도—연락을 해오는 사람이 몇 명이나 될까?

직관적인 사고의 힘 『블링크 Blink』를 쓴 미국의 베스트셀러 작가 말콤 글래드웰Malcolm Gladwell은 미국 심리학자들이 개발한 '암묵적 연합 검사 Implicit Association Test'에 주목한다. 피시험자들은 온라인으로(https://implicit.harvard.edu/implicit) 할 수 있는 이 검사에서 아주 민첩하게 개념과 그림들을 분류해야 하는데, 이때 많은 경우 무의식적인 선입견이 드러난다. 대부분의 실험참가자들은 '흰색'을 '선함'과, '검은색'을 '악함'과 관련짓는다. 특히 의식적으로는 자신이 인습에 얽매이지 않으며 좌파 민주주의적, 진보적이라고 상상하는 남자나 여자들도 '남성적/경력' 또는 '여성적/가정'이라는 개념들의 짝이 옳다고 생각한다. 이들도 뭔가 무의식적이고 전근대적인 성향의 노예인 것이다.

정치학도 이제는 유권자들이 기표소에서 일반적인 정치적 원칙이나 주관적인 비용, 편익을 고려하여 선택하는 것이 아니라는 사실을 인식하기 시작했다. 마인츠의 정치학자 지그프리드 슈만 Siegfried Schmann 연구팀은 2,500명의 유권자들을 대상으로 실험을 했다. 분석적인 첫 실험에서 적절하게 만들어진 질문을 통해 '5대 특성'(중요한 성격의 차원, '나'의 건설 현장 참조)이 정치적 견해와 관련이 있는지 관찰했다. 연구자들은 그밖에도 정치 영역에서 중요하다고 생각되는 다른 성격과의 연관성, 즉 '안정된 인지적 방향 체계와의 친화력'도 연구했다. 대부분의 경우 성격 진단이 선거 결과를 예측하기에는 부족했지만, 붉은색과 녹색(사민당과 녹색당)을 지지하는 사람들은 기민당CDU과 기사연CSU 지지자들보다 '새로운 경험을 향한 개방성'이 더 강하다는 사실이 밝혀졌다.

극우 정당 지지자들은 아주 뚜렷한 성향을 보였다. 이들은 투표할 때 1차적으로 시위 목적이라거나 자신이 불리한 처지에 있다고 생각해서가 아니라, 실제로 성격 때문에 극우 정당을 지지했다. 이런 사실은 명확한 행동 규칙에 대한 이들의 두드러진 선호, 변화를 향한 극심한 적개심에서 드러났다. "이 결과는 확실히 성격에서 나온 것이므로, 우리 사회가 제공하는 사회적 정의나 일자리와는 상관없이 이런 조류는 적어도 한동안 계속되리라고 추론할 수 있습니다." 슈만은 이런 결론을 내린다.

누군가 자기 성격에 따라 행동한다면 이는 자유 의지의 한계를 의미하는가라는 의문이 남는다. 적어도 어떤 전제 조건에서 자신이 결정을 내리는지 본인이 느끼지 못하면 문제가 된다.

감정의 경제

국민경제학에서 행동이론으로 이야기하는 '호모 이코노미쿠스'(경제적 인간)라는 모습도 더 이상 유효하지 않다. 호모 이코노미쿠스는 자신의 이익을 극대화하기 위해 완벽하게 이성적이고 의식적인 결정을 내리며, 얻은 이익을 경우에 따라 친척에게 약간 나눠주기도 한다. 그러나 이 모델만으로는 인간 사회가 어떻게 작동하는지 설명할 수 없다. 인간 사회는 동물의 세계에서 이례적인 사회다. 유전적으로 관계가 없는 개인들로 이루어진 거대 집단들 사이의 분업과 협동에 그 근거를 두기 때문이다. 심리학자들과 법률사학자들은 제재를 통해 규칙들이 어떻게 지켜지는지 많이 연구했지만, 이른바 '이타적인 처벌'의 문제는 아직도 해결되지 못했다. 비용이 들고 자신에게 물질적인 이익이 없으며 어쩌면 그 범죄자를 다시 볼 일이 없는데도 사람들이 부당하고 비협조적인 행위를 처벌하는 실상을 전문가들은 이렇게 표현한다. 신경경제학의 새로운 원칙을 대변하는 사람들은 이런 욕구도 뇌에 확실하게 고정되어 있으리라고 짐작한다.

취리히 대학교 실험경제 연구소의 에른스트 페어Ernst Fehr, 우르스 피쉬바허Urs Fischbacher, 신경학자 도미니크 드 케르벵Dominique de Quervain 연구팀이 2004년 8월에 〈사이언스Science〉

에 실렸던 연구 결과는 이 분야의 대약진으로 평가받는다. 학자들은 실험실에서 시행한 게임 상황에서 신뢰를 악용당하고 이를 보복할 기회가 주어진 사람들의 뇌 활성화를 양전자방출단층촬영으로 관찰했다. 이 연구 결과, 실험참가자들이 보복을 하기로 결정한 바로 그 순간에 뇌의 보상중추인 미상핵Nucleus caudate이 활성화된다는 사실이 드러났다. 뇌의 이 영역은 사람들이 돈을 얻거나 코카인을 흡입하거나 연인의 사진을 볼 때 반짝인다. 달리 표현하면, 우리가 규칙 위반에 제재를 가하는 이유는 이런 행위가 기쁨을 주기 때문이다.

페어는 심리학자들과 공동으로 작업한 최근 연구에서 신뢰감을 주는 물질을 찾아내기도 했다. 코에 옥시토신 호르몬을 주입받은 실험참가자들은 다른 사람들과의 관계에서 사회적 위험을 감수할 각오가 현저하게 높게 나타났다. 이 호르몬이 초원 들쥐 수컷들의 사회적 특성을 강화한다는 사실은 이미 알려져 있었다. 들쥐 뇌의 보상 영역에는 많은 옥시토신 수용체가 있는데 일부일처제로 살면서 새끼들을 돌보는 이유도 아마 여기에 있을 것이다(유전적으로 초원 들쥐와 아주 가깝지만 옥시토신 수용체가 적은 산악 들쥐 수컷은 일부다처제이며 새끼를 돌보지 않는다). 그러나 밝혀진 증거들, 즉 사랑이나 욕구뿐 아니라 사람들의 기타 사회적인 행위가 적어도 부분적으로 호르몬의 통제를 받는다는 사실은 놀랍다. 그러므로 고전적인 정치 사상가 토머스 홉스의 견해처럼 자유로운 인간들이 오로지 자신의 견해에 따라 사회계약을 맺는다는 상상은 틀린 것이다. 우리 인간을 서로 협력하게 만든 것은 이보다는 진화의 힘이었다. 적어도 대부분은 그렇다.

그러나 이따금 실패하는 경우도 있다.

악마의 뇌

그 사건은 환한 대낮에 일어났다. 2000년 8월 31일, 당시 서른두 살이던 보디빌더 스벤 뵈트허는 함부르크에 살던 옛날 여자 친구의 집에 들어가 숨어서 그녀를 기다렸다. 그런 다음 그녀와 두 딸을 수갑에 채워 다림질 판에 묶고, 권총을 열아홉 발 쏘아 세 사람을 모두 살해했다. 또 다른 딸 하나는 다행히 도망칠 수 있었다. 그로부터 2년 뒤, 뵈트너는 판사가 종신형을 선고하는 법정에서조차 느긋하게 껌을 씹고 있었다.

죽어버린 감정과 무자비한 냉담함은 몇 년 전부터 독일의 범죄 정신의학자들의 증상 목록에도 나타나는 범죄자 유형의 중요한 징후로, 정신병자 또는 반사회적·비사회적 성격이 여기에 속한다. "이런 사람들에게는 경박한 매력이 있고, 자신의 자아와 본질이 대단하다고 상상하며, 외부 자극을 향한 엄청난 욕구를 지니고 있습니다. 병적으로 거짓말을 하고 심하게 조작합니다. 이들은 자신을 자극하려고 격렬하게 애를 쓰며, 그 결과 위험한 행동도 쉽게 저지릅니다." 리프슈타트에 있는 베스트팔렌 법 정신의학연구소의 소장인 정신의학자 날라 자이메Nahlah

Saimeh의 말이다. 평범한 사람들이 음악이나 영화로 스스로를 자극하는 반면, 이들은 다른 종류의 강한 자극을 찾는다. 미국의 연쇄살인범 개리 길모어는 감옥에서 전기 콘센트로 스스로를 자극했다고 한다.

여기서 결정적인 것은 정신병적인 성격이 발생하는 원인을 찾던 학자들이 다시 생물학이라는 결론에 도달했다는 점이다. 이탈리아의 인류학자 세자레 롬브로소Cesare Lombroso와 그의 후계자들이 이미 100여 년 전에 두개골의 형태에서 범죄 소질을 읽을 수 있다는 대담한 주장으로 큰 혼란을 일으킨 이래로 이런 결론은 오랫동안 비웃음을 샀다. "중범죄자들은 뇌 형태학적으로, 그리고 뇌 생리학적으로 특이하다는 증거가 있습니다." 자이메는 미묘한 영역의 연구를 이렇게 옹호한다.

쌍둥이 연구는 범죄 행위가 적어도 부분적으로 유전적인 영향을 받는다는 주장의 근거가 된다. 남자 가족 구성원들이 몇 대째 계속 경찰에 적발되는 네덜란드의 어떤 가계는 전문가들 사이에서 잘 알려져 있다. 한 사람은 여동생을 강간하여 유죄 판결을 받았고 다른 사람은 직장 상사를 자동차로 치려고 했으며, 다른 두 사람은 방화범이었다. 유전학자들은 이 사람들의 DNA에서 어쩌면 주변과의 상호작용에서 그들의 행위에 영향을 미칠지도 모르는 희귀한 유전 장애를 발견했다('**나**'**의 건설현장** 참조). 다른 많은 연구들은 척수액 세로토닌 신진대사 물질의 농도가 공격적인 사람들에게서는 낮게 측정되었다고 보고했다. 그러나 이 증거가 폭력적 성격의 원인인지 결과인지는 확실하지 않다.

로스앤젤레스 서던 캘리포니아 대학교의 신경심리학자 에이드리언 레인Adrian Raine이 유명한 〈일반정신의학지Archives of General Psychiatry〉에 연구 자료를 발표했을 때, 폭력 연구에 새로운 장이 열렸다. 유죄판결을 받은 살인자 41명의 뇌 컴퓨터 단층촬영은 전전두피질 영역의 활성화가 현저하게 낮다는 사실을 보여주었다. 레인은 비사회적인 성격인 사람들은 이 영역의 뇌가 평범한 사람들과는 다른 형태라는 자료들도 덧붙였다. 이들의 회백질은 이 영역에서 다른 사람들보다 11퍼센트 이상 적었다.

이는 혁신적인 내용이었다. 유명 학술지 〈사이언스〉와 〈네이처〉에서 열띤 논쟁들이 이어진 것도 당연했다. 정신병적인 살인자가 뇌 활성화뿐 아니라 타고난 구조에서 실제로 다르다면 이 사람들의 집단은 어쩌면 태어날 때부터 끔찍한 범죄를 저지를 운명이라는 의미이기 때문이다. 실제로 몇몇 법 정신의학자들은 정신병적인 성격이 어릴 때 이미 확정된다고 주장한다. 성범죄 살인자와 충동적인 범죄자들 가운데 다수가 어릴 때 벌써 기니피그나 고양이를 괴롭히고 죽이는 등 파괴적인 성향을 보인다는 사실이 밝혀졌다.

이런 새로운 인식은 앞으로 불편한 문제들을 야기할 터인데 그중 하나는 예방에 관한 문제다. 잠재적인 정신병자를 가려내기 위해 유치원 아이들을 뇌 스캐너에 집어넣어야 할까? 그런 다음에 할 일은? 단 한 가지 희망은 조기 치료 요법이 효력을 나타내는 일이 될 것이다. 그러나 의사들 대부분은 엄격한 의미의 법 정신의학적 특별 상황에서 볼 때, 범죄자가 된 성인 정신병자들은 치료 효과가 없는 경우가 많다고 본다. 또 다른 문제는 이런 범죄자들의 도덕적·법적 책임이다. 선택할 수 있는 사람만이 죄가 있다. 그러므로 앞으로 정신의학자들은 어떤 살인자가 그의 충동을 억누를 수 있었는지 감정하는 데 더욱 힘을 쏟게 될 것이다. 독일 형법에서는 그 여부에 따라 책임성이 결정되기 때문이다. 미국에서는 이미 의뢰인들의 뇌 사진을 배심원들 앞에서 흔들어대는 변호사들이 나타나기 시작했다. "피고가 아니라, 피고의 뇌가 죄를 지었다고요!"

어디에도 없는 자유

볼프 징어Wolf Singer나 그의 동료인 브레멘 대학교의 게르하르트 로트Gerhard Roth와 같은 신경학자들에 따르면 죄라는 개념을 아직도 사용하는 것은 아무런 의미가 없다. 이들은 자유 의지의 존재를 부정하기 때문이다. 뇌에서 일어나는 모든 일이 뉴런의 인과적 과정에 기반을 두고 있음을 인정하면, 자유 의지란 망상에 불과하다. 그러므로 물욕 때문에 벌어진 고의적인 살인이나 술에 취해서 저지른 치사나 도덕적으로 볼 때 아무런 차이도 없다는 것이다. 많은 법학자들과 철학자들이 흥분하여 독일 신문과 잡지에 여러 쪽에 걸친 논평을 썼다.

논쟁의 중심에는 이상하게도 미국 신경심리학자인 벤저민 리벳Benjamin Libet이 이미 1983년에 발표한 실험이 있다. 그는 실험참가자들에게 자기가 정한 때에 손이나 손가락을 움직인 다음, 특수 시계로 행동을 결정한 순간이 언제였는지 보라고 했다. 그러는 동안 머릿속의 전극들이 운동 준비전위를 기록했다. 연구자들은 뇌가 언제 근육이 움직이도록 준비했는지 관찰했다.

실험 결과는 처음에 대단한 센세이션을 일으켰다. 측정기는 손가락을 튕기기 0.55초 전에 준비전위가 형성된다고 기록했지만, 실험참가자들은 0.2초 전에 움직임을 결정했다고 밝혔다. 뇌는 '나'보다 정확하게 0.35초 전에 결정을 내린 것이다. 여기에 따르면, 우리가 의식적으로 뭔가 결정한다는 것은 그저 상상일 뿐이다. 뮌헨 막스플랑크 심리학연구소의 볼프강 프린츠는 당황스러운 이 상황을 아주 세련되게 표현했다. "우리는 우리가 의도하는 일을 행하는 것이 아니라 우리가 행하는 것을 의도합니다." 이 논리에 의하면 살인자의 행위를 비난하는 것은 어리석은 일이다.

그러나 비판가들은 리벳의 실험과 이에 따른 복제 실험들이 방법론적인 이유에서 설득력이 부족하다고 주장한다. 철학자요 정신의학자이자 신경학자이며 울름 대학 정신의학 병원의 원장인 헨리크 발터Henrik Walter는 이 실험이 철학적 의미의 자유 의지를 잴 수 있기나 한지 의심스러워한다. 결정하는 순간이 언제였는지 알기 어렵다는 것이다. 국회의원 선거에서 어느 당을 정확하게 언제 선택했는지 아는 사람이 있을까? 실험참가자들은 사실 이 실험에 참가하기로 동의했을 때 이미 손가락을 튕기기로 결정한 것이다. 전극들은 뇌 운동 프로그램이 준비하느라고— '공을 치기 전에 채를 다섯 번이나 공에 가져대는 골프 선수처럼'—깜박이는 모습을 관찰할 뿐이다. 마인츠 대학의 철학자 베티나 발데Bettina Walde는 이 실험이 복합적이고 오래 걸리는 결정의 과정을 말해주지 못한다고 비판한다. "손가락을 튕길 때와 배우자를 선택할 때의 신경심리학적 원인을 찾는 일은 약간 다릅니다." 마그데부르크 대학교의 의식철학자 미하엘 파우엔Michael Pauen은 이 실험에서 참가자들이 대안을 선택을 할 여지가 없었다고 비판한다. 이런 이유에서 그는 생물 심리학자인 크리스토프 헤르만Christoph Herrmann과 함께 리벳을 모방한 실험을 하면서 한 가지 차이점을 두었다. 피시험자 스스로 자유롭게 오른손과 왼손 가운데 아무 손이나 마음대로 움직일 수 있게 했던 것이다. 이번에도 의식하기 전에 뇌파의 운동 준비전위가 먼저 신호를 보냈다. 그러나 여기서 피시험자가 어느 손을 먼저 움직이려 하는지는 읽을 수 없었다. 자유는 구해졌는가? 벤저민 리벳 자신도 마지막 출판물에서 자유 의지의 존재를 옹호했다. 행위 추진력은 무의식적인 뇌의 깊은 곳에서 나오지만, 의식이 거부권을 행사하여 행위의 실행을 방해할 수 있다는 것이다.

"그러나 그것이 문제를 해결하지는 못합니다." 파우엔은 이렇게 주장하며, 사람들이 개념을 분별없이 없애기 전에 그 개념에 대해 정확하게 알아야 한다는 사실을 실험실에서 증명해보이려 한다. 몇 년 전 성능이 좋은 컴퓨터가 지능의 본질에 관한 논쟁을 불러일으켰듯이, 신경과학의 결과들은 인간의 자율성에 관해 다시 생각하도록 강요하는데, 이때 아주 오래된 철학적 논쟁들도 다시 시작된다.

자유 의지에 관한 질문을 하기 위해 리벳의 실험을 할 필요는 사실 전혀 없다. 이제 거의 모든 신경학자들과 철학자들 대부분은 인간의 정신이 물질, 즉 뇌 신경세포에 의해 정해진다고 생각한다. 이런 의미에서 고대 그리스인들의 머리를 복잡하게 했던 고전적인 결정론 문제는 여기서도 제기된다. 행성들이 회전하고 심장이 뛰는 것과 똑같은 인과성 원칙이 두개골 아래에도 통용된다면, 자유는 어디에 있는가? 결정론이 맞다면, 우주와 그 주민들은 모두 원인과 결과라는 원칙에 따라 움직이는 거대한 시계에 불과하다. 그렇다면 여러분이 지금 이 책을 손에 들고 여러분의 의지에 대해 생각하는 것도 140억 년 전의 빅뱅 때 이미 결정된 것이다. 학자들은 우리의 직관, 즉 우리가 우리의 행위를 통제한다는 느낌이 이 문제를 해결하지 못한다는 점에서만 의견이 일치한다.

무기력과 통제라는 망상

이제 다루려는 실험은 신경과학의 초창기에 있었던 것으로 도덕적인 경계선을 넘나드는 실험 가운데 하나였다. 요즘 같으면 판사들이 이 실험을 한 의사의 면

허를 취소하고, 징역이라는 판결을 내릴 것이다. 당시의 헐거운 윤리적 기준으로 볼 때도 이 실험은 허용치의 경계선에 있었다. 브리스톨 버든 신경 연구소의 유명한 뇌 연구가요 로봇 기술자였던 그레이 월터Grey Walter는 아마 이런 이유로 실험 결과를 책으로 펴내지 않았을 것이다. 현재 미국에서 강의를 하고 있는 철학자 대니얼 데닛Daniel Dennett이 이 일화를 퍼뜨렸다.

1960년대 초반, 월터는 의학적인 치료라는 구실로 많은 간질 환자들의 뇌 운동 영역에 전극과 플러그를 지속적으로 심고, 이를 전기로 조종되는 슬라이드 프로젝터에 연결했다. 그런 다음 피시험자들의 손에 스위치를 쥐어주고, 마음대로 슬라이드 쇼를 해보라고 했다. 그러나 환자들은 스위치가 그저 모형일 뿐이라는 사실을 알지 못했다. 실제로 자극은 미리 조종된 뇌 운동 영역의 전극에서만 왔다. 환자들이 스위치를 누르기 전에 슬라이드 프로젝터가 작동하도록 자극이 일찌감치 온 것이다. 환자들은 이런 현상에 두려움을 나타냈다. 스위치를 누르려는 바로 그 순간에, 유령이 만지기라도 한 듯 프로젝터가 이미 달각거리는 소리를 냈기 때문이다. 이들은 마치 자신이 낯선 힘에 의해 조종당한다고 믿는 정신분열증 환자들처럼 느꼈을 것이다.

이 실험은 의심할 여지없이 우리의 뇌에서 자극이 옴에도 불구하고, 우리가 이따금 자신의 행위를 통제할 수 없다고 상상한다는 사실을 보여준다. 이와 반대의 경우도 있다. 이 장의 처음 부분에서 언급한 심리학자 대니얼 M. 웨그너는 명백하게 다른 곳에서 조종되는 행위도 우리 스스로 조종하는 듯이 착각한다는 것을 수많은 실험을 통해 증명했다.

  웨그너는 컴퓨터 마우스 위에 작은 나무판을 조립해놓고, 모니터로는 일상생활에서 접하는 작고 상징적인 물체의 그림 50개를 보여주었다. 실험참가자들에게는 마우스로 커서를 조종하도록 했다. 그런 다음 두 명의 실험참가자들이 작은 책상에 마주 보고 앉게 했는데, 그중 한 명은 다른 한 명이 실험 시행자와 한 패라는 사실을 알지 못했다. 두 사람은—심령술사를 찾아가서 하는 동작과 비슷하게—나무판 위에 손을 올려놓고 함께 커서를 움직였다. 실험 한 번에는 30초가 걸렸다. 모니터에 보이는 그림들과 관련이 있는 다양한 단어를 실험참가자들에게 헤드폰으로 들려준 다음, 10초 동안 음악을 들려주고 그 시간에 커서를 움직이게 했다. 진짜 실험참가자는 실험 시행자와 공범인 자기 짝이 커서를 어디로 움직여야 할지—예를 들어 백조로—이미 자세하게 지시를 받았다는 것을 알지 못했다. 이들이 커서 움직이기를 멈추기 1초나 5초 전에 백조라는 단어를 들었을 때 실험참가자들은 의도적으로 확실하게 커서를 백조로 움직였다고 대답했지만, 사실은 공범 혼자 모든 것을 조종하고 있었다. 흥미롭게도 멈추기 30초 전이나 멈춘 1초 뒤에 단어를 들려주면, 실험참가자들은 이런 의도의 경험을 하지 못했다. 그래서 웨그너는 작동하기 직전에 여기에 해당하는 생각이 우리 머릿속을 지나가야 우리는 이 작동을 우리 자신이 의도한 것으로 본다고 추측한다.

  브라질의 조아킴 페레이라 브라질 네토Joaquim Pereira Brasil-

Neto를 비롯한 신경심리학자들도 이와 비슷한 이야기를 한다. 이들은 두개골을 지나는 자기磁器 자극을 통해 건강한 성인의 전전두피질의 운동 영역을 흥분시켜, 이들이 본인의 의지와 상관없이 왼쪽 또는 오른쪽 손가락을 뻗도록 만들었다. 전기 자극으로 방금 죽은 개구리 다리가 떨리게 하는 것과 비슷했다. 여기서도 실험참가자들은 자신이 손가락을 선택하여 움직였다고 강력하게 주장했다. "난 다르게 할 수도 있었어요." 자유롭게 선택했다는 사람들은 누구나 이렇게 말한다. 그러나 결정이란 어느 정도 역사적인 것이므로 이 주장은 결코 검증될 수 없다. 세계와 뇌는 쉴 새 없이 변화하고, 그 어떤 결정 상황이나 상태도 100퍼센트 완벽하게 반복되지는 않는다.

자유라는 느낌은 망상일 수도 있으므로 우리는 이 느낌을 믿지 말아야 한다. 그러나 웨그너의 실험은 이 느낌이 망상임을 증명하지는 않는다. 이 실험은 우리 눈이 착시를 일으키는 것처럼 우리 뇌도 속기 쉽다는 것을 보여줄 뿐이다. 착시 현상에서 우리가 보는 것이 실제와 아무런 관련도 없다는 결론을 내리는 사람은 몇 명 되지 않는다. 자유 의지를 증명하기 위해 무오류성이 필요한 것은 아니다.

머릿속의 우주

학문이 자유 의지라는 질문을 명확하게 풀기에는 아직 부족한 점이 많다. 물리학자들이 맥스웰 방정식을 통한 전자기장의 완벽한 설명으로 그들의 학문이 본질상 모두 완성됐다고 믿었던 19세기 말로 눈을 돌려보는 일도 도움이 될 것이다. 이들은 자료의 문제만 아니라면 우주의 모든 상황은 완벽하게 미리 계산할 수 있다고 생각했다. 상대성이론과 특히 양자물리학의 발달로 인한 물리학의 위기와 개혁은 세상이 가끔 생각보다 복잡할 때도 있다는 사실을 보여주었다.

양자역학을 통해 자유 의지를 결정론의 어두운 힘으로부터 얼른 구하겠다고 쉽게 생각하는 저자들도 많다. 어쨌든 원자와 아원자 입자들의 세계도 적어도 확률적으로는 결정되어 있다. 다시 말하면 개별적인 입자의 행동을 예측할 수는 없지만, 전자가 어디에 있는지 그 가능성을 확실하게 계산할 수 있으므로 예측은 대부분 맞다. 여기에 더하여, 양자역학의 효과가 뇌 생리학에 적용된다는 증거는 오늘날까지도 발견되지 않았다.

그러나 물리학자 파트리크 일링어Patrick Illinger가 〈쥐트도이체 차이퉁〉에 실은 반박은 타당하다. "뇌 뉴런의 망에 대한 기본적인 진술을 하려는 사람은 물리학의 기본 법칙들을 간과해서는 안 된다." 그는 신경생물학자들이 상상할 수 없을 만큼 복합적인 인간의 뇌—1,000억의 신경세포를 지닌 뇌는 우주 전체와 비슷하게 복합적이다—로부터 결론을 충분히 끌어내지 않는다고 말한다. 별과 우주 영역에서는 중력과 전자기학이라는 고전역학이 지배적이지만, 그 아래 있는 원자와 핵과 소립자 과정들은 직관으로 이해하기 어려운 양자역학의 공식을 따르므로, 천체물리학자들은 더 이상 결정론적인 우주에서 출발할 수 없다. 현대 물리학이 소립자와 별들의 세계에서 그랬듯이 분명히 언젠가는 학자들이 머리라는 우주에서 기이한 발견들을 하게 될 것이다.

의지의 문제

이에 비해 철학자들 대부분은 더 철저하게 자유 의지를 옹호한다. 이들은 신경과학자들이 무엇보다도 개념을 사용하는 데 지나치게 순진하다고 비판한다.

이들 대부분은 이른바 양립론의 다양한 변형들을 주장한다. 즉 논거를 많이 들며 결정론과 자유가 서로 양립할 수 있음을 증명하려고 애쓰는 것이다. 처음 볼 때 받아들이기 어려운 이 견해를 철학자 미하엘 파우엔은 설득력 있게 옹호한다.

"결정론이 자유 의지를 배제한다고 생각하는 사람들은 비결정론적인 것들, 즉 우연이 자유 의지의 판단 기준이라고 가정합니다." 젊은 철학자는 이렇게 말하며 이마를 찡그린다. 정말 그렇다면 우리는 우리의 결정 때문에 끊임없이 깜짝 놀라야 한다. 또한 우연이 우리의 손에서 행위의 지배권을 빼앗아간다면 자유가 어떻게 존재할 수 있는가? 이런 경우 사람들은 더 이상 사람으로서 할 말이 없고, 자연이 가지고 노는 공에 불과하다. 그러나 파우엔에 따르면, 예정론과 자유 의지는 많은 사람들이 생각하는 것보다 서로 조화를 잘 이룬다. "여러분의 도덕관념이 슈퍼마켓에서 치약을 훔치지 않고 돈을 지불하도록 하기 때문에 뇌에게 참견을 당한다고 생각하십니까?" 그는 사람이 자기 욕구와 행위를 자신과 일치시키는 것이 결정적이라고 말한다. 강박적인 마약 중독 때문에 약국에 침입하는 사람 또는 정신병적인 상황에서 망상 속의 스파이로부터 도망치는 정신분열증 환자는 당연히 자유롭지 않기 때문이다.

파우엔은 우연과 강압의 경계 설정에서 자유의 핵심은 자유결정이라고 본다. 자유로운 행위에서 중요한 것은 그 행위가 결정됐는지의 여부가 아니라, 어떤 모습으로 그리고 어떤 경위로 결정됐는가이다. 이런 점에서 그는 사람의 자유가 위에서 언급한 신경과학의 감정적인 전환에 의해서도 위협을 당한다고 생각하지 않는다. "물론 내가 나의 모든 동기를 의식할 필요는 없습니다. 그러나 그것들이 정말 나의 동기라는 것이 중요합니다." 다르게 표현해보자. 뇌에 조립된 어떤 결정 체계, 반쯤 의식적인 '신체적 표지' 그리고 유전적으로 고정되고 오랜 세월 동안 많은 경험과 나이를 통해 얻은 성격적 특징들이 나를—산악 스포츠를 아주 좋아하는 39세 뮌헨 사람—햇빛이 좋은 어느 겨울 주말에 갑자기 스키 여행을 떠나고 싶은 욕구를 느끼게 만든다면 이는 자유철학으로는 쉽게 해석할 수 없다.

이 정도로 조건화된 의지를 자유롭다고 볼 수 있는지의 여부는 결국 정의 내리기의 문제다. 철학자들은 개념에 대해 수천 쪽에 걸친 논쟁을 벌인다. "우리가 똑같은 상황에서 다르게 행동하고 결정할 수 있으며, 동시에 이해할 수 있는 이유에서 행동하고, 우리가 우리 행위를 야기하는 첫 번째 사람이라고 말한다면, 이런 의미에서의 자유 의지는 망상입니다." 울름의 정신 의학자 발터는 어느 정도 조심스럽게 이렇게 요약한다. 우리가 어릿광대는 아니지만, 그렇다고 '선동되지 않은 선동자' 도 아니라는 것이다. 그러나 어쨌든 그는 사람들에게 '자연스러운 자율권' 이—그는 이렇게 표현한다—있다는 것을 증명하기 위해 다른 이론들 외에도 카오스 이론과 흰 발 쥐의 달리기 양태에 몰두한다.

발터의 견해에 따르면 최근 몇 년 동안 뇌도 날씨처럼 카오스적인 체계임을 알리는 증거들이 쌓여가고 있다. 잘 알다시피 카오스 이론가들은 초기 조건의 아주 작은 차이(나비의 날갯짓)가 막대한 변화(바다 건너편의 폭풍우)를 가져올 수도 있다고 주장한다. 뉴런 연구와 뇌파의 분석, 수학적인 사고는 사람과 다른 동물들에서 보이는 초기 조건의 아주 작은 다양성이 엄청난 변화를 가져올 수 있음을 암시한다. 우리는 비슷하거나 거의 동일한 조건들에서도 명백하게 다르게 행동할 수도 있다. 발터에 따르면, 이것이 흰 발 쥐가 이따금 음식이 있는 장소로 가도록 학습한 길에서 벗어나 동물학자들을 놀라게 하는 이유다. 쥐는 보통 다니던 길이 막히기라도 했다는 듯이 이따금 다른 길을 선택함으로써 또 다른 가능성을 준비해둔다. "흰 발 쥐는 예민한 감각과 방심하지 않는 눈과 빠른 발로 길을 탐구하고, 사람들은 묵상적이고 분석적인 지능으로 탐구합니다." 그러므로 머릿속의 카오스는 사람들로 하여금 비슷한 조건에서도 아주 다르게 결정하도록 한다는 것이다.

자유의 개념

양립론에 대한 많은 복잡한 논거들은 기껏해야 인간 정신의 유연성과 적응 능력을 설명할 뿐이다. 이 문제에 대한 결론이 아직 확실하게 나지는 않았지만, 고전적인 의미에서의 자유 의지는 아마 지탱되지 못하리라는 증거가 쌓여간다. 이 사실이 우리를 어느 정도로 동요하게 할 것인가라는 문제가 남는다. 우리의 모든 개인적인 감정—사랑과 증오, 신의와 배신—이 결정론적인 사건들의 한 부분일 뿐이라면, 이는 얼마나 끔찍한 일인가? "결정론적인 우주 속에서도 우리는 전혀 방해받지 않고 어떤 일을 기뻐하거나 슬퍼할 수 있습니다. 사람이 자기 자아와 자기 행위의 원인이기 때문에 이런 감정이 생기는 것은 아니라는 사실을 우리가 확실하게 알더라도 말입니다." 발터는 이렇게 완화하여 말한다. 철학자 토마스 메칭어는 아주 복합적인 기계의 괴로움도 의식이 있는 괴로움만큼이나 진지하게 받아들여야 한다고 주장한다. 그는 이런 이유에서 로봇을 계속 연구하고 발전시켜 나가는 것에 반대한다. 상태가 좋지 않은 콜라 자동판매기들도 얼른 도와주어야 한다는 것이다. 그러나 발터는 "어떤 것들은 어쩔 수 없는데, 사실 그래야 합니다"라고 말한다.

신경과학적인 지식은 형법에서도 일단 제한적으로만 받아들여졌다. 독일의 형법은 처벌을 죄와, 죄를 자유와 결부시킨다. 자유는 다르게 행동할 수 있는 능력이라고 정의된다. 범죄 현상이 지닌 유전적·사회적·심리적 결정론에 대한 새로운 인식들이 이런 자유와 어떻게 맞을까? 자유 의지의 불확실성에 대한 새로운 인식들도 마찬가지다. 형사 소송에서 정신과 감정인으로도 활동하는 헨리크 발터는 인간에 대해 좀더 객관적인 견해를 지녀야 한다고 주장한다. 속죄라는 개념을 없애야 한다는 것이다. "완벽하게 악하거나 선한 것은 없기 때문이지요."

앞으로는 단지 사회를 어떻게 보호할 것인지가 문제가 될 것이다. 사람들을 범죄자들로부터 보호해야 한다. 정신의학자들이 해야 할 결정적인 과제는 책임 등급을 정하여 범죄자들이 이에 상응하는 처벌을 받게 하는 것이 아니다. 범죄자가 다시 범죄를 저지를 가능성에 대한 예견이 이들의 본질적인 과제가 될 것이다. 위험한 사람은 실용적인 이유에서 가두어야 한다. 자동판매기들도 서로 괴롭혀서는 안 된다.

이렇게 이해하면 자유라는 개념은 단지 행동을 판단하기 위한 객관적인 기준일 뿐이다. 이 피고가 자신의 행동을 자제할 수 있었던가 없었던가? 자유란 존재하지 않을 수도 있다. 그렇다면 만들어내야 할 것이다.

8장 자신이 어떤 사람이라고 생각하는 착각

자의식을 찾는 신경학자들

 나(W.S.)는 인도 남부의 산 속에서 박쥐를 기다리며 앉아 있었다. 구슬프게 울부짖는 듯한 낯선 음악이 아래 동네에서 들려왔다. 거리의 확성기에서 비틀린 듯 흐느끼며 흘러나온 음악이 언제나처럼 밤새도록 온 지역을 울렸다.

 언제나 어딘가에서 혼인 잔치가 열리거나 힌두교 신전의 어느 신이 축제를 통해 경배를 받고 있었다. 그럴 때면 카세트레코더에서 흘러나오는 음악이 오두막집들을 울렸다. 직접 담근 술에 취한 사람들은 고막을 찢는 듯한 소리에도 잠이 들었다. 나는 위쪽 산,—사실은 단조로운 풍경 속에 던져진, 엄청나게 거대한 돌이었다—열대의 더위로 따뜻해진 바위 위에 앉아 있었다. 저녁 해질 때부터 아침 해뜰 때까지 홀로 마두라이 근처의 산에 앉아 있었던 것이다.

 황혼이 저물 무렵, 빛이 마지막으로 오두막 위를 쓸고 오두막에서 솟아오르는 연기를 지나 야자수 숲과 바나나 나무들이 있는 들판에 누웠을 때, 서로 떨어져 있는 전등 불빛들의 깜박임이 점차 앞으로 밀려올 때, 내 기계에서 삑삑거리는 소리가 울렸다. 나는 안테나로 그 소리를 쫓아갔다. 이따금 제비처럼 빠르게 또는 푸드덕거리며 날아가거나 들판 위를 빙빙 돌고 있는 박쥐들이 보였다. 그러나 그 그림자를 황혼 속에서 망원경으로 쫓는 일은 어려웠다.

박쥐가 된다면 어떨까?

헐리우드 영화에서 연출한 밤 장면에서 별이 반짝이듯이 하늘에 전갈자리가 반짝일 때 삑삑거림이 멎었다. 박쥐들이 사라졌다. 어디로 갔는지 알 수 없었지만, 어쨌든 내가 박쥐 등에 매달아둔 방향 탐지 무선 송신기가 닿지 않을 정도로 멀리 갔다. 내 귀에 너무나도 낯선 하모니, 흐느끼는 듯한 음악이 아래 마을에서 계속 들려오지 않았더라면, 여기 바위—킬라쿠일쿠디 언덕이라고 불린다—위는 아마 조용해졌을 것이다. 난 '어둠의 비행사'를 찾아 계속 원을 그리며 안테나를 돌렸다. 이들은 어디쯤에 있는지 짐작할 수도 없는 칠흑 같은 어둠 저편에서, 아마 나무 위를 날아 곤충을 잡으며 사냥을 하는 중일 터였다.

22시 경에 서쪽에서 따뜻한 강풍이 불어왔다. 난 빵과 오크라 (아욱과의 채소)를 조금 먹고, 별이 총총한 하늘을 쳐다보았다. 그러고는 안테나를 돌리며 귀를 기울였다. "어디 있지? 사냥하다가 언제 쉴 건가?" 나는 혼잣말을 하며, 마지막으로 무선 소리가 온 북동쪽 어둠을 뚫어지게 바라보았다. 나는 나비가 바람에 밀려 내 머리 위에 나타나야, 또는 흐릿한 전등불이나 여린 별의 광채에 이들이 그림자들처럼 지나가는 모습을 보아야 겨우 알아채는데, 이런 나비를 잡을 수 있는 박쥐가 경탄스러웠다. 나는 학자들이 타포주스Taphozous라고 부르는, 아주 빠르고 아주 멀리 나는 종에 속하는 박쥐의 사냥 행태를 연구하기 위해 앉아 있었다. 박쥐들은 내가 생각했던 것보다 훨씬 멀리 날았다.

얇고 큰 면 셔츠를 입고 있던 내가 살짝 추위를 느끼던 여명 무렵에야 삑삑거림이 다시 들려왔다. 박쥐들은 이제 아마 킬라쿠 일쿠디 주변 들판 위를 몇 바퀴 마지막으로 돌며 후식을 잡아먹는 모양이었고, 그런 다음 낮잠을 자기 위해 바위틈으로 사라졌다. 아래쪽에서는 흐느끼는 음악이 간헐적으로 들려왔다. 사람들은 이제 하얀 천에 몸을 감싸고 바닥에 누워 잠을 잘 것이다.

나는 마두라이 카마라지 대학교의 연구 프로젝트에 참가하는 동안 다른 모든 박쥐 연구가들과 마찬가지로, 박쥐가 된다면 과연 어떨지 자주 생각해보았다. 눈이 아니라 귀로 본다는 것, 밤에 손전등을 비추듯 초음파로 장소를 찾는 것, 아주 재능이 뛰어난 오페라 가수처럼 공기 중에 소리를 내뿜고 탁월한 청취자처럼 메아리에 귀를 기울이며 주변의 특성을 인식하는 것. 나는 대학교 캠퍼스에 있는 몇 개 되지 않는 가로등 불빛 아래 몇 시간씩 앉아, 박쥐가 불빛 주변을 맴도는 나방을 쫓는 모습을 지켜보았다. 가끔 초음파 소리 속에서 딸깍 하는 소리가 들리기도 했지만, 그것 말고는 박쥐들의 움직임은 나에게 완벽한 무음이었다. 이 고요함과 비밀스러움이 박쥐에게 애매모호하다는 평판을 가져다 준 듯하다. 하지만 어두운 저 하늘에 있는 동물은—나처럼 그 신호에 귀가 멀지 않은 동물—사냥감을 잡았을 때 어떤 신호를 할까? 온 힘을 다해 소리 지르고, 메아리에 귀를 기울이고, 곤충을 공격하는 수많은 박쥐들에게는 어떤 트럼펫이 있을까? 소리치고, 귀를 기울이고, 몰래 점점 가까이 접근하고, 점점 빠른 간격으로 소리치고, 그러다가 사람이 음식을 얹은 포크를 입으로 가져가는 그 순간처럼 곤충 바로 옆까지 오면 주둥이를 열어 전리품을 잡거나, 또는 야구에서 포수가 포수장갑을 사용하듯 비막飛膜을 펴서 곤충을 잡거나 날면서 잡아먹을까? 메아리와 소리치는 이 모든 혼란 속에서도 박쥐는 다른 박쥐에게 방해가 되지 않았고, 각각 자기가 잡을 곤충을 쫓았다. 나뭇잎이 바람에 흔들릴 때 나타난 딱정벌레를 귀로 듣고 잡을 정도로 예리하게 노래하고 들을 수 있는 박쥐들도 많았다. 또 다른 박쥐들은 바닥에 있는 개구리나 쥐를 감지하고, 날면서 공격하기도 했다.

박쥐의 행동과 신경생물학을 연구하던 나의 옛 동료들은 이 동물들이 높아서 우리가 들을 수 없는 주파수, 즉 200킬로헤르츠까지 사용한다는 사실을 밝혀냈다. 사람의 청각은 20킬로헤르츠 이하에서 그치는데, 이는 박쥐로 말하자면 겨우 베이스 영역이다. 연구자들은 음의 다양한 유형을 분류하고 박쥐가 메아리에서 주파수 차이를 얼마나 분석할 수 있는지 관찰한 결과, 박쥐들이 사람들처럼 각각 독특한 음역을 지니고 있음을 발견했다. 심리음향학자들은 박쥐들이 영역 표시에 의존함을, 다시 말해서 방향을 찾는 데 극단적으로 탁월한 공간 기억력을 사용한다는 것을 알아냈다. 예를 들어 우리가 일자리로 향할 때 일상적으로 운전하듯이, 박쥐들은 동굴에서 나올 때 그저 대략 방향을 잡는다. 바로 이 이유에서 우리는 박쥐를 그물로 잡을 수 있는 것이다. 심리학자들은 이들의 뇌에서 소리가 어떻게 평가되고, 이들의 신경계가 반사되어온 초음파에서 개별적인 표면 구조까지도 어떻게 알아챌 수 있는지 연구했다. 학자들은 박쥐가 매우 빠르고 메아리 전파 탐지 능력도 아주 섬세하게 발달되어 있어서, 세간에 여전히 널리 퍼져 있는 믿음과는 달리 사람들의 머리카락에 엉켜 허둥댈 일은 없다는 사실을 잘 알고 있다.

당시 나의 스승이었던 뮌헨 루트비히 막시밀리안 대학교의 생물학자 게르하르트 노이바일러는 영국의 저술가 리처드 도킨스(Richard Dawkins, 『이기적 유전자』의 저자)에 의거하여 박쥐가 '색깔을 들을 수' 있다고 말했다. 이 말은 원래 모순이다. 그러나 그는 '색깔을 보는' 포유류, 특히 사람들에게 상응하는 것을 보이려 했다. 호미니드보다 열 배나 더 긴 시간인 6500만 년 동안 지구에서 살아온 이 생명체의 놀라운 지각 능력을, 자기 자신과 동료 그리고 일반인들을 위해 감각적으로 이해할 수 있게 하려 했던 것이다. 엄격하게 학술적으로 볼 때, 철학적인 노이바일러의 표현은 지나쳤다. 우리에게 아주 낯선 밤의 생명체가 사람들의 것과 비교될 만한 감각적인 경험을 하는지 과연 누가 알 수 있을까? 박쥐가 된다면 어떨지, 그 누가 알랴?

내가 인도에서 이런 의문을 품은 때보다 훨씬 오래 전인 1974년, 미국의 철학자 토머스 네이글Thomas Nagel이 이에 관한 글을 썼다. 이 글은 오늘날 의식철학의 고전에 속한다. 네이글은 어떤 생명체를 이런 또는 저런 생명체로 만드는 것, 어떤 생명체가 바로 그 생명체이도록 하는 무엇인가가 있으리라고 추론했다. 동물의 주인들은 자기가 고양이나 개라면 어떨지, 이 작은 친구들은 어떤 종류의 의식을 지니고 있을지, 이들이 문 앞에 쥐를 잡아다 놓을 때 또는 슬리퍼를 물고 올 때 무슨 생각을 하는지 스스로에게 자주 물어보았을 것이다. 정원에 있는 벌레나 새 또는 시장에서 장사를 하는 사람들, 다시 말해서 우리가 관찰하기는 하지만 그들의 내부 관점으로 들어갈 수는 없는 모든 생명체는 각각 어떻게 느낄까? 네이글은 생명체가 자아라고 느끼는 그 무엇인가가 틀림없이 존재한다고 추측했다. 그 무엇이 바로 의식, 즉 자기라는 느낌이다. 이는 또한 의식에 대한 가장 훌륭한 정의이기도 하다.

네이글에게 중요한 것은 영화 「배트맨」에서처럼 누군가 자신이 박쥐라고—낮에 장대에 거꾸로 매달려 있고 팔로 퍼덕이며, 어쩌면 초음파 음향을 쥐어짜내기도 하는—열심히 상상하는 것이 아니었다. 다른 문화권의 음악에 감정을 이입하기도 어려운데, 하물며 박쥐의 음향 세계는 완벽하게 불가능하다. 진짜 박쥐의 특징적인 감각과 기억, 의도와 목표—이런 개념들을 여기에 사용할 수 있기나 하다면—는 사람과는 다르다. 물론 박쥐에게도 의사소통 신호는 있다. 그러나 박쥐는 자기의 의식이 어떠하며 박쥐로서 어떻게 느끼는지 알려줄 수 있는, 사람의 언어와 비교될 만한 언어를 지니고 있지 않다. 학자들은 여기에 대해 알아낼 수 없었고, 아마 앞으로도 알지 못할 것이다. 기껏해야 우리가 사람의 방식으로 색조를 보듯이 박쥐는 그들의 방식―박쥐의 방식이라고 말해두자―으로 메아리에서 색깔을 들으리라고 추론할 수 있을 뿐이다. 이는 우리가 그림을 보고 인상을 받는데 익숙하듯이 박쥐가 아마 아주 다양한 주파수의 음향과 음량을 분석하고 주변의 전체적 인상에 대한 청각적인 상을 얻으리라는 뜻이다.

어떤 생명체를 그 자신으로 만드는 감각적인 경험을 철학에서는 '현상적 자아' 또는 '현상적 자아 모델'이라고 한다. 어떤 동물이 사람과 비교할 만한 자아를 느낄지에 관해서는 논란의 여지가 많을 것이다. 그러므로 특히 원숭이와 영장류, 이들에게 인정된 권리에 대해 우리는 무척 진지하게 생각해봐야 한다. 이 동물들은 우리와 아주 비슷해서, 의식 수준이 높을 것이라고 가정해야 한다. 자기 자신에 대한 모든 사람의 의식은 각각 고유하다는 것에는 의견이 통일되어 있다. 엄격하게 말해서 우리 가운데 어느 누구도 자신이 상사나 장사꾼 또는 나이트클럽의 무용수라면 어떨지 말할 수 없다고 하더라도, 모든 사람의 의식이 각각 고유하다는 것은 사실이다. 다른 사람들이 우리와 동등하게 상호작용하고 우리가 스스로를 의식적인 존재로 경험하므로, 우리는 다른 사람들의 현상적 자아도 추론할 수 있다. '나'라고 말하는 사람은, 다른 사람들도 '나'라고 말한다는 결론을 내린다.

우리가 일상에서 경험하는 모든 상황과 우리가 '나'라고 표현하는 모든 것은, 이런 '내'가 단 한 순간도 현상적 자의식에 대해 깊게 생각하지 않음에도 불구하고 현상적 자의식의 내용을 형성한다. 어떤 '내'가 하늘을 쳐다보면, 그 '나'는 하늘이 푸른지 잿빛인지 금방 알아본다. 이는 깊게 생각하기 전에 이미 정해져 있으며, 우리가 눈을 뜨는 순간에 떠오르는 확실성이다. 이 푸른색을 보는 사람이 '나'라는 것을 누구나 스스로 알고 있다. 그러나 다른 한편 우리는 이 푸른색이 다른 사람에게는 어떻게 비칠지, 그들에게도 이 푸른색이 우리 스스로 인식하는 것과 똑같은 그 푸른색인지 알지 못한다. 그러므로 '나'의 주관적인 감각은 철학 전문서적에서 '일인칭 시점'이라고 불린다. 나눌 수 없고 전달할 수도 없는 감각의 질을 표현하는 또 다른 개념은 '감각질Quale'이다. 우리는 앞으로도 전문용어를 되도록 피하려 할 테지만, 의식철학자들과 의식연구가들이 사용하는 개념을 알아두면 무척 편리하다. 이들은 자의식 현상을 더 세분하여 생각하고 더 자세하게 표현하기 때문이다.

이제 어느 사무실에나 있는 컴퓨터의 팬이 돌아가는 소리든, 복도에서 풍겨오는 향수 냄새든, 오래 앉아 있어 아픈 엉덩이의 느낌이든, 전날 마신 와인 한 잔의 기억이든, 모든 경험은 현상적 의식의 내용이다. 이 모든 내용이 활성화되어 있는 것은 아니다. 뚜렷하게 정의할 수 없는 배고픈 느낌이 배에서 솟아오르면, 우리는 들여다보려던 달력 일정표에서 잠깐 벗어난다. 산책을 하며 활기차게 이야기를 나누는 동안에는 잠깐 동안 발뒤꿈치의 벤 상처를 잊어버렸다가, 산을 내려갈 때 다시 아픔을 느낀다. TV 앞에 앉아 흥미진진한 영화를 볼 때는, 급하게 화장실에 가야 한다는 욕구를 더 이상 억누를 수 없을 때까지는 방광이 꽉 찼다는 신호를 받아들이려 하지 않는다.

우리의 현상적 자아를 만드는 내용은 변하기 쉽다. 바깥에서 오는 감각일 때는 냄새나 맛 또는 접촉이나 통증이나 언어적 신호들이 그 내용이 될 수 있다. 내부 감각일 때는 생각과 느낌, 기억이나 꿈이나 상상, 그리고 무엇인가 하려는 의도가 내용을 제공한다. 이 모든 종류의 내용들은 의식으로 들어오기 위해, 우리의 주의를 끌기 위해 경쟁한다. 이들은 서로 교체되고 서로 반대하며 서로 엮여 들어가, 기억에 의해 움직이는 의식의 물결을 만든다. 이런 의식의 물결은 우리가 저녁에 눈을 감고 서서히 잠이 들거나 혼수상태에 빠지거나 죽거나 그 외에 다른 방법으로 의식을 잃으면 사라지고, 아침 또는 언제가 되었든 꿈도 꾸지 않은 잠에서 깨어나 눈을 뜨기 직전에 다시 활동한다. 딸깍! 여기 '내'가 있고, '나'와 더불어 본질적인 질문이 시작된다. 내가 지금 어디에 있지? 내 기분은 어떤가? 나는 누구인가? 나는 어디에서 왔을까? 어제는 어땠던가? 이제 제일 먼저 할 일은? 내 맞은편에 있는 사람은 나를 어떻게 생각할까?

'나'라고 말하는 사람의 자기 중심

우리가 주의를 기울이는 내용들에는 중요한 공통점이 있다. '나'에 집중하고 '나'에서 출발하는 관점을 지녔다는 점이 바로 그것이다. 의식 영역의 중심이 언제나 '나' 자신이기 때문에, 자신의 의식중추 안에 있는 모든 상황은 경험상 자신의 상황이다. "나의 세계에는 움직일 수 없는 중심이 있고, 그 중심은 나 자신이다." 깊게 생각할 필요도 없이 우리는 이렇게 확신하고 있다. 예전에 프톨레마이오스적인 세계상 또는 지구 중심의 세계상이 지구를 우주의 중심으로 보았던 것처럼 사람들은 자신의 자아가 그와 같이 세계 안에 고정되어 있다고 당연하게 생각한다. 지구가 여기 서 있고 지구를 중심으로 우주—특히 태양—가 맴돌듯이, 사람의 자아를 중심으로 모든 것이 돌아간다. 그러나 프톨레마이오스적인 세계상은 어쩌면 사람들이 그저 자신의 직관적인 '나'의 관점을 지구와 우주에 투영했기 때문에 생긴 것이 아닐까?

'나'라고 말하는 모든 사람의 자기 중심적인 인상은 약간 더 자세하게 해명될 수 있다. 이 중심의 차원은 다양하기 때문이다. 내 생각의 주인은 '나'이다. '나'는 나에게 속한, 다른 사람들의 육체 또는 그 외에 생명이 있거나 없는 주변 환경과는 다른 고유한 육체를 지녔다. '나'는 나를 나에게만 있는 고유한 계획과 행위의 장본인으로 본다(**자율적 인간** 참조). 자서전적 기억은 '나'를 시간에 고정시키고, 그 시간의 이야기가 사실에 얼마나 부합하는지와 상관없이 나에 관한 이야기를 한다. 그리고

'내'가 다시 중심에 서 있는 시간, '나'라고 말하는 다른 사람들과 '내'가 관계를 맺을 수 있는 시간으로 여행을 떠나게 한다. 자서전적 기억은 또한 '내'가 어제나 오늘이나 내일에 물리적으로나 도덕적으로—도덕적으로도 자주 이렇다—똑같은 '나'로, 그 누군가라는 존재로 머문다는 느낌을 '나'에게 준다(**조작된 기억들** 참조). "주관적인 내적 관점은, 경험과 행위에서 끊임없이 변화하는 관계—나의 주변 환경과 정신적인 상황—를 내가 수용함으로써 생깁니다. 다른 한편, 나는 내가 이런 내적 관점을 소유하고 있다는 사실을 인지적으로 알 수 있습니다." 마인츠 요하네스 구텐베르크 대학교의 토마스 메칭어는 이렇게 설명한다.

'나'는 내가 안다는 것을 안다. '나'는 다른 사람들이 '내'가 안다는 것을 아는 것을 알고, 또한 내가 이렇게 아는 것이 다른 사람들에게도 알려져 있음을 안다. 상황은 이런 식으로 계속된다. 학자들은 사람들이 '내가 아는 것과 상대방이 아는 것' 사이의 다양한 다섯 가지 단계를 별 어려움 없이 계산하리라고 추측한다. 일상적인 언어생활에서 사람들은 상대방이 그것을 어떻게 받아들일지 이미 의식하며 모든 문장을 말한다. 이탈리아의 기호학자요 작가인 움베르토 에코가 강조하듯이 이는 의사소통의 기본 전제다. 그러나 단 한 가지 큰 문제는 우리는 우리가 무슨 말을 하는지 전혀 모른다는 사실이다. "우리는 '나'와 '자아' 또는 '주관'과 같은 개념을 정의할 수도 없을 뿐더러 이 개념과 관계가 있을 법한 대상이 이 세상에서 관찰되지도 않습니다." 메칭어는 이렇게 비판한다.

여기에 대한 설명으로는 단순한 예를 하나 드는 것으로 충분하다. 부엌에서 나는 커피 향기가 집안에 넘치면, 코 안에서 향기 분자가 점막의 후각수용체와 반응한다. 자극은 후각 회로를 거쳐 뇌의 감정중추로, 거기서 대뇌피질로 전달된다. 냄새는 분석되고 계산되고 저장된다. 그러나 금방 내린 커피에 대한 인상은 어디서 생길까? 인상은 신경신호 안에도, 향기 분자에도 들어 있지 않다. 이 인상은 외부 관점에서 온다. 다른 말로 하면 제3의 관점, 찾을 수 없는 관점이다. 철학자들은 이를 '삼인칭 시점'이라고 부른다. 말하자면 삼인칭 시점은 안에 무엇이 있는지 추론하려고 애를 쓰는 학자의 시점이다.

삼인칭 시점에서 다른 생명체와 다른 사람, 또는 처음에 언급한 박쥐에게 의식이 있는지, 있다면 어떤 의식인지라는 의문만 나오는 것이 아니다. 삼인칭 시점은 뇌의 전기적인 활동에서 어떻게 주관적인 인식이 생기는지, 검증할 수 있게 설명해야 한다는 어려운 문제에 직면해 있다. 세상에는 사람들이 최대한 구별할 수 있는 약 250가지 색깔이 있는 게 아니라 400~800나노미터 사이의 수없이 많은 가시광선의 파장만 존재하기 때문이다. 그러므로 뇌는 붉은색을 보는 게 아니라, 눈에 있는 감각세포의 신호에 의해 자극을 받아서 붉은색을 위한 신경패턴을 활성화한다. 뇌는 베르디의 오페라 「라 트라비아타」를 듣는 게 아니라, 「라 트라비아타」 그리고 음악과 함께 오는 아름다운 감정을 불러일으키는 신경패턴을 활성화한다. 뇌가 아니라 '나'에게 통증을 의미하는 신경패턴이 통증을 느끼고, 뇌가 아니라 행복을 담당하는 신경패턴이 행복을 안다. 예들은 이런 식으로 계속된다. 근본적으로 똑같은 계산 법칙을 지닌 동일한 뉴런이 우리로 하여금 나무를 인식하거나 도덕적인 판단을 내릴 수 있게 한다는 사실은 무척 놀랍다.

이를 바르게 이해하기 원한다면 우리는 의식을 결정하는 온갖 복합적인 현상들에 이미 끼어든 것이다. 마지막 문단에 항의하고 이의를 제기하는 사람들도 많을 것이다. "불가사리를 밟으면 나는 당연히 통증을 느끼고, 당연히 사랑에 빠지고, 당연히 음악의 리듬에 맞추어 몸을 흔든다." 느낌은 지극히 현실적인데, 그 이유는 느낌들이 우리의 세상을 만들기 때문이다. 세상을 그저—복합적이긴 해도—신경의 흥분패턴으로만 표현한다면, 이는 사람들의 존엄성을 박탈하는 행위가 될 것이다. 그런 것을 원하는 사람은 아무도 없다. 지금 여기서 중요한 것은 세밀한 학문적 관점이다. 뇌가 약 700나노미터의 파장을 받아들여 어떻게 붉은색 또는 그와 비슷한 색조를 만들어내는지는 수수께끼이기 때문이다. 이 수수께끼는 '설명의 틈'이라고 불린다.

색에 대한 느낌은 가시광선의 파장을 일단 지각하고 이를 계속 가공하면서 생긴다. 통증을 우선 지각해야 통증이 생기며, 통증에 대한 주관적인 느낌이 없다면 통증도 없을 것이다. 더 확실하게 말하자면, 통증은 척수의 신경신호나 뇌에서 전달이 연결되어 생기는 것이 아니라, 이 현상이 의식에 떠오름으로써 생긴다. 영국과 미국의 학자들은 여기에 의식 연구의 '어려운

(딱딱한) 문제'라는 개념을 만들어냈다. 이것이 어려운 문제인 이유는 현재 아무도 해결책을 상상할 수 없기 때문이다. 물리적 과정들이 뇌에서 어떻게 주관적인 경험들을 만들어내는가? 의식의 신경생물학적인 대비 개념은 어떤 모습인가? 붉은 무엇인가가 시야에 나타날 때만 불꽃이 튀는 신경세포도 있는가? 이런 것들이 큰 문제들이다. 이에 비해 의식의 '가벼운(부드러운) 문제'는 인간의 인식이 어떻게 작동하는지, 예를 들어 우리가 우리 얼굴과 낯선 얼굴을 어떻게 구분하는지, 어떤 과정이 주의력을 조종하는지, 뇌가 서로 다른 수면상태와 각성상태를 어떻게 만들어내는지 등이다.

많은 독자들은 아마 고개를 가로저으며 의식에 문제가 있다는 것 자체를 부정할 터인데, 이는 물론 정당하다. 개별적인 의식에 대해 곰곰이 생각하고 우리 깊은 곳에 있는 '나'의 핵심을 확실하게 밝히려는 의도가 혹시 서구 사회에서 그저 하나의 독특한—오래되긴 했지만—관심사는 아닌지 확실하지 않기 때문이다. 또한 의식은 일상생활에서 건강한 사람들에게 보통 아무런 문제도 일으키지 않는다(우리가 이미 살펴본 바와 같이, 고통이나 인식 장애가 있는 사람들의 경우에는 아주 다르기도 하다). 불행이나 기쁨이라는 감정을 느끼는 것은 어려운 일이 아니다. 그러나 철학자들은 사유를 통해 이해하지 못하는 일들을 일반적으로 '문제'라고 부른다. 일상적인 용어로 표현하자면, 사유라는 견과류를 만족스럽게 깨지 못할 때 그들에게는 대부분 문제가 되는 것이다.

통증의 예를 계속 들자면, 우리가 뜨거운 가스레인지를 손가락으로 만지지 않기 위해 왜 통증을 알아야 하는지 무척 이상하다. 조직이 화상 때문에 입는 피해를 막기 위해 손을 떼는 행동 프로그램으로는 사실 반사가 충분할 것이다. 여러 연구들이 보여주듯이, 이런 스위칭 회로는 분명히 존재한다. 척수에서 연결되는 반사가 손가락을 떼도록 한 뒤에야 우리는 비로소 통증을 의식한다. 이 과정이 의식의 명령을 받은 뒤에야 일어난다면 시간이 너무 지체된다. 의식적인 생각은 상당히 느리게 작동하기 때문이다.

그러니 통증이 있는 이유가 뭘까? 환자나 죽음을 앞둔 사람들의 가족이 많이 던지는 의문이 철학자들도 괴롭힌다. 애리조나 대학교의 철학자이자 인지연구가인 데이비드 찰머스David Chalmers는 설명의 틈을 더 중립적으로 표현한다. "이 모든 정보 처리가 내적인 느낌과 무관하게 어둠 속에서 이루어지지 않는 이유가 무엇일까요?" 자연은 타는 듯한, 찌르는 듯한, 팔딱이는 듯한 온갖 통증을 만들어냈다. 우리는 그 이유에 대해 나중에 약간 추론하게 될 것이다.

신, 데카르트 또는 오뎀

의식철학에서 '설명의 틈'에 관한 논쟁의 역사는 길다. 단순한 문제도 있지만 과연 언젠가 풀릴지, 또 풀린다면 어떻게 풀릴지 알 수 없는 복잡한 문제도 있다.

다른 말로 표현해보자. 인간의 자의식을 해명하는 데 자연과학으로 충분한가? 아니면 그게 어떤 모습이든 오뎀(호흡이나 숨을 나타내는 시적 표현)이나 초자연적인 존재, 심지어는 신—감정이 없는 물질에 삶을 불어넣고, 이를 통해 자연과학이 찾을 수 없는 정신을 부여하는—이 필요한가?

두 세계를 연결하려고 함께 시도하다가 실패한 작업에서 철학자 카를 포퍼Karl Popper와 신경생물학자 존 에클스John Eccles는 이런 그 무엇을 '사이콘Psychon'이라고 불렀다. 명망이 높고 영국 여왕으로부터 기사 작위도 받은 이 두 학자는 정신의 '사이콘'이 뇌의 '덴드론'과 상호작용한다는 동화를 만들어냈다. 그러나 이 개념들은 이 세상에서 관찰할 수 있는 대상이 아니며, 자연과학자와 철학자들 대부분은 이런 이원론적인 이론을 받아들이지 않는다. 이 이론은 서로 연결되지 않고 계속 서로 분리된 두 개의 기둥, 즉 물리적인 뇌와 정신적인 뇌를 기반으로 하기 때문에 이원론이라고 불린다.

의식철학의 창시자 가운데 한 사람인 프랑스의 르네 데카르트(René Descartes, 1596~1650)도 이른바 이원론자에 속한다. 그는 인간의 신체는 연장된 것(res extensa)에 속한다고, 즉 물리적인 것이라고 표현했다. 이에 비해 느낌을 지닌 정신은 사유하는 것(res cogitans)에 포함시켰다. 그는 모든 것을 의심하는 자기 자신의 존재를 오로지 뇌의 활성화를 통해서만 증명할 수 있다고 보았다. 그의 유명한 명제 "나는 사유하므로 존재한다"는 이렇게 이해해야 한다. 데카르트는 사유하는 것과 연장된 것이 송과선에서 만나고, 물리적인 사건들—오늘날에는 신경신호라고 말할 것이다—로부터 사유가 생기며, 사유는 물리적인 과정들에게 영향을 준다고 추측했다. 그러나 장소가 제시됐다고 문제가 해결되는 것은 아니며, 또한 순수한 사유가 신경세포에 어떻게 영향을 주는지 설명하지도 못한다. 사유가 어떤 형태로든 에너지를 사용한다면 이는 더 이상 순수하게 정신적인 성질이 아니다. 데카르트의 이원론적 사고는 나중에 '기계 속의 정신'이라는 은유를 불러왔고, 완전히 부정됐다. '정신'은 내적인 존재, 일종의 내적인 관찰자 또는 사람 안의 사람이며, 그 안에 자아가 자리 잡고 있다고 생각되는 장소다. 이로써 의식에 대한 이원론적인 관점은 문제를 단순히 내부로 이동했을 뿐이라는 사실이 명백해졌다. 현대의 로봇 연구가 마빈 민스키Marvin Minski는 냉정하게 다음과 같이 이야기한다. "정신이란 그저 뇌가 하는 일을 말할 뿐입니다."

다음에 소개하는 사유 실험은 의식을 물리적인 법칙으로만 다루는 일이 그다지 간단하지 않다는 사실을 보여준다. 이 실험은 훌륭한 여성 신경생물학자에 관한 이야기로 그녀를 만들어 낸 철학자 프랭크 잭슨Frank Jackson은 그녀에게 메리라는 이름을 지어주었다. 물론 다른 이름이었어도 상관없다.

메리는 신경생물학자들이 뇌의 물리적 과정들에 관해 모두 알고, 행위가 어떻게 이루어지는지에 관해서도 모두 알고 있는 먼 미래에 살고 있다. 그녀의 전공은 생리학적으로 '색깔 보기'다. 광학과 망막, 자극 전달, 중뇌의 신호 처리와 신피질의 다양한 층 등 이 영역의 모든 것을 완벽하게 알고 있다. 빛의 파장들이 눈의 간상세포와 원추세포를 어떻게 자극하고 근육 수축을 유발하는지, 무엇이 성대를 진동하게 하고, 음파가 어떻게 '파란색'이라는 단어의 패턴을 공기 중에 만들어내는지 확실하게 알고 있다. 그러나 메리가 모르는 것이 한 가지 있다. 그녀는 '파란색'이 어떻게 보이는지 모른다. 이 완벽한 신경생물학자는 파란색이 없는 세상에서, 까만색과 하얀색만 있는 방에서 자랐다. 그녀가 그 방을 떠나 현실 세계로 들어선다면 어떤 일이 벌어질까? 뛰고 춤추며, 기뻐 어쩔 줄 몰라 소리칠까? "굉장하네! 난 파란색이 이렇게 멋진 모습이라는 걸 전혀 몰랐어!" 아니면 그저 색깔을 빨간색과 초록색, 오렌지색과 파란색으로 분류하여 정리할 뿐 새로운 것은 실제로 보지 못할까?

여기에 대한 대답은 상상하다시피 다양하고, 또한 모든 대답이 시사하는 바가 크다. 메리의 발명자인 잭슨은 그녀가 방을 떠나는 순간 무엇인가 새로운 것을 배운다고 생각한다. 이제 메리는 색깔에 대한 자연과학적인 사실뿐 아니라 색깔의 질, 즉 감각질도 안다. 그 어떤 이론적인 지식도 자두의 푸른색이 어떤지, 토마토의 붉은색이 실제로 어떻게 보이는지—하물며 깨무는 것은 당치도 않고—메리에게 설명할 수는 없다. 메리는 새로운 지식, 예를 들어 다른 감각을 말해보자면 초록색 잔디의 느낌과 건초의 향기를 알게 될 것이다. 잭슨에 따르면 의식을 자연과학적인 법칙에서 일방적으로 추론하는 일원론은 기능을 발휘할 수 없다.

그러나 다른 철학자들은 메리가 색깔을 보아도 인지 능력에 어떤 의미가 있는 새로운 지식은 얻지 못한다고 주장한다. 메리는 색깔을 상상하는 능력을 개선할 뿐이라는 것이다. 철학자들은 이를 거의 의심하지 않았지만, 많은 분석가들은 사유 실험에 대한 토론에서 메리가 다른 사람과의 관계와 관련하여 새로 얻은 능력으로 주의를 돌렸다. 메리가 색깔을 상상할 수 있게 되면서 다른 사람들이 이를 어떻게 인식하는지 생각할 수 있는 능력을 얻었으며, 다른 사람들이 붉은 토마토를 볼 때는 어떨지도 알게 되었다는 주장이다. 이는 인식의 면에서 볼 때 새로운 질이다. 즉 다른 생명체도 감각질과 같은 정신적인 상황을 지녔음을 아는 것이다.

색깔 학자인 메리의 사유 실험이 어떻게 끝났을지, 이원론적인지 일원론적인지는 독자들이 각각 결정할 일이다. 이 일에 대해서는 과학적으로 결정할 수 없다는 주장만이 옳다. 아마 역사적인 양대 사유학파와는 다른 철학적인 기본 견해를 지닌 사람도 있을 것이다.

어쨌든 이런 질문에 대한 각자의 견해는 순간이동teleportation 사유 실험이 보여주듯이 직관의 영향을 많이 받는다. 이 실험은 샌디에고 신경과학연구소의 네덜란드 인지연구가 베르나르트 바르스Bernard Baars가 생각해냈다. 특수한 수송기로—아마「스타트랙」엔터프라이즈호의 '스코티, 날 순간이동 시켜줘Beam me up, Scotty'와 비교할 수 있을 듯하다—원하는 곳 어디로든 여러분을 순식간에 데려다주겠다는 제안을 받았다고 상상해보라.

여러분은 어떤 방으로 들어간다. 그런 다음 시작 단추를 누르는 순간 여러분의 세포에서 모든 정보가 읽히고 어딘가에 저장되며, 여러분의 몸은 파괴된다. 수송기는 얻은 자료를 여러분이 선택한 목적지로 광속으로 보낸다. 자료는 그곳에서 여러분과 동일한 복제품을 만드는 데 사용된다. 여러분의 뇌가 다시 완벽하게 만들어지므로 복제품도 여러분과 똑같이 행동하며, 여러분이 예전에 지녔던 기억과 똑같은 기억과 성격과 애호와 열정을 갖게 된다. 여러분 존재의 연속성은 우주를 광속으로 지나온 전송 과정 중에만 단절된다(그 과정에서 실제로 일어날 수 있는 실수는 고려하지 말자).

아마 많은 사람들이 이런 여행을 하려고 할 것이다. 이들은 뇌가 도착할 때 뉴런의 마지막 연결 부위까지 모두 완벽하게 새로 만들어졌으며, 이와 더불어 고유한 의식도 그대로 생겼다고 주장한다. 이렇게 생각하는 사람들은 일원론자들이다. 다른 사람들은 이 제안을 거절하고, 이런 순간이동은 소풍이 아니라 죽음의 다른 표현이라고 말할 것이다. 이렇게 생각하는 사람들은 이원론자들이다. 이들은 자의식이 만들어지는 데 물질보다 더 많은 것들이 필요하다고 믿는다. "모든 영혼은 신의 새로운 창조물입니다. 수태와 출산 사이의 언제쯤엔 성장하는 태아에게 심겨지지요." 뇌 연구가 존 에클스는 이렇게 믿는다.

아마 많은 독자들은 일원론자가 되기를 선호할 터인데, 그렇다면 다음을 계속 읽어가는 동안 무척 힘든 시험에 부딪히게 될 것이다.

암흑 속의 비행사

시야의 중간, 코 방향으로 15도 부근에 앞을 전혀 볼 수 없는 둥근 형태의 영역이 있다. 여러분과 다른 모든 사람과 영장류와 원숭이들의 이곳은 박쥐의 작은 눈보다도 못하다. 언제나 이런 상태였지만, 여러분은 자신의 양쪽 시각 기관에 이런 '맹점'이 있다는 느낌을 받은 적이 없다. 고대 이집트인과 그리스인과 로마인, 탁월한 해부학자였던 레오나르도 다 빈치와 같은 르네상스 사람들도 알지 못했다. 17세기 중반에 와서야 프랑스의 마리오트 Abbé Edme Mariotte가 눈의 해부를 바탕으로 사람들에게는 전혀 볼 수 없는 자리가 있다는 것을 추론해냈다. 망막에 있는 2억 개 광수용기의 섬유들은 한 지점에서 눈의 내부를 벗어나므로 이 자리에는 시신경 옆에 감각세포가 있을 공간이 없어서 주변에서 오는 정보를 받지 못한다.

맹점은 인간적인 인식 구성을 위한 고전적인 예지만, 부분적으로 아직 결론이 나지 않은 연구 분야다. 분명히 아무런 신호도 받을 수 없는 이 자리를 뇌가 우리에게 알려주지 않기 때문이다. 우리는 희든 잿빛이든 검든, 어떤 모습이 되었든 아무런 점도 볼 수 없다. 사고 기관은 우리에게 완벽하게 볼 수 있다는 환상을 심어주고, 틈의 가장자리에 있는 정보들로 빈틈을 채운다. 심리학자이자 의사인 샌디에고 캘리포니아 대학교의 빌라야누르 라마찬드란은 실험참가자들에게 중간에 검은 점이 있는 노란 원을 보여주고, 검은 점이 참가자들의 맹점에 오도록 했다. 그러자 실험참가자들은 원 전체가 노랗다고 말했다. 그러나 이런 상황은 인간 모르모트들이 다른 쪽 눈을 뜨는 순간 바뀐다. 뇌는 즉시 맞은편 감각 영역의 정보를 사용하고, 이 정보를 맹점의 자리에 놓으므로 맹점은 다시 모습을 감춘다.

쉬는 동안의 형상—예전에 TV에서 프로그램 사이에 보여주던 그림이 아니라, 눈을 깜박이는 동안에도 그대로 있는 인상—도 인간적인 인식이 부리는 속임수다. 눈꺼풀은 눈을 촉촉하게 하고 청소도 하기 위해 규칙적으로 닫히는데, 이 일은 거의 알아챌 수 없이 이루어지고 보통 0.1초밖에 걸리지 않는다. 이 시간에는 주변의 정보가 눈에 전혀 들어오지 않지만, 우리는 방의 전등이 깜박거리는 것과 달리 눈의 깜박거림을 정보 흐름의 차단이라고 의식하지 못한다. 신경계의 기제들은 마지막으로 본 모습이 짧은 동안 그 모습 그대로 지속되도록 작동한다.

시야 전체를 또렷하게 파악한다는 우리의 느낌도 착각에 불과하다. 아래에 적힌 문장 가운데에 있는 점에 시선을 고정한 다음, 왼쪽과 오른쪽의 글씨를 되도록 많이 읽도록 노력해보라.

다는않 지이보 에밖금조 · 면지어멀 서에심중

양쪽으로 아마 두세 글자만 읽을 수 있을 것이다. 더 잘 보려면 바깥쪽의 글자들은 크기가 아주 커져야 하는데, 중심에서 멀수록 거리에 상응하여 더욱 커져야 한다.

어떤 물체를 정확하게 인식하거나 이 책의 문장들을 읽으려면 눈이 이리저리 움직이므로, 가장 또렷하게 보이는 자리도 물체 위에서 옮겨 다닌다. 밤하늘의 별이 깜박이는 듯이 보이는 현상도 이런 이유에서다. 도약안구운동이라고 불리는 이런 눈의 움직임은 1초 안에 두세 번 생기고, 한 번 움직이는 데는 0.03~0.07초가 걸린다. 빠른 움직임 때문에 작은 떨림이 계속 생기는데, 카메라맨이 이랬다가는 아마 직업을 잃게 될 것이다. 그러나 우리 인식 속의 형상들은 흐릿하지도 밀려나지도 않은 또렷한 모습이다. 깜박거림을 교정하는 것은 뇌의 피드백 시스템이다. 아마 눈의 움직임을 일으키는 뉴런적인 명령의 복제품이 뇌의 여러 영역으로 동시에 보내지고, 이곳에서 눈이 일으킨 지체가 계산될 것이다. 몇몇 신경생물학자들은 여기에 더하여, 도약안구운동 동안에 시력이 잠깐 중단되거나 견고한 중간 형상으로 바뀐다고 추측한다.

"일상생활이 만들어내는 필름에서 도약안구운동과 깜박거림 때문에 잃어버리는 이 작은 부분들을 모두 모으면, 놀랍게도 하루에 60분에서 90분이나 됩니다! 한 시간 또는 그 이상인데, 그동안 시력이 영향을 받을 것 같지만 사실은 아니지요. 학자들이 19세기에 이것을 연구하기 전까지는 아무도 깨닫지 못했습니다." 패서디나에 있는 캘리포니아 기술연구소의 의식연구가 크리스토프 코흐 Christof Koch는 놀라움을 금치 못하며 이렇게 이야기한다. 코흐와 그의 동료 프랜시스 크릭 Francis Crick은 시각적인 의식을 일으키는 데 참여한 뉴런의 흔적이 깜박거림과 도약안구운동을 통해 밝혀질 수도 있다고 주장한다. 망막의 감각세포가 정보 흐름의 차단으로 스파크를 중지한 동안, 일시적으로 견고한 형상을 만들도록 하는 감각세포들은 활성화된 채로 있을 수 있다는 주장이다.

모든 인식의 기반은 뇌의 판단 행위다. 물리학자이자 음악-음향적 그리고 시각적 인식 연구의 창시자인 헤르만 폰 헬름홀츠(Hermann von Helmholtz, 1821~1894)는 이미 인식을 '무의식적인 결정'이라고 불렀다. 이는 바깥세상에서 벌어지는 일들이, 뇌에서 일대일 방식으로 만들어지지 않는다는 뜻이다. 감각은 실수하기 쉬우며, 물리적으로 사용할 수 있는 자료 가운데 단지 작은 부분만 남기는 필터, 바깥에서 오는 신호를 다시 광범위한 해석 속으로 집어넣는 필터와 비교할 만하다. 이렇게 하여 착각과 망상과 삭제와 튀어 오르는 기하학적 도형들이 생겨난다.

칠레의 생물학자 움베르토 마투라나Humberto Maturana는 자신의 저서 『있음에서 함으로From Being to Doing』에서 인간과 인간의 인식 능력을 계기 비행을 하는 비행기 조종사와 비교한다. 이 사람은 조종실에 앉아, 완벽한 어둠 속을 비행한다. 그는 외부세계에 전혀 접근할 수 없다. 경치도 보이지 않고, 산과 같은 장애물도 보이지 않는다. 그는 오로지 계기의 신호만으로 행동하고 결정한다. 계기의 수치가 바뀌면, 거기에 맞추어 행동한다. 그가 무사히 착륙하면 육지에서 그를 지켜보고 있던 동료들이 기뻐하며, 안개와 폭풍우와 눈을 이겨낸 그에게 축하 인사를 건넨다. 마투라나의 은유에 따르면 비행기 조종사는 이런 일들을 전혀 알지 못한다. 그는 자기가 그저 계기만 따랐다고 순진하게 대답한다. 마투르나는 우리 모두가 비행기 조종실에 앉아 있는 이 조종사처럼 인생을 달려가며, 각각 분리된 세상들에 갇혀 있다고 추론한다. 마투라나에 따르면, 신경계는 우선 바깥에서 오는 정보에 고유한 행위로 반응하고 이 정보를 처리하기 위해 있는 것이 아니다. 외부세계는 뇌의 내부 구조에 의해 이미 결정되어 있는 변화를 일으킨다. 그러므로 뇌는 무엇보다도 상황마다 다른 자신의 변화를 계산하는 일에 몰두하고, 안이나 바깥은 알지 못한다. 따라서 세계는 자신의 실제 모습을 우리에게 알려줄 기회가 근본적으로 없다.

털이 달린 꼬리가 의자 아래로 보이면 우리는 그 꼬리의 끝에는 고양이가 달려 있으리라고 생각한다. 나무 뒤에 주차되어 있는 차를 보면, 차의 앞부분이나 뒷부분만 생각하지 않고 전체적인 모습을 인식한다. 없는 부분을 보완하지는 않지만, 이해할 때 우리의 인식에 그 부분을 포함시키는 것이다. 또한 기하학적 도형이 암시되기만 해도—예를 들어 이탈리아의 형태학자인 가에타노 카니스차(Gaetano Kanisza, 1913~1993)의 이름을 딴 '카니스차 착시'처럼 삼각형이 만들어지리라고 생각되는 화살 모양의 모퉁이를 보기만 해도—우리는 그 도형을 알아본다. 교과서에 자주 인용되는 또 하나의 예는 꽃병의 윤곽을 보여주는 그림인데, 이 그림은 서로 마주보는 두 얼굴로도 보인다. 이런 현상을 '가역적 형태 reversable figure'라고 부른다. 인식은 두 개의 구체적인 해석들 사이를 오고 갈 뿐, 중간 형태나 혼합된 형태를 보게 되는 일은 결코 없다.

직관적으로 자신의 삶을 잘 영위하는 사람들에게는 마투라나의 구상이 무척 낯설게 느껴질 것이다. '좋아, 내 감각이 수학적으로 옳지 않을 수도 있겠지. 하지만 그게 나와 무슨 상관이 있지? 난 중요한 것들을 모두 알고 있잖아. 내 인생을 계획할 수 있고, 직업도 잘 꾸려나가고, 돈도 충분히 벌고, 사기를 당하지 않고 물건을 살 수 있고, 아이들에게 뭘 가르쳐줄 수도 있고, 언제 누구와 자고 싶은지도 알고 있어. 도보 여행을 할 수도, 춤을 출 수도, 차를 운전할 수도 있고, 해변에서 석양을 만끽할 수도 있어. TV 속의 형상들을 알아보고, 저녁 식탁에서 친구들과 활기차게 대화를 나누거나 싸우거나 웃을 수 있고, 슬퍼할 수도 있고, 음식을 맛있게 먹을 수도 있어.' 여러분은 아마 이렇게 생각할 것이다.

여러분은 핵심을 파악했다. 진화는 인식하는 자가 아니라 실용주의자로 호모 사피엔스를 만들었다. 우리는 이 세상에서 우리에게 중요한 부분만 인식한다. 다른 환경에 살거나 그곳에서 적응하는 유기체는 이 물리적 세계에서 완전히 다른 부분에 관심을 둔다. 밤하늘의 통치자인 박쥐를 다시 한 번 생각해보라. 박쥐는 어두울 때 활동하기 때문에 메아리로 위치를 찾는다.

일상생활에서 어떤 상황의 진실 함량을 인식한다거나 밀려오는 정보를 광범위하게 분석하는 일이 결정적인 경우는 지극히 드물다. 적절하고 빠르게 반응하는 일이 훨씬 더 중요하다. 둥근 모양의 점들이 덤불 뒤에서 한 방향으로 움직였다면, 아프리카에 살던 우리의 조상들에게는 이 점들이 단 하나의 몸, 그것도 위험한 표범의 몸에 있는 점이라고 가정하는 것이 과히 나쁜 생각이 아니었다. 그러므로 확실치 않은 가정을 기반으로 하긴 했지만, 안전한 장소로 도망치는 것이 생존을 보장했다. 의심 많은 도마(예수의 못 자국에 자기 손가락을 직접 넣어보지 않고서는 그의 부활을 믿지 못하겠다고 말한 예수의 제자)의 전략을 선호하고 숨어 있는 맹수에 대한 자신의 추측이 옳은지 그 여부를 확인하려던 사람은 많은 후손을 남길 기회를 아마 얻지 못했을 것이다.

그러므로 인류의 역사에서 중요한 것은 자신이 옳은가의 문제가 아니라 성공적이어야 한다는 점이었고, 특히 시간이 결정적인 요소였다. 지금 무슨 일이 벌어지는지에 관해 반쯤 옳은 추측에 재빨리 도달하고, 자신과 사회 집단을 위해 최선의 해결책을 주는 행위 조건을 계획하는 일이 생존을 보장했다. 그 결과 호모 사피엔스는 사실의 거침없는 해석자가 되었다. "뇌에게 결정적인 것은, 행위에 중요하고 생존에 도움이 되는 가변적인 것들을 평가하는 일입니다. 평가를 할 때는 되도록 빨라야 한다는 것이 중요하지요." 프랑크푸르트 암 마인에 있는 막스플랑크 뇌 연구소 소장인 볼프 징어의 말이다. 이 일이 당연히 우리의 인식 능력에 필연적인 결과를 불러왔다는 것도 언급해두자. "사유가 지각보다 더 믿을 만하다거나 객관적이라고 가정할 이유가 전혀 없습니다. 신경생물학이 우리 인지 능력이 지닌 물리적인 한계를 밝혀내면 낼수록 우리가 많은 것들을 알 수 없다는 사실, 그리고 인식이 힘을 발휘하지 못하는 경계의 저편을 우리가 모른다는 사실이 점점 더 확실해질 것입니다." 징어는 이렇게 강조한다.

'나'의 신경세포

크리스토프 코흐―그리고 죽을 때까지 그와 함께 일했던, 유전물질 DNA의 구조를 밝혀내어 1953년에 제임스 왓슨 James Watson과 함께 노벨상을 받은 크릭도―는 뇌 안의 기이한 관찰자를 사유 실험을 통해 찾지 않았다. 달리기와 암벽타기를 즐기던 이 과학자는 '육체-정신 문제'의 뿌리를 이론적으로 분석하는 대신, 자연과학의 결과를 기반으로 의식의 근본을 탐구했다. 그는 어떤 생물학적 과정이 인간의 뇌에서 의식을 만드는지 알아내려 했다. 우리가 새로운 물체에 관심을 돌리거나 어떤 냄새가 우리에게 즉시 매력을 불러일으키려면, 어떤 뉴런이나 뉴런 다발이 활성화되어야 할까?

철학적 개념으로 말하자면 코흐는 삼인칭 시점을 연구한다. 이 연구는 일원론적 견해, 즉 정신이란 단지 뇌가 만드는 것이라는 확신, 그리고 뇌에 있는 천억 개의 신경세포와 그 상호작용이 700나노미터의 파장을 지닌 전자기적 광선에서 붉은색을 만들어낸다는 확신을 전제로 한다. 코흐는 마인츠의 철학자 토마스 메칭어가 만든 용어, 의식의 뉴런적 상호작용인 NCC(neuronal correlates of consciousness)를 찾는다. "정보들이 NCC에 등장하면 여러분은 언제든지 이를 의식합니다. 뉴런적인 사건과 기제들의 가장 작은 원칙, 의식적인 어떤 특정한 지각을 일으키기에 충분한 원칙을 찾는 것이 목표입니다. 결정적인 세포들의 자극과 이들의 정확한 스파크 패턴을 알려주는 기술—이제 찾아야 할 기술입니다—은 자연적인 형상과 색조와 냄새와 똑같은 지각을 불러일으킬 겁니다." 코흐는 자신의 큰 포부를 이렇게 설명한다.

그러나 어디서부터 찾아야 할까? 뚫고 들어갈 수 없어 보이는, 쉴 새 없이 우리 머릿속에서 스파크를 내며 우리의 행동을 결정하는 천억 개의 극세사와 이들의 연결 부위로 이루어진 그물 조직의 어느 곳에 의식이 숨어 있을까? 어느 홈에 확대경을 대어야 하나? 어떤 주름을 비춰보아야 할까? 의식연구가 코흐는 거의 절망하듯 이렇게 말한다. "뭘 찾는지 모르는데, 어떻게 찾을 수 있을까요?"

많은 연구자들이 NCC를 지나치게 문자 그대로 받아들이는지도 모른다. 다시 말해서 NCC를 개별적인 뉴런 또는 뉴런 집단으로, 뇌 속의 관찰자요 내부의 눈이며 '나'의 결정적인 주무관청으로 본다는 뜻이다. 우리가 '만들어진 기억들'이라는 장에서 이미 살펴본 이런 '할머니 세포들'은 책에 계속 등장한다. 생물학에서 가장 큰 수수께끼에 대한 해답이 어쩌면 여기에 들어 있을지 모른다고 생각하는 사람들이 많다.

실제로 학자들은 극도로 특화된 세포들, 특정하고 좁은 범위이긴 하지만 복합적인 시각적 자극—예를 들어 자기 집, 자동차, 남편, 전 미국 대통령 빌 클린턴 또는 음악가 폴 매카트니—에만 반응하는 신경세포들을 발견했다. 코흐 자신도 한 연구팀의 실험에 동참했는데, 이 실험에서 어떤 간질병 환자의 뉴런 몇 개는 미국 영화배우인 할 베리의 사진을 볼 때만 스파크가 일었다. 다른 한 여자의 세포 몇 개는 시드니에 있는 유명한 오페라하우스를 볼 때만 활성화됐다. 그러나 철학자들뿐 아니라 다른 신경생물학적 비판가들도, 이렇게 단순한 원인과 결과의 패턴이 이 문제의 해답에 결정적인 기여를 한다고 보지는 않는다. 많기는 하지만 유한한 뉴런의 수가, 이론적으로 무한한 대상들을 어떻게 나타낼 것인가라는 문제가 있기 때문이다. 또한 해당되는 뉴런이 먼저 있어야 한다면, 모르는 것들을 우리가 어떻게 인식할 수 있을까? 연구자들은 뇌가 탁월하게 분업을 한다는 것, 즉 당면한 과제를 다양한 부분과 영역으로 넓게 나누는 조직적인 원칙을 지녔음을 알게 되었다.

예를 들어 발생학적으로 아주 오래된 영역에는—우리가 어류나 양서류와 공통점을 지닌 영역이다—40개가 넘는 다양한 신경절이 우리의 일상적인 안녕을 책임진다. 이 뇌간의 영역들은 생명체를 위해 수면과 각성의 리듬, 혈압과 체온, 수분과 미네랄과 영양분을 최적의 상태로 유지하는 규칙적인 순환과 관계가 있다. 뇌간의 핵들이 신호를 보낼 때는 언제나 우리가 기본적인 욕구를 해결해야 함을 의미한다. 먹고 마시고 소변을 보고 잠을 자는 욕구 등 일상생활의 여러 행위는, 이른바 이런 신체 내부 환경의 균형을 유지하기 위해서만 행해진다. 핵이 손상되면 환자들은 의식에 장애를 입는다. 이런 장애는 심각한 의식 불명(이때는 몇 가지 반사만 작동한다)부터 빈약한 의식 상태—

슬퍼 보인다거나 움직이는 물체를 눈으로 따라가는 등 단순한 감정만 가끔 보이는 ― 에 이르기까지 다양하게 나타난다. 사진을 볼 수 있는 여러 검사로 판단하건대, 장애를 입은 모든 의식 상태에는 공통점이 있다. 무의식적인 뇌는 의식적인 뇌보다 에너지 소모가 더 적다는 점이다.

뇌간에 있는 가장 유명한 신경절은 망상체Formatio reticularis다. 1940년대 말에 발견된 이후, 이 조직은 의식의 형성에서 지배적인 역할을 한다고 생각되기도 했다. 동물의 경우 이 영역은 일반적으로 각성에 영향을 주고, 잠을 방해하는 감각적인 요소의 도움이 없어도 뇌를 깊은 수면상태에서 깨울 수 있다. 망상체에 장애를 입은 환자들은 육체가 뻣뻣해지거나 의식불명 상태에 빠진다.

그러나 신경과학자들은 의식의 발생에 각성이 충분한 기준은 아니라고 본다. 각성은 그보다는 의식의 필수적인 전제 조건으로 간주되는데, 이는 정상적으로 작동하는 혈액순환이 뇌에 산소를 확실하게 보장하는 이치와 마찬가지다. 산소가 없으면 누구나 몇 초 안에 쓰러질 것이다. 그러므로 산소와 혈액순환과 영양 공급은 의식을 위한 전제조건이지만, '나'라는 느낌의 원인을 제공하지는 않는다.

뇌 연구가들은 이런 이유에서 시상(視床, Thalamus)도 의식의 중심이라고 간주할 만한 첫째 후보자가 아니라고 본다. 이 부위에 메추라기 알만 한 손상을 입은 환자들 대부분은 주의력에 엄청난 장애를 받는다. 이 부위는 대뇌로 통하는 문과 같기 때문이다. 들어오는 감각들 가운데 후각을 제외한 모든 감각, 그리고 자기 몸에 대한 느낌을 주는 신호의 전달은 이 분배 장소를 통해 이루어진다. 시상은 뇌의 호르몬 중추 및 지각중추와 깊은 관련이 있고, 예를 들어 뱀을 보면 대뇌에 장황하게 묻는 일 없이 심장 박동수를 높이고 근육을 긴장시켜 몸이 도망칠 준비를 하게 한다. 시상은 이것 말고도 각성과 주의력을 조절하는 영역들과 연결을 유지하고, 눈의 움직임도 명령한다. 사람들이 경치를 주의 깊게 바라보거나 길을 건너기 전에 주변을 탐색할 때도 시상이 필요하다. 그러므로 병이나 사고로 이곳이 파괴되면 지각의 많은 기본적 기능들에 장애가 나타나는 일은 당연하다. 그러나 시상은 사과가 익었는지 썩었는지, 사과의 재질이 밀랍인지 나무인지, 결과를 두려워할 필요 없이 옆집 정원에서 따먹어도 되는지를 결정하지는 않는다. 이렇듯 광범위한 관찰과 거기에서 나오는 결론은 대뇌가 생각한다.

우리 머릿속의 피자

주름이 많은 이 조직—많은 사람들이 부드럽게 피가 잘 통하는 콜리플라워를 연상하는—은 상대적으로 늦게 나타난 자연의 산물이다. 대뇌피질Cortex cerebri은 포유류에게만 있으며, 사람에게서 가장 발달했다. 피질은 사람의 뇌 전체 부피 가운데 약 80퍼센트를 구성한다. 평균 지름은 35센티미터이며, 면적은 1,000제곱센티미터이다. 그러므로 우리 사고 기관의 가장 중요한 조직은 책의 그림들이나 부피 단위의 표시가 우리에게 보여주는 것과는 달리, 원 모양의 구조가 아니라 피자 형태 또는 두께가 2~3밀리미터 정도인 팬케이크—커다랗고 형태가 제대로 잡히지 않은—모습이다. 그러나 그런 조직을 목 위에 얹고 돌아다니면 지극히 비실용적이므로, 창조적 '종이접기의 달인'인 자연은 피질이 우리 두개골 안에 자리를 잡도록 잘 접었다.

주름과 고랑과 계곡 형태인 이랑의 전체 복합체는 200억 개의 신경세포—1제곱밀리미터당 10만 개—로 이루어져 있으며, 이들은 200조의 자리에서 서로 연결되어 있다. 상상하기는 어렵지만 이 숫자를 한번 눈앞에 떠올려보면, 신경생물학적인 뇌 연구가 가끔 의기소침해지는 모험임을 이해하게 될 것이다.

뉴런의 세포체 말고도 전선처럼 생긴 이들의 돌기들과 보조세포helper cell들도 있다. 학자들은 피질의 구조를 서로 다른 여섯 가지 층으로 나눈다. 신경연구가들은 사람들에게서 볼 수 있는 특성을 우리 뇌에서 가장 발달한 부분에서도 찾았다. 피질은 무엇보다도 자기 자신과 자신의 복잡한 계산에 몰두한다는 점이 바로 그것이다. 그러나 그 가운데 어떤 것을 사람들이 의식하고 어떤 것을 의식하지 못하는지는 뚜렷하게 밝혀지지 않았다. 다른 말로 하면, 피질에서 일어나는 활성화는 저절로 의식되지 않는다.

우리 머릿속의 피자는 다양한 기능을 지닌 영역들의 모자이크와 같다. 100개 이상의 다양한 영역이 반죽 위에 얹은 모차렐라 치즈와 올리브와 정어리처럼 옆에 서로 편평하게 놓여, 각자 다른 임무를 수행하고 있다. 약간 도식화하여 설명하자면, 좀더 머리 뒤쪽에 놓인 영역들이 감각 정보와 인식의 처리, 예를 들어 눈을 통해 받아들인 자료를 담당한다. 그러므로 형상은 우리의 뒷머리에서 생기고, 우리는 여기에서 세상과 사람들을 본다고 말할 수 있다.

이에 비해 이마 쪽의 부분은 할 수 있는 행위를 구상하고 잘못을 바로 잡거나 도덕적인 갈등에서 벗어나는 길을 추측해야 할 때 관여한다. 언어와 감정과 정신적인 상황의 중추도 여기에 있다. 전뇌 또는 학술 용어로 전전두피질이라고 불리는 이 영역은, 호모 사피엔스의 경우 상대적으로 무척 거대한 크기로 발달했다. 고양이의 경우 이 영역은 피질 전체 부피의 3.5퍼센트, 원숭이는 10.5퍼센트, 사람은 거의 30퍼센트다. 이 수치는 사람의 성격, 그리고 사회 집단에서 함께 살아가는 데 중요한 고도의 뇌 기능들이 이곳에 많이 자리 잡고 있음을 보여준다. 이에 상응하여 이마 뒤의 영역은 기억 형성의 중심인 해마와 감정의 수원지인 편도핵과 밀접하게 연결되어 있다. 또한 전전두피질은 호르몬 분비를 조절하는 핵심인 시상하부와도 집중적으로 협력한다. 그러므로 전뇌는 생명체의 기본적인 상태에 영향을 미친다. 예를 들면 공포나 기쁨, 성적인 욕구 또는 안절부절못하며 구운 소시지를 파는 노점을 찾는 행위가 이런 기본적인 상태에 속한다.

전뇌와 후뇌의 중간에 중심고랑이 있는데, 다음에 이 영역에 대해 자세히 살펴보려 한다. 중심고랑의 한쪽 계곡부에 있는 뉴런들은 복합적인 운동 프로그램을 수행하고, 다른 쪽은 몸의 느낌을 표현한다. 두 영역은 물이 든 컵을 쥔다거나 친구에게 눈뭉치를 던진다거나 회의에서 투표하기 위해 손을 들 때 긴밀하게 협조하는데, 마지막 경우는 결정 능력이 있는 전뇌도 참여해야 한다.

시각피질의 회로도만 보면, 매듭이 몇 개 있는 복잡한 전선들 앞에 있는 듯한 인상을 받는다. 수많은 우회로와 지름길과 우연하게 보이는 부속물 때문에 지극히 복잡하여, '증기 파이프들로 이루어진 낡은 공장의 미로'가 생각난다는 크리스토프 코흐의 말에 동의할 수도 있을 것이다. 그러나 이는 우리 인간의 눈으로 관찰할 때만 혼란스럽다. 게다가 지금까지 우리는 있을 수 있는 온갖 배선의 3분의 1만 해독했다. 시각체계는 엄격하게 수직적으로 조직되고 실제로 잘 정리되어 있지만, 연구자들이 전체를 조망하기 어려울 뿐이다. 신호는 망막으로부터 시상으로, 그 다음에는 V1과 V2라고 불리는 시각피질의 첫 장소로, 그리고 더 높은 단계로 움직인다. 그러나 모든 정보가 들어가는, 지휘부나 수뇌부라고 부를 만한 중심부는 없다. "시각체계 전체를 내려다보는 올림포스 산은 없습니다." 의식연구가 코흐는 이 상황을 이렇게 표현한다.

이에 상응하여, 수직적인 조직 또한 뇌의 조직이 회사의 조직과 비교될 수 있을 만큼 뚜렷하게 정리되어 있지 않다. 연구자들은 시각체계가 이론적으로 13층 또는 24층까지로 나눌 수 있게 구성되어 있음을 확인했다. 그러나 한 회로도가 다른 회로도에 비해 더 옳다거나 틀리다고 할 수는 없다. 조직이 뚜렷하지 않다는 뜻이다. 놀랄 만한 사실은 이것 말고도 더 있다. 정보는 산 위를 향해 다양한 단계의 일방통행로를 달리다가 어디론가 사라지는 게 아니다. 신경절은 보통 서로 상관적으로 연결되어 있다. 다시 말하면 정보는 낮은 단계에서 높은 단계로, 그리고 다시 낮은 단계로 흐른다. 전문가들은 이를 '피드포워드Feedforward' 그리고 '피드백Feedback' 연결이라고 부른다. 그러니까 뇌는 광범위한 피드백 회로와 가로의 결합들로 이루어져서, 한 부분은 다른 부분이 무엇을 계산했는지 대부분 안다. 이렇게 하여 종속성과 상호 조건들을 기반으로 하는 정보처리 시스템이 만들어진다. 그 어떤 신경절도 다른 신경절보다 더 값어치 있지 않으며, 자기 옆의 것보다 더 중요하거나 더 낫지도 않다.

의식과 눈

시각체계만큼 연구가 잘 되어 있는 감각은 없다(그러나 이 말이 우리가 시각체계에 대해 근본적으로 안다는 뜻은 아니다). 우리 머릿속 이 뉴런 뭉치의 수직적 조직은 놀라울 정도다. 망막의 시세포들은 바로 옆에 있는 V1—피질의 입구—의 뉴런으로 투영된다. 이는 모든 세포가 각각 특정한 영역을 차지하고 있으며, 이들이 함께 전체 시야를 구성한다는 뜻이다. 그러나 세상의 모습은 굴절되어 있다. 우리 시각에서 가장 예리한 중심와fovea는 시야에서 1도에 해당할 뿐이지만(앞에서 '다는앉 지이보 에밖금조 · 면지어멀 서에심중'이라는 문장으로 했던, 예리하게 보는 연습을 기억해보라), 한 눈으로만 보이는 주변부만큼이나 많은 자리를 차지한다.

1950년대 말에 하버드 의대의 데이비드 휴벨David Hubel과 토르스튼 위즐Thorsten Wiesel이 선구자적인 업적을 남긴 이래로 학자들은 예를 들어 어떤 자극이 피질의 세포들을 가장 탁월하게 활성화하는지 연구하는 데 많은 노력을 기울인다. 이런 연구들에서 V1의 뉴런들이 방향에 매우 민감하며, 시야에서 광선이 특정한 각도를 지니면 스파크를 가장 잘 내지만 각도가 몇 도만 바뀌어도 침묵한다는 등의 사실들이 밝혀졌다. 연구자들은 여기서도 특징적인 규칙을 발견했다. 옆에 있는 뉴런들은 살짝 다르게 조절된 물체에 탁월하게 반응하기 때문이다. 이렇듯 1밀리미터 안에, 360도 원에서 가장 잘 반응하는 각도가 각각 다른 세포들이 들어 있다. V1에 있는 다른 뉴런들은 짧은 광선에 특히 잘 반응하지만 긴 광선에는 적게 반응하고, 빨강과 초록처럼 복합적인 보색의 공간 결합에 반응을 보이기도 한다.

V2세포들은 모서리와 윤곽에 반응하는데, 물리적으로 존재하는 것뿐만 아니라 우리가 상상하는 것에도 반응한다. 그러므로 도려낸 틈이 있는 세 개의 원밖에 없음에도 불구하고 삼각형으로 보이는 카니스차 착시의 근본은 피질의 이 영역에 숨어 있는 것이다.

뇌 연구가들이 색깔을 인식하는 기제를 지금까지 도무지 밝혀내지 못하는 것은 자연의 아이러니다. 천연색 세상이 어떻게 발생하는지는 아직 밝혀지지 않았다. 이 문제는 사람들에게 지극히 중요하고, 철학자들에게는 의식 연구에서 중추적인 문제를 설명하기 위한 대표적 본보기다. 시각체계의 많은 결절이 광파장에 관한 정보를 처리한다고 보이지만, 여기서 우리는 개념에 주의해야 한다. 정확하게 말하자면 연구가들은 파장뿐 아니라 색깔, 즉 파장에 대한 우리의 인상을 이용하는 신경망을 찾는다. V1영역이 이미 V4영역처럼 색깔을 불러일으킨다는 증거들이 몇 가지 있다. 사진을 보여주는 검사들은 색깔의 인식이 뇌 여러 곳에 퍼져 있는 중추들을 활성화함을 시사한다. 그러나 무지개처럼 파랑에서 빨강까지 색깔들이 나란히 있는 피질 속의 장소는 아직 발견되지 않았다. 어쨌든 이른바 방추상회(Gyrus fusiformis, 관자놀이 아래에서 뒷머리 방향으로 뻗은 피질 부위)가 색깔에 가장 중요한 결절인 듯하다. 이 영역에 장애를 입은 사람은 흑백 TV를 보듯이 세상을 본다.

  눈에서 피질로 오르는 신호의 길을 마치 산책길처럼 오를 수 있다면, 얼마 지나지 않아 엄청난 갈림길에 도달할 것이다. 길은 왼쪽과 오른쪽으로 갈라진다. 그러나 더 정확하게 말하자면 한 길은 뇌의 뒤편으로, 다른 한 길은 아래편으로 나 있다. 몇 년 전에야 발견된 이런 정보 흐름의 분리는 다이애나 플레처—학술서적에서 D. F라는 약자로 표시되는 일이 많다—의 사례가 보여주듯이 인간의 지각 연구에서 엄청난 결과를 가져왔다.

  이 여자 환자는 서른네 살 때 환기가 잘 되지 않는 욕실 가스

버너 때문에 일어난 심한 사고로 일산화탄소에 중독됐다. 플레처는 혈액 속의 산소 운반을 방해하여 질식 현상을 불러일으키는, 냄새 없는 이 가스 속에 몇 분 동안 의식을 잃은 채 누워 있었다. 의식불명 상태에서 깨어난 그녀는 적어도 처음 보기에는 시각장애인이었다. 색깔과 구조는 아직 알아보았고 장애물 사이를 지나듯 방에서 혼자 이리저리 다닐 수도 있었지만, 물체의 형태나 칠판의 글자를 알아보지 못했고 손에서 손가락을 몇 개 들었는지 그 숫자를 댈 수도 없었다. 남편의 얼굴이나 자기 얼굴도 알아보지 못했다.

더럼 대학교의 심리학자 데이비드 밀너David Milner가 연필을 치켜들고 다이애나 플레처에게 이 물건이 무엇인지 물었을 때, 그는 이 환자의 경우가 특이하다는 것을 알아차렸다. 예상했던 대로 플레처는 이 필기도구를 인식하지 못했지만, 갑자기 연필을 향해 정확하게 손을 뻗어 익숙한 손놀림으로 심리학자의 손에서 그것을 빼앗았다. 그런 다음 그 물건을 만져보고는 연필이라고 대답했다.

앞을 보기 무척 힘든 이 환자가 어떻게 아무런 문제없이 연필을 잡을 수 있었을까? 그는 이 문제를 자세히 알아보기 위해 캐나다 웨스턴 온타리오 대학교의 멜빈 구데일Melvyn Goodale과 함께 수많은 실험을 했는데, 이 실험들은 오늘날 시각 의식에서 가장 기초가 확실한 연구로 간주된다.

의사들은 이 환자에게 예를 들어 우편함의 틈을 보여주고 이 물건이 무엇인지 물었고, 그녀는 모른다고 대답했다. 학자들이 플레처의 손에 카드를 한 장 쥐어주고 우편함 틈으로 넣으라고 하자, 그녀는 거부하며 자기는 그런 일을 할 수 없다고 대답했다. 하지만 실제로는 전혀 문제가 없었다. 플레처는 카드를 잡아 목표를 향해 똑바로 움직였다. 그런 다음 카드와 우편함의 틈이 같은 방향이 되도록 손을 돌려, 마치 시각장애가 없다는 듯이 아무 어려움 없이 카드를 틈으로 집어넣었다. 그녀는 큰 물체를 작은 물체와 구별하지 못했지만 그것을 잡으라는 임무가 주어지면 문제없이 해냈고, 손의 넓이도 물체의 크기에 맞게 벌렸다. 움직이기 시작한 다음 불이 꺼지더라도 끝까지 성공적으로 정확하게 행동할 수 있었다.

다이애나 플레처는 '시각적인 지각'에 문제가 있었고, 그녀 자신도 그것을 알았다. 그러나 '시각적인 행위'에는 전혀 문제가 없었는데, 의식이 개입하지 않았으므로 이런 상황을 그녀는 모르고 있었다. 우리는 이 상황을 일반화하여 다음과 같은 결론을 낼 수 있다. 어떤 물체를 그저 지각하기 위한 정보와는 달리, 행위를 하기 위한 물체의 정보는 사람들이 의식하지 못한다. 우리의 뇌에는, 우리가 인식하지는 못하지만 눈의 통제 하에 행위가 이루어질 때면 언제나 활성화되는 어떤 체계가 존재하는 듯하다. 밀너와 구데일은 자신들의 생각에서 한 걸음 더 나아갔다. 시각적 정보는 일반적으로 두 가지 분리된 경로로 처리된다는 가설을 세웠던 것이다. 이들은 하나를 '행동을 위한 시각 회로(Vision-For-Action-Way)', 다른 하나를 '지각을 위한 시각 회로(Vision-For-Perception-Way)'라고 불렀다.

이 구상은 전문가들 사이에서 비판을 받았지만, 간단한 실험 덕분에 강력한 지지를 받았다. 많은 사람들이 크기에 대한 지각이 주변에 의해 얼마나 많이 틀릴 수 있는지 보여주는 티치너의 그림을 알고 있다. 미국 심리학자 에드워드 티치너(Edward Titchener, 1867~1927)의 이름을 딴 그림은 똑같은 면적의 원이 두 개 있는데, 하나는 작은 원에, 다른 하나는 큰 원에 둘러싸여 있다. 이미 말했듯이, 이 그림을 살펴보는 실험참가자들은 작은 원으로 둘러싸인 원을 옆에 있는 똑같은 크기의 원보다 크게 본다. 그러나 원들을 만져보라고 하면, 이들은 엄지와 검지를 두 원에서 똑같은 크기로 벌린다. 여기서 우리는 행위 회로가 무의식적으로 일할 뿐 아니라 더 정밀하게 일하며, 지각 회로보다 속이기도 쉽지 않음을 알 수 있다.

이탈리아 출신인 런던 대학교의 심리학자 움베르토 카스티엘로Umberto Castiello 연구팀은 잘 고안된 실험을 통해 두 가지 경로의 정보 처리 속도를 쟀다. 학자들은 실험참가자들에게 모니터에 어떤 상이 나타나면 '타'라는 소리를 내고 동시에 그것을 잡으라고 말했다. 몇 번은 상이 움직이기 시작한 다음에 위치가 바뀌어서, 손의 움직임도 바뀌어야 했다. 이 실험에서 학자들은 어떤 목표를 향한 행위의 시작이, 의식된 지각보다 0.31초—다시 말해서 3분의 1초가량—앞선다는 결론을 내렸다.

다른 실험들에서도 비슷한 수치인 0.315초라는 결과가 나왔다. 유기체가 운동성 언어 프로그램을 활성화하는 데 필요한 시간을 빼야 하기는 하지만, 다용도 체계라는 구상은 사실로 판명됐다. 우리는 달걀이 식탁에서 굴러 떨어지는 것을 보기 전에 그것을 향해 손을 뻗고, 공이 차도로 굴러 나오는 것을 보고 어린 아이가 갑자기 튀어 나오리라고 짐작하기 전에 브레이크를 밟는다. 미친 듯이 손을 올려 공을 막아낸 어떤 골키퍼가, 그렇게 예리한 공을 어떻게 막을 수 있었느냐는 감탄의 질문을 인터뷰에서 받으면 이렇게 대답한다. "어떻게 된 일인지 저도 모릅니다. 그냥 그렇게 했어요." 우리는 이제 그가 사실을 말했다는 것, 그리고 그 말이 왜 사실인지도 안다. 행동은 보는 것보다 빠르기 때문이다.

시각체계에서 흥미로운 또 다른 영역은 V5인데, 전통적으로 MT라는 약자로 쓴다. 학자들은 여기서 움직임을 보는 본거지를 상당히 정확하게 증명할 수 있었다. V5/MT영역에 장애를 입은 환자들은 기이한 형태의 지각 손상을 경험한다. 제1차 세계대전에서 MT 영역에 뇌 손상을 입은 군인은 움직임을 더 이상 알아볼 수 없었다. 그는 시계를 볼 때 초침을 연속적으로 알아채지 못하고 "여기" 또는 "저기"라고 말하고, "중간은 절대 아니다"라고 했다.

런던의 뇌 연구가 세미르 제키Semir Zeki는 자신의 저서에서 L.M이라는 여자 환자에 대해 자세히 언급했다. 이 환자의 V5/MT영역은 잘못된 혈액 공급 때문에 완전히 망가졌고, 그 결과 그녀는 움직임을 알아보지 못하여 일상생활에서 막대한 지장을 겪고 있었다. 예를 들어 L.M은 자동차를 알아보는 데는 아무런 문제가 없었지만, 차의 속도를 짐작할 수 없었으므로 거리를 가로질러 갈 수 없었다. "이 환자에게는 액체가 마치 얼어붙은 듯이 보였기 때문에, 차나 커피를 컵에 붓기 어려웠다. 또 컵이나 주전자 속의 액체가 얼마나 차오르는지 보이지 않았기 때문에 언제 그만 부어야 할지도 몰랐다." 사람들과 지내기도 힘들었다. 그녀는 말하는 사람의 얼굴, 특히 입의 움직임을 알 수 없었기 때문에 대화를 나눌 때 이야기를 이해하기 힘들어했다. 두 명 이상이 움직이는 공간에서는 불안함을 느껴 보통 얼른 나왔다. "움직이는 걸 보지 못했는데, 사람들이 갑자기 여기 또는 저기에 있거든요." 이 환자는 사람이 많은 장소나 거리에서도 똑같은 문제에 부딪쳤고, 그래서 되도록 그런 장소를 피했다.

스탠포드 대학교의 빌 뉴섬Bill Newsome은 '움직임의 뇌'인 V5/MT에서 뉴런이 어떻게 반응하는지 처음으로 묘사했고, 이를 통해 의식 연구에서 결정적인 단계로 나아가는 발전을 이룩했다. 뉴섬은 V5/MT 세포들의 반응을, 사람들처럼 이 영역을 지닌 원숭이들의 행동과 서로 연관시킬 수 있었다. 그는 뒤죽박죽 움직이는 점들을 배경으로 동일하게 한쪽으로만 움직이는 점들의 방향을 원숭이들이 대답하도록 이들을 훈련시켰다. 동물들이 다양한 난이도의 과제를 수행하는 동안 뉴섬과 동료들은 V5/MT 안의 세포들을 관찰했는데, 여기서 놀라운 사실이 밝혀졌다. 어떤 뉴런이 극도로 활발하게 반응을 하면, 원숭이는 이 세포가 잘 반응하는 방향을 고르는 경향을 보였다. 거꾸로 연구자들이 V5/MT 세포 가운데 하나 또는 몇몇을 전류 충격으로 자극했을 때는, 자극을 받은 세포가 예를 들어 하강 운동을 암호화하면 원숭이는 하강 운동의 신호를 보내는 경향을 보였다. 그러나 지각이 없는 자극만으로는 원숭이가 어떤 방향을 결정하도록 할 수 없었다.

뉴섬과 그의 동료들은 움직임을 보는 의식에 필요한 뉴런적 상호작용 NCC을 발견했는가? 이런 결론은 약간 성급하다. V5/MT세포에 의식을 향한 통로가 있는지는 아무도 결정할 수 없고, 원숭이들이 행동을 결정했을 때 무엇을 느꼈는지 그리고 이들이 움직이는 점을 의식적으로 지각했는지도 알 수 없다. 이 장의 첫 부분에 나오는 박쥐의 예를 기억하자. 동물이 무슨 생각을 하는지, 그리고 동물도 뭔가 결정할 때 우리처럼 하는지 누가 알 수 있으랴.

연합체들 사이에서 벌어지는 경쟁

튀빙겐 막스플랑크 생물학적 인공두뇌학 연구소의 뇌 연구가인 니코 로고테티스 Niko Logothetis는 박쥐 떼를 우아한 방식으로 조사했다. 그는 NCC에 아주 가까이 접근했는데, 몇 년 간에 걸친 그의 탁월한 실험을 이해하려면 우선 약간 거슬러 이야기를 시작해야 한다.

여러분은 '가역적 형태'를 기억할 것이다. 이때 사람의 지각은 2차원적인 하나의 그림, 예를 들어 선분이 열두 개인 '네커의 정육면체'를 하나는 주사위 안쪽, 다른 하나는 바깥쪽이라는 두 가지 방식으로 해석한다. 이 현상은 시사하는 바가 많다. 우리가 두 가지 형태의 혼합 형태를 보는 일은 결코 없으며, 한동안 한 형태를 보다가 바로 그 다음에 다른 형태를 보는 식이다. 우리가 집중력을 묶어둠으로써 한 가지 해석의 패권을 어느 정도 연장할 수는 있겠지만, 그래도 지각은 의지와 상관없이 언젠가는 무너지고 다른 해석을 선호하게 된다. 두 가지 형태가 지각상의 패권을 위해 싸운다고 말할 수 있을 것이다. 한 번은 바깥쪽 주사위가, 한 번은 안쪽 주사위가 확고한 자리를 차지한다.

뉴런상에서 일어날 만한 과정을 생각해보면, 두 종류의 세포들을 발견하리라고 예상할 수 있다. 하나는 눈에서 오는 초기 신호에 아주 가깝게 있는 세포들, 그리고 다른 하나는 지각이 꺾이면서 반응이 달라지는 세포들이다. 달리 표현하자면 망막의 똑같은 물리적 상태, 즉 종이 위에 그려진 동일한 선분 패턴이 뇌의 높은 단계에서는 다양한 뉴런들—지각이 어느 해석에 우월권을 부여하는가에 따라—을 활성화할 수 있다는 뜻이다. 이는 신경과학자들에게 의식 신경세포를 발견할 최적의 전제조건을 제공한다.

양쪽 눈에 다른 그림을 보여줄 때도 비슷한 결과가 나온다. 우리가 두 가지 소재의 혼합 형태를 보는 일은 전혀 없으며, 이 그림 또는 저 그림을 교대로 본다. 뇌 연구가들은 이런 양안兩眼경쟁에서 신경세포의 연합체들이 지각을 결정하기 위해 서로 다툰다고 추측한다. 예를 들어 왼쪽 눈으로 들어오는 신호를 처리하는 집단이 특히 활발하면 이들이 상대편 연합체를 억누른다. 잠시 뒤에 이들의 억누르는 힘이 사라지면 지금까지 야당이었던 쪽이 권력을 차지하고, 잠시 뒤에는 다시 뒤집힌다. 한 그림의 주도권이 유지되는 시간은 그 내용에 달려 있다. 그러나 한 연합체가 다른 연합체를 지속적으로 제압하는 일은 절대 벌어지지 않는다. 의회와 어느 정도 비슷하다고 말할 수 있다.

로고테티스와 그의 동료들은 일본원숭이들이 해 그림을 보면 언제나 특정한 지렛대를 누르고, 그 외의 그림을 보면 다른 지렛대를 조작하도록 훈련시켰다. 그런 다음 양안경쟁 상황이 뒤따랐다. 로고테티스는 일본원숭이들의 한 눈에는 해 그림을, 다른 눈에는 다른 소재의 그림—사람 모습이든 얼굴이든 나비든 또는 다른 어떤 것이든 상관없다—을 보여주었다. 그는 누른 지렛대를 통해 원숭이들이 그 순간에 어떤 그림을 인식하는지 알 수 있었다. 이런 훈련과 조정 단계를 거친 뒤에 원래 하려던 실험이 시작됐다. 로고테티스는 피질의 여러 영역에 전극을 차례로 심은 다음, 상황에 따른 신경세포의 활동성을 알아냈다. 그런 다음 사진들 중에서 이 뉴런이 아주 잘 반응한 소재를 찾아, 해 그림과 함께 양안경쟁을 하도록 원숭이들에게 보여주었다. 이제 이 세포가 (동일한 상태로 있는) 망막의 입력과 거의 비슷한 반응을 하는지, 아니면 동물들의 (다양한) 지각과 함께 움직이는지가 결정적인 문제였다.

로고테티스는 V1이라고 불리는 아래 단계의 시각피질에는 원숭이가 지금 무엇을 보는지 전혀 신경을 쓰지 않는 세포들이 대부분이라는 사실을 알아냈다. 중간 단계, 예를 들어 V4와 MT/V5영역에서는 연합체 간의 집중적인 경쟁을 증명하는 반응 패턴이 발견됐다. 지렛대 작동으로 보건대, 전체 세포들 가운데 약 절반의 활동성이 원숭이의 지각과 상호 관련이 있었다. 움직이는 자극에 대한 MT/V5 세포의 반응도 비슷했다. 활성화된 세포들 가운데 몇몇은, 원숭이가 이 뉴런이 선호하는 자극을 보는 경우에 스파크를 내는 확률을 높였다는 사실은 주목할 만하다. 이에 비해 다른 세포들은, 자기들이 선호하는 자극이 제지를 당하면 특히 강렬하게 반응했다. 게다가 많은 뉴런은 한 그림에서 다른 그림으로 지각이 바뀌었을 때 특히 활발해졌다. "여기에서 얻을 수 있는 납득할 만한 결론은 이렇습니다. 연합체들이 이 중간 영역에서 서로 경쟁하고, 다른 두 장의 그림이 불러온 애매함을 해결하려고 노력한다는 것이지요. 언젠가 하나가 승리하고, 승자의 정체성이 수직적인 계급의 다음 단계로 알려지는 겁니다." 의식연구가인 코흐는 이렇게 설명한다.

연합체들의 경쟁은 계급의 다음 단계에서 마지막으로 결정됐다. 로고테티스와 그의 동료가 하측두피질(inferotemporal cortex, 약자로 IT. 이 영역은 귓바퀴 뒤쪽쯤에 있다)과 바로 그 옆 영역에서 세포들을 관찰했을 때, 하나의 다른 징후만 제외하고 반응 패턴은 거의 일치했다. 뉴런의 90퍼센트 정도가 망막의 입력에 신경을 쓰지 않고, 원숭이의 지각과 일치하는 반응을 보였던 것이다.

이것이 많은 뇌 연구가들이 그다지도 찾아 헤매던 신경생물학의 성배聖杯 NCC인가? 이 결과들은 적어도 시각적 의식의 본거지가 발견됐으며, 그것이 귀 뒤에 있음을 뜻하는가? 결론부터 얼른 말하자면, 여기에 대해서는 논쟁거리가 충분하다.

그중 하나는 일본원숭이들이 어떤 종류의 의식을 지녔는지 확실치 않다는 점이다. 이들이 지렛대를 눌렀을 때, 우리 인간들이라면 아마 그랬듯이 의식적인 지각을 따랐으리라고 누가 알 수 있으랴? 원숭이들에게 물어볼 수도 없는 노릇이다. 그러나 원숭이들이 보인 행동 방식은 사람들과 무척 비슷하기는 하다. 또한 사람을 대상으로 실시한 사진이 있는 검사들은, 의식적인 활동성이 아마 V1처럼 약간 주변부가 아니라 시각체계의 높은 단계에서 만들어진다는 것을 보여준다.

로고테티스의 작업이 선구자적이긴 하지만, 의식적인 지각이 어떻게 생기는지는 밝히지 못했다. 다른 말로 하면 의식을 만들려면 신경세포들이 서로 어떻게 접속해야 하는지, 그리고 왜 한 번은 이 그림이, 한 번은 다른 그림이 주도권을 잡는지 알지 못했다는 뜻이다. 그러나 브랜다이스 대학교의 언어학자이자 철학자인 레이 재켄도프Ray Jackendoff는 로고테티스의 실험이 어쨌든 뇌에서 감각질—즉 어떤 그림을 본다는 느낌—이 계산되는 위치의 흔적을 찾은 것일 수도 있다고 말한다. 그는 그 위치가 뉴런 연합체들의 싸움이 치열한 피질의 중간 단계라고 생각한다.

마지막으로, 귀 뒤에서 찾아낸 세포들이 원숭이들의 의식 전체를 대표하는 일은 거의 없을 것이라는 제한적인 면을 염두에 두어야 한다. 매 순간마다 수많은 과정들이 뇌의 전혀 다른 영역들에서 진행되며 의식에 기여한다. 시각체계가 형태와 색깔을 처리하는 동안 다른 감각들도—예를 들어 청각이나 피부의 촉각수용기—정보를 나른다. 운동중추는 움직임을 계획하고 배치하며, 기억은 연합하여 끓어오르고, 감정중추는 우리의 지각에 느낌으로 덧칠을 한다. 이 모든 과정이 다양한 피드백과 피드포워드 노선들로 서로 연결되어 있다. 그러나 우리의 직관과는 아주 다르게 이 모든 정보가 집합하는 물리적인 중심지는 발견되지 않는다.

왕이 없는 제국

일요일에 어느 전람회를 방문했다고 가정해보자. 우리는 어떤 그림, 예를 들어 미국의 사실주의 화가 에드워드 호퍼의 「밤샘하는 사람들」의 단순한 색깔과 뚜렷한 선을 관찰하며 감탄한다. 우리 눈길은 떨어지는 그림자를 따라가거나, 어느 새벽 불이 환하게 켜진 뉴욕의 한 바에 머물 수도 있다. 우리는 그림에서 외로움을 느끼고, 밤샘을 하는 이 사람들에게 그 전에 무슨 일이 있었는지, 무엇이 이들로 하여금 이렇게 옆에 앉아 침묵하게 만드는지 생각한다. 피로? 다투고 난 뒤에 오는 모든 언어의 종말? 이제 더 이상 서로 사랑하지 않는다는 자각? 중압감과 피로, 지샌 밤에 대한 느낌이 기억에서 솟아오를지도 모른다.

이 모든 것을 생각하다가 우리의 관심은 갑자기 주머니 속에 있는, 정리할 수 없는 쪽지로 돌아간다. 우리 생각의 한 부분을 언어로 표현하는 운동 프로그램이 작동되기 시작한다. 우리는 함께 온 사람이 대답하는 말을 듣다가, 이유도 모르게 갑자기 내일은 월요일이라 출근을 해야 한다는 생각을 떠올린다. 이 불편한 생각의 샛길은 배가 고프다는 우리 내부의 느낌으로 교체되고, 우리는 어디로 가는 게 가장 좋을지 그리고 거기서 어떤 음식을 고를지 잠깐 눈앞에 그려보기 시작한다. 서 있어서 약간 뻣뻣해진 다리로 다음 그림으로 옮겨가 보기 시작하는데, 옆방에서 아이가 내지르는 소리가 들려온다. 이 소리를 지각하는 동안, 우리는 이미 또 다른 무엇인가를 생각한다. 이런 경험의 필름이 우리를 계속 스치고 지나간다. 의식은 수백, 수천, 수백만의 다양한 상태를 받아들일 수 있다.

이런 상황은 주체인 우리에게, 하나의 '내'가 있고 이런 '나'에게 매 순간 어느 정도 지속적인 경험의 물결이 와서 부딪힌다는 생각이 들게 한다. "일인칭 시점에서 한 가지 사실은 전혀 의심의 여지가 없습니다. 지금 나는 매 순간 '실제의 전체'를 경험한다는 것이지요." 마인츠 대학교의 토마스 메칭어의 설명이다. 그는 이 느낌을 '현상적인 홀론 Holon'이라고 표현하는데, '경험된 전체'라고 번역할 수 있을 것이다. 데카르트가 이미 인식했듯이, 우리는 의식을 하나의 통일체로 경험한다. 그런데 그 많은 다양성에서 어떻게 하나의 통일체가 이루어질 수 있는가 라는 문제가 생긴다.

신경연구가들은 중심부가 없는 거대한 분해 기구가 뇌에 있다는 사실을 알고 있다. 이를 명확하고 단순하게 하기 위해 공기 중에서 회전하고 있는 동전을 하나 관찰해보자. 이 물체는 공간에서 한 궤도 위를 움직이고 회전하며, 이렇게 함으로써 자신의 윤곽을 계속 바꾼다. 금속 표면은 그림자를 던지며 다양한 강도로 빛을 반사한다. 이러는 동안 관찰하고 있는 우리의 뇌에 여러 신호들로 이루어진 만화경이 도달한다. 뇌는 이 복합적인 임무를 수행하기 위해 분배 부서처럼 움직인다. 뇌는 신호를 분해하여, 모든 특수 임무를 해결하는 신경마디들에게로 이것을 보낸다. 시상은 동전을 좇기 위해 눈을 안내하고, V1은 동전이 공간에서 차지하는 위치를 파악하고 선과 형태를 분석하며, V2는 모서리를, V5/MT는 물체의 움직임을 기록하고, 뉴런의 네트워크는 어디에선가 색깔을 추출한다.

우리가 동전을 잡기 위해 손을 뻗으면, 재빠른 '행동을 위한 시각 회로'는 동전의 비행궤도와 손을 내미는 행동이 마주치는 곳에서 공동 작업이 이루어지도록 손을 정확하게 지휘한다. 이에 비해 우리가 느리고 의식적인 '지각을 위한 시각 회로'로 이 장면을 그저 관찰만 하면 동전은 바닥에 부딪쳤다가 튀어 오르고, 우리는 동전이 달각거리다가 조용히 멎는 소리를 듣는다.

뇌는 전체 조직에 널리 퍼져 있는 중추들에서 이 모든 물리적인 정보를 분리하여 분석한다. 모든 분류가 흘러 들어가고 이들이 다시 통일된 형태로 완성되는 최고사령부는 그 어디에도 없다. 그러나 우리는 물체 자체가 여러 분석으로 나누어지리라는 인상을 전혀 받지 않는다. 표면이 없는 윤곽만 춤을 추지도 않고, 형태보다 앞서서 색깔만 뛰어 다니지도 않으며, V5/MT영역이 원래 명령받은 대로 일을 수행하는 한 어떤 물체가 한 점에서 다른 점으로 튀지도 않는다.

우리의 사유 콘서트는 게다가 공간적으로만 해체된 것이 아니라, 시간적으로도 토막이 나 있다. 우리는 시각체계의 정보 처리가 '어떻게'와 '무엇을'이라는 경로로 나뉘어 있으며, 걸리는 시간이 서로 다르다는 사실을 이미 알고 있다. 뇌 연구가 세미르 제키가 밝혀냈듯이, 이와 비슷한 시간적 차이는 색깔과 움직임의 지각에도 존재한다. 우리는 움직임의 변화보다 색깔 변화를 0.08초까지 빠르게 알아챈다. 다른 감각 방식도 이와 비슷하리라고 짐작된다. 다른 말로 하면, 뇌는 자신의 공간적·시간적인 분석이 우리의 지각 안에서 다시 하나의 물체가 되도록 연결해야 할 임무를 띠고 있다. 더구나 제키가 강조하듯이, 피질에서 '종점'도, '최종적인 완성자'도, 내부의 경험을 보여줄 수 있는 무대도 발견되지 않음에도 불구하고 그러하다.

보훔 루르 대학교의 혁신적인 신경정보학자 크리스토프 폰 말스부르크 Christoph von Malsburg는 이런 결합의 문제를 인식하고, 뇌가 일으키는 착각에 현혹되지 않은 첫 인물이었다. 그는 또한 딜레마를 풀 해결책도 제시했는데, 리듬이 바로 그것이었다.

1980년대에 처음으로 고양이의 시각피질에서 뉴런이 활동할 때의 진동이 발견됐는데 30~80헤르츠였다. 이는 방전에서 완전히 조용해질 때까지, 가장 단순한 경우에 1초에 최대 30~80번까지 세포들의 스파크 행위가 달라진다는 뜻이다. 이 현상은 감마 진동 또는 40헤르츠 진동이라고 불리는데, 내용과 아무런 관계가 없으므로 약간 맞지 않는 명칭이다. 말스부르크의 해석에 따르면 어떤 물체의 특징들을 처리했던 뉴런 집단은 동시에 전기를 발생함으로써 이 특징들을 서로 연결했다. 학자들은 나중에 테타(4~12헤르츠)와 베타(15~25헤르츠) 진동, 그리고 200헤르츠 정도의 아주 빠른 진동도 발견했다.

이제 많은 동물 연구들을 통해 뉴런들의 동시성이 물체 특징들의 통합, 주의력과 의식의 조종과 관계가 있음이 밝혀졌다. 감마 진동은 활성화된 상태, 즉 깨어 있을 때와 자면서 꿈을 꿀 때 피질의 특징이다. 이 진동은 피시험자들이 집중하거나 명상하거나 물체의 다양한 특징을 연결하거나 아주 짧은 시간에 기억을 저장해야 할 때 특히 뚜렷하게 나타난다.

리용 국립보건연구소의 카트린 탈롱 보드리Catherine Tallon-Baudry와 동료들은 간질 환자들이 물체 특성의 유사성을 검사하라는 과제를 받으면 시각피질의 다양한 영역들이 베타 주파수 안에서 동시성을 지닌다는 사실을 발견했다. 암스테르담 대학교의 인지연구가 한스 쉬페르Hans Supér 연구팀은 일본원숭이의 경우 뉴런들의 동시적인 활성은 특히 시각적인 자극을 기대할 때 현저하다는 것을 알아냈다. 동시성은 제시된 신호를 동물들이 알아채는 순간에 사라졌다가 나중에 다시 생겼다. 감마 진동도 깊은 마취 상태와 깊은 수면 상태일 때 사라진다.

뇌의 진동은 건강한 뇌뿐 아니라, 질병이 있을 때도 기능적인 의미가 있다. 알츠하이머병 환자들은 피질 주파수에 손상을 입는다는 증거가 있고, 다른 연구 결과들은 정신분열증 환자들의 경우에도 뉴런의 동시성이 장애를 보이거나 정확하지 않음을 암시한다.

감마 또는 다른 진동들 자체에는 아무런 정보도 없다는 사실을 언급해야 할 듯하다. 이들은 뉴런이 집약적인 활동을 통해 물체의 특징을 처리할 수 있는 시간적인 틀을 만들 뿐이다. 이런 진동을 만들고 담당하는 주체는 중간뉴런Interneuron인데, 이들은 뇌의 근본적인 건축재이지만 지금까지 얼마 연구되지 않았다. 이들은 피질과 해마 신경세포의 10~20퍼센트를 차지한다. 중간뉴런이 세밀하게 어떤 기능을 하는지, 기억과 집중력과 예상에서 어떤 역할을 하는지에 대한 연구들이 현재 활발하게 진행되고 있다. 이들은 아주 빠르게 반응하는 특별한 네트워크에 접속해 있고, 다른 뉴런들의 일을 조합하는 임무만 띠고 있기 때문이다. 그러므로 중간뉴런은 솔로 악기가 멜로디를 연주할 수 있도록 환상적인 토대를 제공하는, 훌륭한 록밴드의 리듬과 비교될 만하다.

예전에는 기억이 아마도 의식의 발생에 중요한 역할을 하리라고 생각했다. 저장 기제가 아니라면, 단기 기억의 특별한 형태가 아니라면 그 무엇이 시공간적으로 흩어진 조각들을 내적·외적 감각의 잡다한 속삭임들을 하나의 전체적 개념으로 통일할 수 있을 것인가? 코흐와 크릭은 '나'라는 느낌이 짧은 시간 동안 입력들을 계속 새로 정리하는 유동적인 저장소와 같은 곳에서 일어난다고 생각했다. 이 과정 전체는 바깥에서 일어나는 일을 아주 짧은 시간 동안 셀룰로이드 판에 들어오게 한 뒤에 닫고, 다시 열어 새로운 사진을 노출하는 카메라의 조리개와 비교될 수 있을 것이다. 물론 의식의 필름은 기록되는 것이 아니라 계속 돌아간다는 차이는 있다. '만들어진 기억들' 이라는 장에서 이미 언급했듯이, 감정적으로 중요한 내용들만 장기 기억으로 향하는 입구를 찾는다.

이에 비해 세미르 제키는 의식의 통일이란 착각에 불과하다고 주장한다. 이 대담한 사상가이자 실험가는 의식이란 실제로 어디에서도—단기 기억에서조차도—결합하지 않는, 개별적인 많은 미세 의식들로 이루어져 있다고 말한다. 다시 말해서 제키에 따르면, 색깔과 속도와 얼굴 인상과 신체의 다양한 내적 상태 등을 위한 미세 의식이 각각 따로 있다. 그는 뉴런상의 과정에서 암묵적(무의식적) 과정과 명시적(의식적) 과정을 구별한다. 제키에 따르면 암묵적 과정이란 뇌에 남아 있으면서 아직 계산이 더 필요한 과정이고, 명시적 과정이란 사고 기관에서 이른바 내적인 논쟁을 마치고 그 결정이 의식에 공고된 과정이다. 그러나 '어려운(딱딱한) 문제' 는 여전히 남는다. 사고 과정은 어떻게 의식되고, 경험이라는 느낌은 '내' 안에 어떻게 생기는가? 이 수수께끼는 일단 남아 있다.

환각 체험

신경생물학은 의식 현상을 설명할 수 없다. 아니면 '아직' 이라는 말을 넣는 것이 좋을까? 피질의 계급적 구조가 세부적으로 어떻게 조직되어 있는지, 다시 말해서 그 해부학적 세부 구조는 어떠한지, 뉴런의 연합은 어떻게 일어나고 다시 사라지는지, 갑자기 나타나는 듯이 보이는 주의력은 무엇이며 이것이 어떻게 새로운 것들로 방향을 바꾸는지, 뇌에서 결정은 어떻게 이루어지며 행위는 어떻게 계획되고 실행되는지 등에 대해 우리는 지극히 조금만 알고 있을 뿐이다. 그중에서도 특히 근본적인 문제는 뉴런이 정보를 어떻게 암호화하고 어떤 언어로 서로 대화하는가이다. 예를 들어 선분을 알아보는 일과 같은 간단한 계산 과정을 수행하려면, 신경세포는 서로 어떻게 상호작용해야 할까? 간단한 질문이기는 하지만, 대답은 머릿속 신경망의 깊은 곳에 숨어 있다.

샌디에고 캘리포니아 대학교의 철학자 패트리샤 처치랜드 Patricia Churchland는 의식에 대한 신경생물학적인 이론이 충족해야 하는 여러 가지 조건들을 지적했다. 이런 이론은 작은 과정들의 결과로 어떻게 큰 과정들이 나오는지 이해할 수 있게 묘사해야 하며, 우리가 실험으로 의식을 조작할 수 있게 해야 하고, 의식이 뇌의 어떤 단계에 자리 잡고 있는지—다시 말해서 어떤 뉴런상의 과정들이 의식적이고 어떤 과정이 아닌지—묘사해야 한다. 처치랜드는 신경생물학이 이 큰 비밀을 해결하리라는 것을 믿어 의심치 않는다. "자연과학이 의식의 구성 요소들을 알게 되리라는 것은 확실해요. 그러나 자연과학이 삶의 온갖 구성 요소들의 현상을 안 것과 거의 똑같은 방식으로 이를 알게 되리라는 것은 덜 매력적인 진실이지요." 그녀는 이렇듯 활기차게 단언한다.

그러나 그래서 밝혀지는 게 무엇일까? 그저 자아의 기계일 뿐인 인간의 굴욕? 날씨와 비슷하게 마지막 비밀이 벗겨지고 매력도 잃은, 한 기관의 탈신비화? 지극히 사적인 인간적 경험들도 기계 장치로 만들어낼 수 있다는 것이 우리의 자기 이해에 어떤 의미인지 지금 생각해보는 것도 나쁜 일은 아닐 것이다.

이런 미래의 첫 징후는 병원에서 볼 수 있는데, 이곳에서는 신경학자들이 거의 단추만 눌러 다양한 의식 상태를 불러일으키는 것이 이미 오래전에 일상적인 일이 되었다. 예를 들면 의사들은 심한 간질 발작을 겪는 환자들의 경우, 수술 전에 일시적으로 심은 전극을 통해 뇌에서 절대 다치면 안 되는 영역을 알아낸다. 의사들은 이 요법에서 얻은 부산물로 피질의 건반을 만들어냈다. 예를 들어 이들이 약간 열린 후두부의 뇌를 전류로 자극하자, 환자들은 빛과 청록색 또는 붉은 원과 별과 바퀴와 빙빙 도는 알록달록한 공들과 다른 형태들이 보인다고 말했다.

예를 들어 육체 이탈 경험은 많은 사람들이 육체에서 독립되어 자유롭게 움직이는 영혼이 있다는 증거로 받아들일 정도로 강력하다. 19세기의 신지학神智學 종교학파의 추종자들은 이 현상을 물리적·영적·성좌星座적이라는 인간의 세 가지 육체에 대한 증거로 해석했다. 제네바 대학병원의 올라프 블랑케는 충격 전류만을 통해 어느 간질 환자의 의식이 육체 이탈 경험을 하는 여행을 떠나도록 했다. 블랑케가 귀 뒤에 비스듬히 있는 대뇌피질 오른쪽 영역(전문용어로는 Gyrus angularis, 각회라고 한다)을 전극으로 자극할 때마다, 이 여자 환자는 천장으로 떠올라 모든 장면을 위에서 보는 듯한 경험을 했다. "내 몸이 가볍게 느껴지고 2미터가량 떠올라요." 전류가 흐르자 그녀는 이렇게 이야기했다. "아래 침대에 누워 있는 내 몸이, 다리와 몸통이 보여요." 블랑케가 전류를 차단하자 이런 느낌은 올 때와 마찬가지로 금방 사라졌다. 그녀는 무릎을 구부린 채로 고정하고 있으면 다리가 자기한테로 달려든다고 생각했기 때문에 공포를 느꼈다. 블랑케가 전류의 세기를 낮추면, 그녀는 높은 곳에서 떨어지거나 천천히 침대로 내려오고 있다고 말했다. 팔이나 다리가 짧아질 때도, 몸이 다리 쪽으로 움직일 때도 있었다.

'나'를 천장으로 날아가게 하는 신경생물학적인 기제는 물론 밝혀지지 않았다. 블랑케는 오른쪽 각회가 다양한 정보—육체의 지각과 속귀에 있는 평형기관의 신호, 공간 기억에 저장된 자료와 '나'를 그 안에 받아들이는 시각적 관점—를 포함하는 어느 정도 큰 뉴런들의 연합에서 중요한 역할을 하는 부분이라고 추측한다. 전류가 흘러 들어와 자료가 섞이면, 우리가 세상을 관찰하는 관점이 밀리는 듯하다.

다섯 또는 여섯 명 가운데 한 명은 적어도 일생에 한 번 자연스럽게 이런 경험을 한다고 한다. 많은 사람들이 잠들기 직전에 다리가 길어진다거나 그 외에도 신체가 달라지는 느낌을 받는데, 이는 육체 이탈 경험의 전 단계로 간주된다. 이런 경험을 하기 위해 책이나 마약(LSD, 메스칼린, 마취제 케타민 등)을 찾는 사람들도 있고, 이런 경험을 마음대로 조종할 수 있다고 주장하는 사람들도 있다. 심리적 이론들은 이 현상을 신체의 상과 감각

자료들의 융합이 중단됐기 때문이라고 설명한다.

그러나 어떤 공간을 코 위에 있는 자기의 눈으로 보지 않는 현상은 초자연적이지도 않고 질병도 아니다. 심리학자들이 얼마 전에 수영장에 다녀온 사람들에게 물었을 때, 이들 가운데 거의 80퍼센트가 수영장 가장자리에서 물 속의 자기 자신을 볼 수 있었다고 대답했다. 또한 얼마 전에 갔던 극장으로 가는 길도 많은 사람들이 조감도의 관점에서 저장한다. 뇌는 컴퓨터 프로그램처럼 주변 공간을 다양한 관점에서 산출하고, 그 안에 자신의 위치에 대한 명확한 상을 지니고 있다. 우리가 그때그때 어떤 것을 고르는지는 주어진 정신적 상호작용보다는 문화적인 조건들에 달려 있다.

발에서 느끼는 오르가즘

이언 워터맨의 마비는 대수롭지 않은 듯한 장염으로 시작됐다. 당시 열아홉 살이던 그는 더위와 추위를 번갈아 느꼈고, 심한 설사로 힘이 빠졌다. 이언은 영불해협의 영국령 저지 섬에 있는 정육점에서 일했는데, 직장 동료들이 등을 떠밀어서야 가게에서 나왔다. 의사는 그에게 설사를 멎게 하는 처방전을 써주고 집에 보냈다. 약국 앞에서 벽에 기대어 집에 데려다 줄 사람을 기다리던 그는 마치 빗자루처럼 스르르 인도로 넘어져 그대로 누워 있었다. 이루 말할 수 없이 피곤했다. 그 뒤 며칠 동안 이언은 집에서 쉬었지만, 몸의 상태는 눈에 띄게 나빠졌다. 그는 두들겨 맞은 듯한 느낌이 들었고, 자기 발에 걸려 여러 번 넘어졌다. 그러다가 병원 응급실에 실려 갔을 때는 겨우 속삭이듯 겨우 말할 수 있었는데, 손과 발과 목덜미에 기이한 간지러움을 느꼈다. 그러나 그가 생각하기에 더욱 나쁜 상황은, 간지러움 말고는 아무런 느낌도 없다는 사실이었다. 손이나 발을 만져도 완전히 마비되어 전혀 느낄 수 없었다. 이언은 자기에게 무슨 일이 벌어졌는지 알 수 없었다. 그가 말하는 상태를 본 의사가 혹시 술을 마신 게 아니냐고 의심한 것도 상황을 더욱 힘들게 만들었다.

일상적인 검사들이 실시됐다. 의사들이 발견한 것은 의학사전에 있는 어떤 병명에도 맞지 않지만, 미래의 도축업자인 이언이 지극히 희귀한 형태의 신경질환에 걸렸음이 금방 밝혀졌다. 관절과 근육과 공간에서 몸이 차지하는 위치에 대한 정보를 공급하는 섬세한 섬유들이 파괴된 게 분명했다. 원인은 분명하지 않았으나 설사 및 염증과 관련이 있는 듯했고, 그 결과는 엄청났다. 이언은 목 아래로 더 이상 감각이 없었다. 아래를 내려다보지 않으면 그는 자기 팔과 다리와 몸 전체가 어떤 위치에 있는지 알지 못했다. 매트리스에 누워 있는데도 납처럼 무거운 몸으로 공간을 떠다니는 듯했다. 아침에 깨어도 자리에서 일어날 수 없었다. 그는 자기가 채소가 되어버렸다고 생각했다. 신생아처럼 음식도 남이 먹여주어야 했다.

이언이 근력을 잃은 것은 아니었다. 예를 들어 힘이 들기는 했지만 팔을 뻗을 수 있었다. 그러나 움직임의 속도나 방향은 전혀 통제하지 못했다. 손잡이를 잡으려면 나무로 만든 어릿광대처럼 팔을 마구 버둥거렸다. 다리의 상황도 나을 바가 없었다. 다리는 그의 말을 듣지 않았고, 똑바로 설 수도 없었다. 그가 입은 손상은 달라지지 않으리라 보였고, 의사들은 그에게 저절로 나을 것이라는 희망을 줄 수 없었다.

이언 워터맨은 자아 기능의 한 가지를 잃었으나, 사람들 대부분은 자신이 이런 기능을 가지고 있다는 것조차 알지 못한다. 근육에 움직이라는 명령만 보내는 것으로는 가장 단순한 움직임도 일으키기 어려우며, 더구나 저항이 있을 때는 상황이 더 심각하다. 사실 움직임은 근육 조직의 동작과 신체 감각의 응답이 아주 정확하게 서로 맞잡는, 복잡한 규칙적 고리의 산물이다. 고유감각수용기―근육 속과 관절, 힘줄에 있다―의 정보들이 걸을 때 다리가 얼마나 올라가 있으며 다시 얼마나 내려야 할지, 발바닥의 오목한 부분과 장딴지가 우리 체중을 실으려면 어느 정도 긴장해야 하는지에 대한 정확한 지식을 우리에게 준다. 걷는 것뿐 아니라 앉아 있는 것과 기타 아주 쉬워 보이는 움직임에도 셀 수 없이 많은 근육들과 신체 감각의 조화로운 협력이 필요하다. 찻잔을 잡는 단순한 행동조차도 일방통행로처럼 조직된 것이 아니다. 관절과 근육의 고유감각수용기는 계획한 움직임이 성공하도록 중추로 전류를 다시 흘러 보낸다. 찻잔까지 마지막 몇 센티미터를 더 가고 검지를 정확하게 손잡이에 끼워 넣을 때는, 눈도 섬세한 조정에 참가한다. 이런 피드백 궤도가 일반적인 행위를 섬세하게 조정된 움직임으로 바꾸고, 우리가 동적인 주변 환경에서 잘 지낼 수 있게 한다.

하지만 처음부터 이런 것은 아니다. 아이들에게는 똑바로 서는 것조차도 무척이나 복잡한 배움의 과정이라서, 보통 생후 첫 1년 동안 이를 익힌다. 많은 아이들이 첫 생일에 뛸 수 있지만, 또 다른 많은 아이들은 18개월이 되어야 뛴다. 한 다리를 다른 다리 앞에 놓을 때 필요한 복잡하고 많은 과정들을 배우는 데 걸리는 시간은 아이들마다 모두 각각 다르다. 우리는 이러한 학습을 아이가 명령을 다양한 근육에 저장하고, 이에 상응하는 말초의 반응을 섬세한 움직임 패턴으로 저장한다고 표현할 수도 있다. 나중에 아이가 학교에서 손을 들어 올릴 때는 저기서 굴근屈筋이, 여기서 신근伸筋이 활성화되는 것이 아니라 그냥 손을 올린다. 움직임의 섬세한 조정은 대뇌피질과 소뇌가 담당하지만 아이는 이를 알아챌 수 없다. 그렇다, 우리가 의식적으로 전혀 개입할 수 없는 근육은 많이 존재한다. 우리는 운동 프로그램을 사용하기는 하지만, 그 세부적인 내용은 알지 못한다. 컴퓨터 기술자라면, 움직임에서 우리가 사용자에게 편리한 외관과 뒷면에서 세세한 부분을 처리하는 에뮬레이터를 소유하고 있다고 말할 것이다.

기본적인 움직임들은 보통 몇 년이 지나지 않아 연습이 끝나지만, 복잡한 과정을 잘 구사하려면 시간이 더 걸린다. 어느 정도 잘하는 축구선수나 높이뛰기선수나 피아노 연주자가 되기 위해서는 십 년 또는 그 이상이 필요하다. 운동학의 모든 관점이 운동기억에 저장되려면 우리는 천천히 여러 번, 그리고 의식적으로 연습해야 한다. 수영에서 목적에 맞는 손발의 움직임, 프리킥에서 올바른 발의 움직임 또는 빠른 속도에도 불구하고 섬세하게 계산된 건반 부딪힘 같은 세밀한 동작들은 피와 살이 된다. 피와 살이 된다는 말은 사실 맞지 않다. 운동 프로그램이 '절차적 기억'에 고정된다는 표현이 옳다. 우리는 이렇게 저장된 기억을 오래 생각할 필요 없이 불러낸다. 자전거를 타며 백일몽을 꾼다거나 조깅을 하면서 수다를 떠는 일들이 저절로 이루어진다. 능숙한 음악가들은 술을 마시거나 다른 뭔가를 복용하고도 작품을 거뜬하게 연주할 수 있다.

헤드폰의 대처럼 귀 양쪽에 걸쳐 있는 뇌 속의 체지각 피질 및 운동 피질의 띠가 신체 감각과 움직임을 전달한다. 미국의 와일더 펜필드(Wilder Penfield, 1891~1976)와 테오도르 라스무센(Theodore Rasmussen, 1910~2002)은 처음으로 이 영역을 탐구한 신경외과의사들이었다. 이들은 간질 환자를 수술하는 기회에, 열려 있는 두개골 아래로 보이는 회백질을 짧은 전류로 자극했다. 그러자 자극하는 장소에 따라 얼굴이나 손 또는 발과 혀의 근육이 움찔했다.

펜필드와 라스무센이 연구 결과들을 종합하자, 신체의 각 부분을 대표하는 뇌지도가 만들어졌다. 그러나 눈앞에 나타난 것은 기이하게 뒤틀린 '소小인간'이었다. 아주 커다란 부분이 손과 손가락과 입, 특히 입술로 분류됐다. 이에 비해 몸통과 발, 다리는 뇌에서 얼마 되지 않는 뉴런들이 담당하고 있었다. 원래 사람과 비교할 때 많이 축소되어 있었던 것이다. 그 원인은 예를 들어 입술과 입과 손이 등보다 훨씬 접촉에 민감하다는 데서 찾아야 할 것이다. 이는 누구나 아주 쉽게 확인해볼 수 있다. 무딘 연필을 하나 잡고, 연필이 아직 닿지 않았다고 상대방이 지각하는 범위 내에서 손이나 등에 아주 조금만 떨어지게 가져다 대보라. 등이나 다리에서 느끼는 거리는 얼굴이나 입술에서보다 훨씬 멀다.

    신체 부위들이 뇌에서는 이상하게 모여 있다는 점도 특이하다. 손 영역이 얼굴 영역 바로 옆에 있고, 생식기는 발과 이웃이다. 이 원인은 아직 밝혀지지 않았으나, 이제 앞으로 보게 되듯이 성적인 흥분과는 연관이 있다. 신경외과의사들은 이 소인간의 이름을—남자든 여자든—'호문쿨루스 Homunculus'라고 지었다. 심리학과와 의대생들 사이에서 유명해진 머릿속의 소인간은 인상적인 그림이 지닌 힘의 예를 보여준다. 뇌에 앉아 있는 누군가가 우리의 행동을 조정하고, 인간이라는 어릿광대가 언제 팔을 올리고 다리를 뻗을지 결정한다는 상상은 지극히 유혹적이다. 그러나 이는 오해다. 호문쿨루스는 지도를 대략 스케치한 것일 뿐이다. 또한 운동 피질의 상황들이 펜필드와 라스무센이 생각했던 것처럼 그렇게 간단한 구조가 아니라는 사실이 새로운 연구를 통해 밝혀졌다. 뇌에는 그냥 지도가 아니라 공간 지도가 숨어 있다. 그곳에 있는 뉴런들은 개별적인 근육들이 아닌 복합적인 동작 과정을 조정한다. 길게 흐르는 전류는, 원숭이들이 주먹을 쥐면서 동시에 주먹을 얼굴 가까이 가져가거나 입을 벌리게 했다. 다른 세포들은 손을 가슴 앞으로 가져가는 행위와 같은 반사적인 방어 반응을 일으켰다. 그 옆의 세포를 자극하자 손은 비슷하게 움직였지만 공간적으로 약간 달라져서, 예를 들어 코 또는 옆쪽 귀로 옮겨갔다.

샌디에고 캘리포니아 대학교의 빌라야누르 라마찬드란이 발표하였듯이, 뇌에서 신체 부위를 나타내는 부분은 신체 자체와는 아주 다르게 정리되어 있으므로 팔이나 다리를 잃은 사람들은 아주 기이한 현상을 경험한다. 라마찬드란이 면봉으로 환자의 뺨을 건들자, 이 환자는 없는 '유령' 손가락에 감각을 느낀다고 말했다. 그는 얼굴로 흘러내리는 물방울의 흔적도 '유령' 팔에서 느낄 수 있다고 했다. 얼굴에 해당하는 뉴런이 손 담당 뉴런의 옆에 있다는 것을 알면 이런 현상을 이해할 수 있다. 다른 환자 한 명은, 성관계를 맺을 때 이제는 더 이상 존재하지 않는 발이 간질거린다고 했다. 그러면서 이 말을 하기가 쑥스러워 지금까지 아무에게도 이야기하지 않았다고 덧붙였다. 이 경험은 그에게 기쁨을 주는 듯했다. 그는 전화 통화에서, 자신의 오르가즘이 '생식기에만 한정' 되어 있지 않으므로 '훨씬 강하다'고 말했다.

지그문트 프로이트는 건강한 사람들에게도 이따금 나타나서 엄지발가락을 주물 숭배의 대상으로 만드는 기이한 절정감과 발이 접촉할 때의 관능적인 경험은, 발의 형태가 남성의 성기와 비슷하므로 우상이 된 것이라고 신비주의적으로 이상화했다. 이 생각을 수용하려면 상상의 힘이 꽤 많이 필요하다. 이보다는 심리적·해부학적 해석이 타당할 것이다. 뇌에서 생식기를 담당하는 뉴런과 발을 담당하는 뉴런은 바로 옆에 나란히 있다. 한쪽의 신경돌기가 다른 영역으로 들어가 자라면 공통된 느낌이 일어날 수 있다. 이를 '지도 바꾸기'라고 한다.

암 때문에 한쪽 유방을 떼어낸 여성들에게서도 이와 비슷한 현상이 나타날 때가 있다. 이런 환자들은 흉골과 쇄골을 자극하면 더 이상 없는 유두에 관능적인 느낌을 받았다. 그 외에도 이들 가운데 몇몇은 귓불을 자극하면 유두를 자극하는 듯한 느낌을 받았는데, 이 현상 역시 건강한 여성들의 성적인 감각과 부분적으로 병행한다.

이런 현상에 대한 보고서가 충분하지 않다면, 건강한 사람들은 이런 감각적 인상의 진실성을 의심할 수도 있을 것이다. 더 이상 존재하지 않는 그 무엇이 어떻게 통증이나 기쁨을 준단 말인가? 없는 신체 부위에서 오는 통증을 의사가 어떻게 치료할 수 있을까? 이런 문제는 희비극적인 방법으로 해결되기도 한다. 없는 손이 견딜 수 없이 가려웠던 어떤 환자는, 이 증세를 가라앉히려면 그냥 뺨을 긁으면 된다는 사실을 알게 되었다.

필립 마르티네츠의 경우는 좀더 복잡했다. 그의 왼팔은 심한 오토바이 사고를 당한 뒤 마비됐는데, 그저 축 늘어져 있고 방해만 되어 결국 절단됐다. 그러나 필립은 계속하여 없는 팔꿈치와 손목과 손가락에 통증을 느꼈다. 더구나 그는 가상의 팔을 움직이지 못하며, 이 팔이 몇 년 내내 방해가 되는 위치에 놓여 있다는 생각에 시달렸다. 없는 사지를 어떻게 움직일 것인가?

라마찬드란은 기발한 수를 썼다. 그는 손을 넣을 수 있는 구멍이 뚫린 상자를 하나 만들고, 그 안에 거울을 집어넣었다. 그런 다음 필립에게 건강한 오른팔을 구멍으로 넣으라고 했다. 그러니까 그 환자는 실제로 있는 오른팔을 자기 시야의 오른쪽에서 보고, 환상의 팔이 있다고 생각하는 왼쪽에는 상자에 설치된 거울에 비친 오른팔의 모습을 보게 되었다.

"자, 이제 왼팔과 오른팔을 동시에 움직여보세요." 라마찬드란이 말했다.

"안 돼요." 필립이 대답했다. "오른팔은 움직일 수 있지만, 왼팔은 뻣뻣해요. 매일 아침 일어나면 왼팔을 움직여보려고 해요. 왼팔 위치가 이상할뿐더러, 움직이면 통증이 덜하리라고 생각하니까요. 그렇지만······." 그가 화가 나서 보이지 않는 팔을 쏘아보았다. "지금까지 1밀리미터도 움직이지 못했어요."

"압니다, 필립. 하지만 한 번 시도해보세요!"

필립은 움직이지 않는 환상사지를 상자 안에 '넣을 수' 있도록 몸통과 어깨를 돌렸다. 그런 다음 오른팔을 종이 상자의 다른 쪽에 넣고, 왼팔과 오른팔을 똑같이 움직이려고 노력했다. 상자에 설치된 거울을 보았을 때, 그가 놀라서 소리쳤다. "세상에, 세상에! 믿을 수 없어요. 말도 안 돼!" 그는 아이처럼 펄쩍거리며 뛰었다. "왼팔이 다시 움직여요. 과거로 돌아간 것 같아요. 온갖 기억, 옛날 일들이 다시 떠올라요. 팔꿈치와 손목이 어떻게 움직이는지 느낄 수 있어요. 모두 다시 움직여요."

필립이 흥분을 가라앉힌 다음, 라마찬드란이 말했다. "좋아요, 필립. 이제 눈을 감으세요." 필립이 그 말대로 했다.

"어……." 실망한 눈치가 역력한 말투였다. "다시 뻣뻣해졌어요. 오른손이 움직이는 건 느끼는데, 환상 팔에는 아무런 느낌이 없어요."

"눈을 떠 보세요."

"아, 다시 움직여요!"

이 놀라운 실험을 통해, 환상사지가 마비됐다는 느낌을 줄 수 있다는 사실이 밝혀졌다. 이 현상은 사지에서 와야 하는 반응의 부재 때문인 듯하다. 팔을 잃으면 관절과 근육의 고유감각수용기들은 중추가 명령한 움직임이 수행됐는지에 관한 피드백을 더 이상 줄 수 없다. 여러 번 반복되는 중추의 명령에도 불구하고 반응이 없으면, 뇌는 사지가 뻣뻣하다는 (잘못된) 결론을 내리는 모양이다. 뇌는 추정된 이 지식을 신체 기억에 뚜렷하게 새기고, 이제 더 이상 그곳에서 올 응답을 기다리지 않는다. 신경학자인 라마찬드란은 환상사지의 뻣뻣한 느낌이 학습됐다고 확신했는데, 아마 그의 생각이 틀리지 않을 것이다. 거울 상자를 통해 왼팔이 움직인다는 시각 정보를 받았을 때, 필립의 마비는 요술에 걸린 듯 풀렸기 때문이다. 시각적 피드백은 차단을 극복했고, 환자는 십 년 동안 아무런 감각도 없었던 팔과 팔꿈치와 손목에 다시 감각을 느꼈다. 그가 눈을 감자 팔은 다시 뻣뻣해졌는데, 아마 눈을 뜨고 있었더라도 다른 무엇엔가 정신을 집중했더라면 다시 굳어졌을 것이다. 자기 몸에 대한 '의식적인 시각적 지각'은 고유감각수용기의 '무의식적인 응답'을 양도받거나 대체할 수 있는 듯하다.

질병으로 고유감각수용기를 잃어버려 몸이 마비된 젊은 남자 이언 워터맨도 이런 연관성을 깨달았다. 그러나 그의 경우는 심리치료사나 의사들도 몰랐으므로 아무도 그에게 이 연관성을 이야기해주지 않았다. 그는 스스로 이 사실을 알아내야 했다. 이언은 눈을 조종하여 혼자 한 걸음씩 몸을 움직이는 방법을 배웠다. 이 방법의 장점은 효과가 있다는 것이었고, 단점은 그가 모든 세부적 사항을 계획하고 미리 생각해야 한다는 것이었다. 예를 들어 침대에서 상체를 일으키려면, 몸을 세울 때 방해가 되지 않도록 팔을 치워야 했다. 정확하게 생각하여 자리를 잡은 다음, 그 자리를 유지하는 데도 똑같이 많은 집중력이 필요했다. 그가 쉬거나 방금 성취한 일을 잠깐 기뻐하기라도 하면, 집중력을 잃은 그는 자루처럼 매트리스로 다시 쓰러졌다. 이언은 모든 동작—지극히 작은 절차라도—을 의식적으로 행해야 했고, 시각적인 반응에만 의지할 수 있었다. 그러나 그는 다른 사람들에게 짐이 되지 않고 스스로 결정하는 삶을 살겠다고 결심했다.

이언은 눈을 조정하여 손가락을 움직이기 위해 몇 년 동안이나 노력했고, 일상생활의 아주 작은 일들도 능숙하게 처리하는 방법을 알게됐다. 예를 들어 샤워를 할 때 얼굴 전체를 씻지 않고 늘 반쪽을 먼저 씻은 다음 나머지 반을 씻었다. 이렇게 함으로써 자세에 대한 반응을 전해주는 한쪽 눈을 뜨고 있을 수 있었다. 조나단 콜Jonathan Cole이 『자부심과 매일의 마라톤Pride and a Daily Marathon』에서 감동적으로 서술하였듯이, 그에게는 하루하루가 이루 말할 수 없이 힘든 도전이었다.

그는 재채기를 하기 전에 앉는 습관을 들였다. 재채기는 순간적으로 집중력을 빼앗아가므로, 앉지 않으면 넘어지기 때문이다. 자는 위치를 바꾸려면 밤에 일어나야 했다. 그의 의식적인 집중력은 걷거나 생각하는 두 가지 가운데 하나밖에 할 수 없었으므로, 걸을 때는 백일몽을 꾸지 않았다. 울퉁불퉁하고 거친 돌이 깔려 있는 거리나 해변은 피했다. 눈으로 하는 조종은 매일 달리는 마라톤에서 이런 장애물을 극복할 만큼 섬세하지 않았다. 그것 말고는 거의 평범한 삶을 영위하는 데 성공했다. 그는 운전을 배웠고, 이를 이루 말할 수 없이 즐겼다. 운전대를 잡으면 그는 더 이상 장애인이 아니었고, 다른 사람들과 마찬가지로 기동력이 있었기 때문이다. 그는 직업도 구했는데, 직장 동료들은 그가 장애인인 줄 알지 못했다.

라마찬드란은 이런 엄청난 현상들에 대해 확고부동한 결론을 내린다. 이언 워터맨의 경험과 절단된 팔이 마비됐다고 느끼는 필립 마르티네스의 경험은, 우리 각자의 '내'가 우리 자신의 몸에 대해 지니고 있는 상이 얼마나 깨지기 쉬운가를 여실히 보여 준다. "사는 동안 여러분은 자신의 자아가 단 하나의 육체에 정착해 있으며, 이 육체가 적어도 죽을 때까지 믿을 만하며 지속적이라는 가정에서 출발합니다." 신경학자 라마찬드란은 사실은 그렇지 않다고 이야기한다. "여러분은 육체에 대한 자아의 '충성심'을 아주 자연스럽게 받아들이므로, 이를 의심하기는커녕 생각조차 하지 않습니다. 하지만 이런 실험들은 이 견해와는 완전히 반대되는 현상을 보여줍니다. 겉으로 보기에 지속적인 육체의 상은 아주 단순한 속임수만으로도 극심하게 변하는, 지극히 허무한 내적 구조를 지니고 있습니다. 육체의 상이란, 여러분이 유전자를 다음 세대에 성공적으로 전하기 위해 일시적으로 만들어낸 껍질에 지나지 않습니다."

여기서 몇 마디 설명을 덧붙여야 할 것 같다. 라마찬드란이나 다른 신경학자들이 우리의 육체가 없다는 결론을 내리지는 않는다. 이들은 우리가 우리의 육체에 대해 무엇을 알 수 있는지 계속 질문을 던질 뿐이다. 학자들은 우리가 의문도 갖지 않고 너무나 당연하게 우리의 육체라고 여기는 것이 사실은 하나의 상일 뿐이라고, 하나의 가상Simulation이라고 강조한다. 뇌는 물리적인 자아에 대한 역동적인 모델, 우리 바로 옆에서 고유한 발이나 손을 지닌 구조물을 제시한다. 필립이 거울을 봤을 때, 움직인 것은 그의 팔이 아니었다. 팔은 이미 그 전에 절단됐다. '가상'이 움직였던 것이다.

그러나 뇌 속에 있는 이런 육체의 모델이 학습에 의한 것인지, 선천적인지에 대해서는 의견이 분분하다. 통증 연구가인 맥길 대학교의 로널드 멜잭Ronald Melzack은 팔이나 다리가 없이 태어나는 아기들도 환상통증을 느낄 수 있다고 추정한다. 이런 이유에서 그는 유전적으로 계획된 '신경 매트릭스'를 지지한다. 그가 말하는 신경 매트릭스란 한편으로는 감각의 신호에 반응하고, 다른 한편으로는 다치지 않은 완전한 육체를 모방하는 자극과 자기 육체의 느낌을 지속적으로 만들어내는 뉴런의 네트워크다. 살아남기 위해서는 이런 자아 모델이 의미가 있다. 그렇지 않은 경우, 우리는 스스로를 먹기 시작할 수도 있기 때문이다. 그러나 이미 언급했듯이 뇌와 육체의 일치는 착각일 뿐이고, 우리는 이것이 착각임을 그저 가끔씩만—어떤 때는 아주 충격적으로, 어떤 때는 아주 놀라운 방식으로—알 수 있다.

이는 뇌의 관점에서 육체를 관찰해보면 금방 확실해진다. 관점을 바꾸면 우리는 평소와 달리, 눈이라는 창문으로만 보지 않는다. 눈으로 보면 코의 나머지 부분—길이에 따라 다르긴 하지만—과 이리저리 휘젓는 두 개의 팔과 손과 그 뿌리인 어깨가 보이는데, 어깨는 다른 쪽 손으로 만질 수 있다. 아래를 내려다보면 가슴과 배, 그리고 저 아래서 혼자 움직여가는 이상한 모습의 다리와 발이 보인다. 침대에 누워 있는 이상한 형상도 보이는데, 우리가 턱을 가슴으로 끌어 내리고 힘이 닿는 데까지 내려다보면 이 형상의 뿌리도 알 수 있다. 이 모든 것이 우리가 쉽게 볼 수 없는 머리에 달려 있거나, 모든 것이 머리를 받치고 있다는 것을 알게 된다.

이러는 대신 눈이라는 창문 뒤에서 뇌의 관점으로 보면, 우리는 뇌가 바깥에서 일어나는 일을 알기가 얼마나 어려울지 상상할 수 있다. 자기 육체도 뇌에게는 이런 바깥 세상에 속한다.

뇌는 포로다. 이마 뒤에 있는 뇌는 어두운 두개골 안에 갇혀 있다. 예를 들어 동굴에 들어갔을 때 어두움 속에 있어야 하는 돌이 어떨지 슬픈 마음으로 한 번이라도 상상해본 사람은 우리 머릿속에 갇혀 있는 물체가 과연 어떨지 생각할 수 있을 것이다. 앞에서 눈을 창문이라고 표현하기는 했지만, 이곳에는 광선이 전혀 들어오지 않는다. 머릿속에는 햇빛도 도달하지 못하고, 바깥소식은 그저 신경신호로 회백질에 들어간다. 신경신호가 언제나 똑같지는 않지만, 어쨌든 이는 신경신호일 뿐이다. 신경은 사람이 강의에서 질문을 듣고 있든, 부엌에서 칼에 손을 베든 '삑' 하는 신호를 보낸다. 적은 삑삑거림, 많은 삑삑거림, 폭풍 같은 삑삑, 노래하는 삑삑, 뚝뚝 떨어지는 물방울 삑삑, 정적, 콧노래를 부르는 삑삑, 정적, 속삭이는 삑삑, 흐느끼는 삑삑, 휘파람을 부는 삑삑, 총총걸음으로 걷는 삑삑, 정적, 정적, 북을 두드리는 삑삑, 살랑거리는 삑삑, 정적. 단절도 의미가 있으므로 쉴 때가 있긴 하지만, 먼 의미일 뿐이다.

삑삑거리는 박자는 뉴런의 활동전위인데, 뇌는 이것으로 아래쪽의 자기 몸에서 일어나는 일과 바깥세상에 대한 상을 만든다. 간지러운 오르가즘을 느끼든, 입술과 성대와 혀로 콘서트—사람들 귀에는 활기찬 "안녕하세요!"로 들린다—를 열고 있든 간에.

사유하는 사람이 없는 사유

'나'를 찾는 길에서 우리는 꽤 많이 앞으로 나아왔다. 아이들처럼 한없이 호기심에 가득 차기도 하고, 얼핏 볼 때 이해할 수 없는 실험들과 싸우며 서류 뭉치를 먹어치우는 사람들처럼 끈질기고 강하기도 했다. 아픈 이웃의 희귀한 경험에 놀라기도 하고, 마술 같은 묘책들을 살펴보거나 원숭이들의 신경세포가 일하는 모습을 관찰하기도 했다. 인간 자의식에 대한 생각을 듣기 위해 철학자들의 말을 듣고, 우리 머릿속에 있는 융합하는 저장의 힘에 대해 이야기하는 기억연구가들에게도 귀를 기울였다.

  우리의 목표는 수백 년 전 천재 사상가들의 목표와 마찬가지로 우리 머릿속의 중심이자 핵심인 '나', 누구나 자기 자신일 뿐 다른 아무 것도 아닌 바로 그곳으로 들어가는 것이었다. 그러나 우리는 학술 여행을 하는 솔직한 여행객으로서, 유감스럽지만 우리의 성과가 그저 그랬다는 사실을 고백해야 한다. 우리가 걸어온 길은 실망으로 가득했다. 누군가 정신의학과 신경심리학 병동의 진료 서류들을 들춰본다면, 우리의 '나'란 부분적으로 탈락하거나 완전히 분리될 수 있는, 지극히 깨어지기 쉬운 생산물임을 확인하게 될 것이다. 심리학자들은 늦어도 사춘기가 지나면 우리가 뚜렷한 성격을 갖게 된다는 생각을 더 이상 하지 않는다. 신경생물학자들은 인간이란 자신에게 자유 의지가 있다고 착각하는, 느낌이 있는 자동 장치에 불과하지 않을까 의심한다. 이 논쟁이 아직 끝나지 않았고 자연과학자들이 철학적으로 단순하다는 비판—이 비판은 사실 옳다—을 자주 받기는 하지만, 한 가지 결과는 이미 알 수 있다. 우리는 앞으로 아무렇지도 않게 자유에 대해 말하지 못할 것이다. 인간적인 자율에는 한계가 있다. 우리의 기억은 문서를 작성할 의무가 있는 진실 담당 관청이 아니라, 오히려 선전부와 비슷하다. 신체에 관한 우리의 상조차도 그저 가상에 불과하다는 사실이 밝혀졌다.

마지막으로 신경연구가들의 조사도 실패했다. 우리의 두개골 아래에는 모든 정보가 흘러 들어가는 중심 또는 명령을 내리는 본부가 없다. 우리가 아무리 주관적으로 확실하게 의식의 단일성을 경험한다고 하더라도, 이는 뇌가 '나'라는 무대에서 실시하는 여러 상연 가운데 하나일 뿐이다. 실제로는 시공간적으로 분리되어 일하는 많은 부분들이 의식에 기여한다. 우리의 뇌는 '왕이 없는 제국'인 것이다.

이런 증거들은 이원론적인 관점에서는 손을 댈 수 없다. 사람들은 당연히 앞으로도 계속 정신과 물질 사이에 아무런 관련이 없고, 이 둘이 서로 떨어져 독자적으로 존재한다고 확신할 수 있다. 또한 영혼의 불멸, 그리고 언젠가 어떤 높은 존재가 사람들의 인생 항로에 불어넣은 호흡의 불멸을 계속 믿을 수도 있다. 그러나 자연과학의 길을 계속 가려는 사람들, 신이나 별의 세계로 올라간 정령이나 윤회 또는 이와 비슷한 초자연적인 현상을 믿지 않는 사람들에게는 오직 한 가지 방법밖에 없다. 토마스 메칭어처럼 마지막 발걸음을 내딛는 것이다.

자연과학적인 지식으로 무장한 마인츠 대학교의 이 대담한 철학자—전문가들 사이에서는 명성이 높지만 일반인에게는 거의 알려지지 않았다—는, 2천 년 동안 지속된 인간의 자아 찾기는 끝났다고 단언한다. "자아였다거나 자아를 소유했던 사람은 없습니다." 이 사상가는 자신이 모은 분석들을 도발적이면서도 단순한 제목의 기본적인 저서 『그 누구도 아닌 존재 Being No

One』에서 발표했다. 잔뜩 부푼 고유한 '자아'와 그것을 둘러싼 별로 중요하지 않은 일화들로 가득한 볼렌이나 퀴블뷕(*'독일은 슈퍼스타를 찾는다'라는 프로그램에서 3위를 한 가수*)이나 에펜베르크(*전 국가대표 축구선수*)의 자서전이 저절로 떠오르는 제목이다.

메칭어가 자신의 작품에서 꾀하는 비밀스러운 혁명은 다루기 힘들어 보이는 명칭인 '주관성의 자아 모델 이론' 뒤에 숨어 있다. 이는 증명되지 않은 생각의 제안일 뿐이다. 그러나 여러 가지 과학적 증거들이 말해주듯이, 메칭어가 옳다면 채식주의자인 이 교수와 그의 동료들은 사람들에게 또 하나의 근본적인 모욕을 가하는 결과를 가져오는데, 이게 아마 마지막 모욕이 될 것이다.

인간적인 자존심이 처음으로 입은 손상은 니콜라우스 코페르니쿠스(Nikolaus Kopernikus, 1473~1543)의 발견과 관련이 있다. 손상의 내용은 지구가 우주의 중심이 아니라 태양 주위를 돈다는 것이었고, 이를 발견한 코페르니쿠스의 저서들은 즉시 가톨릭 교회의 금서 목록에 올랐다. 찰스 다윈(Charles Darwin, 1809~1882)은 인간이 원숭이의 후손이라고 묘사함으로써 사람들을 낙원에서 몰아냈다. 미국의 근본주의적 그리스도 교인들—과학에 적대적인 미국 대통령 부시도 이들의 편이다—은 이 두 번째 모욕에 대해 지금까지도 반항하는데, 이 반항은 점점 성공을 거두고 있다. 지그문트 프로이트 역시 인간이 '스스로 결정하는 주인이 아니라, 정신생활에서 무의식적으로 일어나는 궁핍한 정보에 의지하는 존재'라는 대담한 의혹을 제기함으로써 세 번째 모욕을 가했다. 그는 자율과 자유로운 결정이라는 우리의 상상에 생채기를 냈던 것이다.

1958년에 태어난 메칭어는 그나마 남아 있던 우리의 프톨레마이오스적인 자화상을 쓰러뜨린다. 프톨레마이오스적인 자화상이란 우리 안에 어떤 핵심이 있어 그것을 중심으로 세계가 회전한다는 끈질긴 착각을 말한다. 이는 시간을 초월하여 동일하게 존재하는 그 무엇인데, 과학 서적들은 프로이드식의 정신에 관해서는 이미 오래전부터 더 이상 이야기하지 않는다. "주관성의 자아 모델 이론의 기본적인 견해 가운데 하나는 세상에는 자아와 비슷한 그 무엇인가는 없다는 것입니다. 자아는 삭제할 수 없는 진실의 기본 구성요소에 속하지 않습니다. 존재하는 것은 경험한 '나'라는 느낌, 그리고 지속적으로 바뀌는 다양한 자의식의 내용입니다. 철학자들은 이를 '현상적 자아'라고 부르지요." 메칭어의 말인데, 현상적 자아의 개념에 대해서는 이 장 첫 부분에서 다루었다. 이 말은 자아라는 구상이 해체되는 것과 다를 바 없다. 이 혁명가는 이런 사실이 대중의 마음에 들지 않으리라고 이미 짐작하고, '철학적 결론이 언제나 기쁘지는 않다는 것'을 유감스럽게 생각한다.

'나'는 착각에 불과하다는 철학자의 주장은 사적인 일들이 예전과 비교할 수 없이 공공연하게 알려지는 지금 시대와 그다지 맞지 않는 듯하다. 아니면 오히려 그래서 더 잘 맞을까? 이 주장은 어쩌면 많은 사람들이 벌써 사적인 것들이 행하는 테러라고 비난하는, 자기 자신을 중심으로 돌아가는 뻔뻔한 영역에 소리 없이 종말을 울릴지도 모르겠다. 스타와 예비스타를 다룬 책과 현란한 연예계 잡지들은 온통 자기 자신에 관한 이야기들이고, 인터넷의 개인 웹페이지를 통해 친구와 친척들 말고는 아무도 관심이 없는 세세한 내용들—뭘 먹는지, 어떤 파티에 갔는지, 그리고 어쩌면 누구와 성관계를 가졌는지에 대해서도—이 아무 관계도 없는 평범한 시민들에게로 퍼진다. 그러나 주체성의 자아 모델 이론의 결과를 설명하기 전에, 철학에 몸을 담그고 일단 그 내용을 잠깐 살펴보자.

'자아'라는 기계

메칭어가 몇 년 동안 구상한 이론의 출발점은 자연과학의 상황을 드러내 보인다. 우리가 이미 살펴보았듯이 뇌는 실제나 실제 속에 있는 자아가 아니라, 그것의 모델과 함께 일을 한다. 이 모델은 뉴런의 복합적인 활성화 패턴과 이들의 일시적이고 역동적인 연합으로 만들어진다. 이것이 어떻게 작동하는지는 아직 세부적으로 밝혀지지 않았지만, 우리가 지금 하려는 이론적인 심사숙고에는 별 영향을 주지 않는다. 지금은 뇌 속에 표현의 활동 원칙이 실행되고 있다는 사실이 중요한데, 이런 종류의 정보 처리 증거는 충분히 존재한다.

다시 말해서 뇌는—메칭어는 뇌를 '체계'라고 부를 때가 많은데, 이는 정보처리체계를 줄여서 일컫는 말이다—실제의 모델을 기반으로 한다. 세부적으로 관찰하면 이 모델은 육체 및 육체 움직임의 상이 있는 공간적인 영역, 우리가 느낌을 의식하고 이를 행위의 기본으로 삼는 감정적인 영역, 문화 및 함께 사는 사람들에 의해 형성되는 사회적 영역이라는 다양한 소단위로 분류된다. 이 모델들은 우리가 외부 세계에서 방향을 잡을 수 있게 하고 의견을 전하게 하며, 우리 자신을 향한 관심과 생각을 통일된 하나로 조종하게 한다.

'나'라고 말하는 사람은 이렇듯 지극히 편리하게 자신을 '나'라고 표현하며, 다른 사람들 가운데서 자신이 유일한 한 명이라는 정체성을 찾을 수 있다. 그러나 그 어떤 물질적인 재료나 원자나 물건이나 개별적인 뉴런들도 이 모델들과 상응하지는 않는다. 이 모델들은 손가락으로 가리킬 수 없다. 이들은 유입된 정보를 조직하는 지극히 탁월한 지적 방식인데, 이런 사실은 앞에서 언급한 자연과학적인 상황들과도 일치한다. 자아는 뇌 전체에서 다시 발견된다고 표현할 수도 있을 것이다. 하지만 그게 다 무슨 소용인가? 우리나 학자들에게 전혀 도움이 되지 않는 말이다.

이제 메칭어 이론의 다음 단계에 대해 이야기할 차례다. 우리 머릿속에 일련의 가상 모델들이 만들어진다면, 이들은 어떤 점에서 구별될까? 예를 들어 우리 자아에 관한 모델은 어떤 점에서 뛰어나고, 일반적인 세계 모델과는 어떻게 다른가? 체계 안에서 자기 자신과의 관련성이 어떻게 일어날까? '나'는 어떻게 생기는가? 메칭어는 이 어려운 문제를 독창적인 방식으로 풀었다. 메칭어와 다른 학자들에 따르면, 자아라는 느낌은 신체 내부에서 끊임없이 발생하는, 내부 감지기들이 전달하는 전류에서 싹이 튼다. "자아 모델은 내부에서 발생한 입력이라는 부단한 원천을 통해 뇌에 고정된, 유일한 표현적 구조입니다." 메칭어는 이렇게 설명한다.

그가 약간 추상적으로 '내부에서 발생한 입력이라는 부단한 원천'이라고 부르는 것은, 네 개의 생리적 감각 분야에서 오는 정보의 흐름에 해당한다. 그는 이런 분야로 내이內耳의 평형기관, 신경 매트릭스(이것은 신체의 상像 가운데 선천적으로 타고 나며 또한 학습되는 부분이다), 내장과 혈관의 감각, 뇌간腦幹의 정규적인 범위를 든다. 여기서 배고픔이나 갈증이나 각성과 같은 기본적인 기분과 감정이 만들어지고, 이런 것들이 되도록 마이너스 범위 내에서 유지된다. 메칭어에 의하면, 의식적인 경험이 일어날 때면 언제나 이런 내부적인 정보의 흐름이 샘솟는다. 아침에 눈을 뜨면 시간적으로 지체되는 일이 거의 없이 내부적인 감각에서 자료의 흐름이 작동하기 시작하고, 또한 신체의 이런 배경 소음을 타고 우리의 지각도 달린다. 그러므로 신체의 상과 공간 속에서의 움직임이 자아를 경험하는 데 근본을 형성한다. 생각과 느낌은 그 안에 자리를 잡고 나의 특성을 소유하게 되며, 이렇게 하여 나의 생각과 나의 느낌이 된다.

실제적인 자아와 자아 모델 사이의 차이는 환상 팔을 느꼈던 환자 필립의 거울 실험이라는 명백한 예가 잘 보여준다. 필립이 거울로 자기 팔의 상을 보았을 때, 그는 팔이 실제로 움직인다는 인상을 받았다. 그러나 외부 관찰자는 팔이 존재하지 않으므로 움직일 수도 없다는 것을 정확하게 안다. 움직인 것은 필립의 뇌가 처리하는 모델, 그의 자아 모델이다. 일시적으로 마비됐던 이언 워터맨도 또 다른 예다. 자기수용기에서 오는 유입이 없자 그는 자기 몸을 낯설게 느꼈고, 이 낯설음은 눈을 조절하여 몸을 통제하는 방법을 알기 전까지 계속됐다. 그런 다음 그는 자기 몸을 자신의 자아 모델에 다시 통합할 수 있었다. 눈을 감고 시각장애인의 지팡이에 의지해서 방향을 찾으려고 해 본 사람은 비슷한 경우를 알 것이다. 시간이 어느 정도 지나면 우리는 지팡이를 우리의 자아 모델에 통합하고, 그 안에서 무엇인가 느낀다고 생각한다. 자연은 자아 모델을 지극히 융통성 있게 만든 것이다.

그러나 우리 머릿속의 생물학적 기계에는 아직 본질적인 것이 빠져 있다. '자아', 즉 우리가 지금 다루는 톱니바퀴는 아직 자의식을 만들어내지 않는다. 사실 두개골 아래에는 수많은 모델들이 생길 수 있다. 그러나 거기에 '나'의 탄생, 자아를 향한 자아의 시선이 동반하여 나타나지는 않는다. 철학적인 용어로 표현하자면, 모델만으로는 현상적인 일인칭 시점이 어떻게 생기는지 설명되지 않는다.

메칭어는 이 장애물도 우아하게 넘는다. 이 철학자에 의하면, '나'는 뇌와 같은 지각 장치가 자신의 모델을 더 이상 그 자체로 인식하지 않을 때에야 비로소 나타난다. 입체영화관에서 롤러코스터 장면을 보다가 거의 쓰러질 뻔한 사람은 이 말이 무슨 뜻인지 알 것이다. 거대한 프로젝션 화면 앞에 서 있으면 우리가 이를 화면으로 인식하지 못하고, 보이는 장면을 사실로 받아들이는 일이 생길 수 있다. 넓은 화면에 사람들이 매력을 느끼고 이런 TV가 유행하는 이유도 여기에 있다. 대형 화면은 더 훌륭한 착각을 준다. 이런 화면으로 볼 때는 거리감이 없이 사건에 직접 빠진 듯이 느끼기 때문이다. 거리가 가까우면 전율도 커진다.

약간 복잡하지만 이런 연관성은 철학적 언어로 더 정확하게 표현된다. "체계에 의해 시작된 표상 수단들은 의미론적으로 투명합니다. 이들이 자기가 모델이라는 사실을 더 이상 표현하지 않는다는 뜻이지요. 그러므로 체계는 자신의 표상적인 구조를 '통과' 해서 봅니다. 마치 구조의 내용과 직접적이고도 즉각적으로 접촉한다는 듯이 말입니다." 메칭어는 이렇게 설명한다. 이 연관성은 그가 덧붙이는 예로 더 명확해진다. "여러분은 지금 이 순간, 이 글을 읽는 바로 이 순간 이런 체계입니다. 여러분이 자신의 자아 모델을 모델로 인식하지 않으므로, 이 모델은 투명합니다. 여러분은 모델을 통과해서 보고, 모델을 보지 못합니다. 하지만 모델과 함께 보고 있습니다. 다른 말로 하면, 여러분은 자신의 뇌에 의해 활성화된 자아 모델의 내용과 자신을 끝없이 혼동하는 것이지요."

이런 끝없는 혼동을 통해서 그 누구도 아닌 존재는 비로소 어떤 존재가 된다. 혼동을 통해서 비로소 우리가 우리 자신—자신의 육체를 지니고 있으며, 고유한 이야기를 만들어내고 깊게 생각하며, 외부의 영향을 받지 않고 스스로 결정하며, 어쩌면 죽은 다음에도 피안에서 개체로서 계속 살아가는 어떤 사람—에 대해 하는 이야기가 사실이 된다고 표현할 수도 있을 것이다. 그러나 이는 착각이다. "우리에게는 확고하고 변하지 않는 본질적인 핵심이 없습니다." 영국 심리학자 수잔 블랙모어Susan Blackmore는 요점을 이렇게 반복한다.

철학적인 소양이 있는 독자들은 여기서 '착각'이라는 개념 때문에 신경이 쓰여, 다음과 같은 이의를 제기할 것이다. "오로지 '나'만이 착각을 할 수 있다. '내'가 없으면 착각도 없다. 그러므로 이 개념은 지금 잘못 사용된 것이다." 이 이의는 옳다. 그러나 앞에서 묘사한 상황은 '착각'이라는 개념으로 눈에 보이듯 아주 잘 표현할 수 있으므로, 우리는 여기서 이런 개념상의 부정확성을 허용하고자 한다.

'내'가 아무것도 아니라는 사실은 보통 설명하기 어렵고, 받아들이기는 더욱 어렵다. 우리는 실제와 우리의 접촉이 직접적이고 즉각적이라고 저절로 가정한다. 우리에게 뇌라는 지각 장치가 있음을 우리는 느끼지 못한다. 가상적인 자아에는 뇌가 없으므로, 뢴트겐 사진으로 두개골과 그 내용을 보면 우리는 이 직접적인 사실에 놀라 순진하게 흔들린다. 이런 놀람은 '자아'라는 기계가 자기 자신을 발견했기 때문에 생긴다. 우리는 자아 모델 구상에 의해 그 존재가 가려진 생물학적인 기계장치와 마주하는 것이다. 우리의 자아 모델은 진화를 통해 뒤를 캘 수 없는 구조를 갖추었다.

그러므로 우리는 자아 모델에 대한 우리의 견해를 새로운 인식을 통해—예를 들어 분석적인 심사숙고를 통해—바꿀 수 없다. 자아 모델은 우리 지각의 자동적인 기능이고, 의식적인 인식 그 자체에는 접근할 수 없다. 우리는 이제 더 이상 자아 모델을 소유하지 않겠다고 결정할 수도 없다. 자아 모델이 더 이상 문제없이 그리고 직접적으로 보일 만큼 작동하지 않는다면, 우리는 이 일을 수동적으로 당하는 것이다. 자아 모델은 투명성을 잃고 김이 서린 자동차 앞 유리창처럼 불투명해진다. 지각의 내용이 연출의 결과일 뿐이라는 정보를 우리가 갑자기 명백하게 알게 된다는 뜻이다. 이를 통해 우리는 지각이 감각기관을 통해 만들어지며, 이 기관들이 언제나 믿을 만하게 작동하지는 않음을 알게 된다.

불투명한 상태가 술이나 마약으로 일어나고 잠깐만 지속되면, 우리는 여기에서 뭔가 얻을 수도 있고 재미를 느낄 수도 있다. 어쩌면 평소에는 전혀 생각도 하지 못할 일을 하게 될지도 모른다(가장 큰 문제인 중독의 위험은 고려하지 않았다). 불투명한 상태가 오래 계속되고 더구나 지속적인 상태가 되면, 우리는 이를 보통 심각한 정신 장애나 떨쳐버려야 할 질병이라고 평가한다. 이에 관한 수많은 예들은 '깨지기 쉬운 자아'를 다룬 장에서 볼 수 있다.

"우리는 순진하고 현실적인 '자아의 오해'라는 조건 아래에서 작업을 합니다." 메칭어는 이렇게 요약한다. 우리의 순진함은, 우리가 마치 자신과 직접적이고도 즉각적인 접촉을 하는 듯한 경험을 하는 데 있다. 이런 방식으로 우리의 사고 기관에는 일단 기본적인 '나'라는 느낌, 해당되는 체계가 탐색할 수 없는 현상적 자아가 생긴다. 이것이 토마스 메칭어가 말하는 자아 모델 이론의 핵심이다.

그러나 인간의 자의식이 완성되기에는 우리 머릿속의 '나'라는 기계―아교질이고 비밀스러운―에 아주 작은 부분이 아직 부족하다. 지향성이 바로 그것이다. 이는 철학자들의 언어로는 의도가 아니라, 어떤 물체나 사람들과 대면할 때의 '자세' 또는 이들과의 '연관'이라는, 약간 광범위한 과정을 뜻한다. 지각과 행위에서 어떤 물체나 다른 사람들과 관계를 만들어가는 자아는 지향적이다. 앉고 싶은 사람은 의자를 찾아 두리번거리거나 찾아서 앉는다. 위로를 받고 싶은 사람은 친한 친구에게 걱정을 털어놓는다. 다시 말해서 지향성은 이 세상의 관계와 행위들에 대한 지식의 한 형태다.

뇌의 이런 표현도 투명하고, '내'가 세상 또는 '나'라고 말하는 다른 사람들과 다시 한 번 상호작용하는 존재로 묘사된다면, 이런 '나'에게는 주관적인 내적 관점이 생긴다. 이 과정은 투명한 자아 모델에서 생기는 일과 비교될 수 있다. 그러나 지향성 모델의 결과는 다르다. 가상적인 자아는 '나'와 물체들, '나'와 '나'라고 말하는 다른 사람들, '나'라고 말하는 다른 사람들끼리, '나'라고 말하는 다른 사람들과 물체 등 관계의 네트워크에 묶여 있다. 이렇게 하여 자의식의 더 높은 형태의 내용이 생기는데, 이것이 이미 말했듯이 주관적인 내적 관점이다. 또는 메칭어가 강조하듯 '인식하는 순간의 자아, 행위 중인 자아'라고 말할 수도 있다.

그러나 우리가 경험하는 것은 실제 상황이 지극히 단순화된 형태다. 예를 들어 '행위 중인 자아'라는 인상을 불러오려면 뉴런의 연합이 어떻게 이루어져야 하는지 과학적으로 밝혀지지 않았고, 우리 스스로도 내부 관찰을 통해 알 수 없다는 사실을 한 번 더 강조한다. 이는 우리가 인식할 수 없는 일이다. 우리가 기대하는 것은 이런 잘못된 계산이 가장 일어나기 쉬운 형태로 완성된 결과인데, 이는 예를 들면 황혼에 해변을 산책할 때의 느낌 또는 "해변을 산책하고 있는데, 해가 넘어가는 모습과 거의 매초마다 달라지는 색깔에 정말 넋을 빼앗기고 있어"라는 문장으로 표현되는 말이다.

세계 모델 안에서 움직이는 가상적인 자아에는 뇌도 없고 움직임을 위한 운동 프로그램도 없고 감각기관들도 없다. 가상적인 자아는 그저 되도록 의미 있는 생각을 하고 부딪치지 않게 움직이며, 살아남기 위해 세상을 지각한다. 이를 가능한 한 사용자에게 편리한 외관을 제공하여 수많은 정보를 동시에 처리하기 위한 진화의 기교라고 이해할 수 있을 것이다. 바다와 하늘의 모든 색깔과 물결의 속삭임은 그저 상징일 뿐이고, 던져준 막대기 뒤를 쫓아가는 개도 역동적인 상징이며, 바람 때문에 얼굴에 와 부딪치는 머리카락도, 생선 굽는 냄새도 상징이다. 이 모든 것은 사용자가 쓰기 편리한 외관의 상징이고 상이며 모상模像이고, 그 아래는 복잡한 뉴런의 흥분 패턴이 숨어 있다.

그러므로 우리의 지각은 온라인 가상현실이며, 우리의 뇌는 이 가상현실을 빠르고 즉각적으로 활성화하여 우리가 이를 지속적으로 사실이라고 믿도록 한다. 이 체계는 우리가 잘 때만 꺼진다. 그러면 우리는 우리가 존재한다는 것과 우리가 누구라는 것을 더 이상 알지 못한다.

매트릭스 4편

"완벽하게 현실인 듯한 꿈을 꾸어본 적이 있어? 네가 이 꿈에서 다시는 깨어나지 않는다면 어떻게 될까? 어느 게 실제이고 어느 게 꿈인지 어떻게 알지?" 어린아이가 하는 듯한 이 말은, 할리우드 3부작의 여자 주인공 트리니티가 남자 주인공 네오에게 경험이 된 가상인 '매트릭스'를 설명하기 위해 하는 질문이다. 철학은 이 질문에 이렇게 대답한다. "우리는 그런 가상 속에 살고 있다. 우리는 무엇이 꿈이고 무엇이 실제인지 알지 못한다. 그러나 우리는 「매트릭스」 3부작에서와 같이, 지적인 기계에 의해 통제되는 가상현실의 부분들이 아니다. 우리 스스로 현실을 가상하고, 여기에 더하여 우리 자신과 우리의 고유한 이야기와 사회 환경 전체도 가상한다. 이런 식으로 우리는 우리 자신을 조작하고, 그 누구도 아니었던 사람에서 누군가로 우리를 변화시킨다."

'나'를 탐색하는 철학과 자연과학의 이런 결과는 사람들에게 만족을 주지 못할 것이다. 「매트릭스」의 네오와 트리니티와 다른 반란자들이 실제 경험과 진짜 느낌을 선호하여 기계들의 망상 세계에 거칠게 반항하듯이, 많은 사람들이 '내'가 거대한 우주에서 아무런 의미도 없는 존재임을 인정하기 힘들어 한다. 우리가 그 누구도 아닌 존재로 세상에 왔다가 그 누구도 아닌 존재로 죽으며, 그 사이에는 포괄적인 혼동 때문에 우리 스스로를 누군가로 착각한다는 가설은, 지나치게 냉정하고 얼핏 보기에는 인간을 경멸하는 듯한 느낌마저 준다. 인간처럼 느낌이 있는 존재는 여기에 본능적으로 반대할 것이다. 물론 「매트릭스」와의 비교는 부분적으로 적당치 않다. 세계와 '나'를 가상하는 것은 기계가 아니라 우리 자신이고, 다른 지배 세력이 손을 뻗치고 있거나 우리를 원격조종하는 것이 아니기 때문이다. 진화를 이런 다른 지배 세력이라고 가정하는 경우를 제외하고는 상황이 이렇다. 진화는 우리의 감정 구조를 결정하고, 우리가 무엇을 아름답다고 생각하며 어떤 사회 환경을 만들지 확정한다. 그러나 진화는 목표가 정해져 있지 않은 맹목적인 과정이며, 그저 일어날 뿐인 그 무엇이다. 진화는 원래 의미에서의 '세력'이 아니라, 의식과 연결되어 있는 '의지' 정도라고 할 수 있다.

  과학이 인간 본질에 대한 전통적인 이해에 강한 의문을 제기하는 것은 확실하다. 양자론이 우리의 세계상을 바꾼 것과 마찬가지로, 주관성의 자아 모델 이론은 앞으로도 계속 우리를 변화시킬 것이다. 알베르트 아인슈타인과 닐스 보어 이전에도 사람들은 술을 즐겼으며 앞으로도 계속 마실 거라고 생각하는 이들도 있을 테지만, 인류가 이제 막 발을 들여 놓으려는 제2의 계몽주의 시대가 가져올 결과에 대해 심사숙고하는 편이 아마 우리에게 더 나을 것이다.

우선 자아 모델의 진화적인 장점에 대한 질문을 살펴보자. 몇몇 비판가들은, 뇌가 아무렇게나 조작하고 착각하고 바꾼다면 우리가 어떻게 살아남을 수 있는지 회의적으로 의문을 제기할 것이다. 진화는 우리 지각의 능력을 명백하게 밝히는 증거가 아닌가? 원인猿人과 원인原人과 현생인류는 600만 년 전부터 존재하지 않는가?

이 주장은 옳지만, 자아 모델의 관념과 상반되지는 않는다. 뇌는 조작을 자의적으로 아무렇게나 하는 것이 아니라, 우리가 살아남는 데 유리하도록 한다는 것이 이에 대한 대답이다. 뇌는 우리가 배고프면 음식을 찾게 하고, 비록 월말에 월급을 받지만 (적어도 회사원과 노동자들이라면) 매일 직장에 출석하게 만들며, 아이를 낳고 열심히 양육하게 하고, 인적 네트워크를 유지하게 하며, 다른 사람들의 친절한 몸짓과 불친절한 몸짓을 어느 정도 확실하게 구별하고, 그들의 진심을 타진하게 만든다. 간략하게 말해서, 일상생활과 사회 집단에서의 능력이 진실을 포괄적으로 인식하는 것과 반드시 관계가 있지는 않다.

특별히 건장한 '자아'는 위대한 사상가나 계몽주의자들은 아니지만, 이들은 성공을 거둔다. "진화적인 성공은 진실과 똑같지 않습니다. 예를 들면 남자에게는 꼭 여자가 있어야 한다든가 자식이 인생에 저절로 의미를 불어넣어 준다든가 다른 성과 함께 있으면 지속적으로 행복할 수 있다든가 하는 잘못된 견해들이 성공적인 번식에 기여할 수도 있습니다. 진화는 자기 자신에 관한 불편한 정보와 자신이 받은 모욕과 패배를 적어도 일시적으로 잊을 수 있는 존재를 선호합니다." 메칭어는 이렇게 단언한다.

진화가 진행되는 동안 자의식이 도대체 왜 만들어졌는가라는 질문은 이보다 더 흥미롭지만 대답하기도 더 어렵다. 자의식이 없이는 되는 일이 없었으므로, 이것이 장점을 불러왔다는 점은 분명하다. 토마스 메칭어는 자의식이 반쯤 이성적인 소질이 있는 원숭이들의 인지적 투쟁 과정에서 생겨나고, 시간이 지나면서 점점 능률적으로 발달한 무기와 같았으리라 짐작한다. "의식은 체계의 지능을 높입니다." 이 철학자의 설명이다. '내'가 의식적인 기억 저장소에 가지고 있는 정보는, 빠른 속도는 아니지만 많은 양상으로 동시에 처리될 수 있다는 특징이 있다. '나'는 이 정보를 냄새 맡고 보고 잡으며, (기억의 도움을 받아) 비교하고 결합하며, 언어로 표현하고(그래서 자기 집단에게 이해를 받을 수 있다), 논리적으로 분석하고 사회적인 평가—다시 말해서 도덕적인 평가—를 내린다. 의식의 내용은 전체로 사용될 수 있으므로, 어떤 생명체가 알지 못하는 상황에서 반응할 때도 융통성이 크다. 꿀벌은 유전적으로 주어진 프로그램을 수행할 확률이 높은 반면, 사람은 해야 할 일과 선善을 우선 이해해야 한다. 사람이 더 많은 결정의 가능성을 지니고 있는 것이다.

이 주장은 수긍이 가기는 하지만, 검증할 수 있는 인과적 설명이라기보다는 이미 생긴 기원에 대한 뒤늦은 해명으로 들린다. 이 주장은 자의식이 존재한다면 이는 한 종의 존속에 무엇인가 의미가 있으리라는 생각을 따르는 것이다. 자의식적인 존재가 다른 생명체에 비해 정확하게 어떤 장점을 지녔는지는 아직 증명되지 않았고, 자의식이 세상에 나타난 시점도 확실치 않다. 고생물학자들은 호모 사피엔스의 조상들을 앞에서 언급한 꿀벌의 예에 맞게 경직된 행위를 드러내는 종과 융통성 있게 반응하는 종으로 나누는 시도를 하기도 했는데, 이에 따르면 첫째 집단에는 (후기) 네안데르탈인이, 둘째 집단에는 (전기) 호모 하빌리스와 현생 호모 사피엔스가 속했다. 그러나 이렇게 분류하기 위한 증거는 매우 부족하다.

미국 심리학자 줄리안 제인스 Julian Jaynes는 3천 년 전까지 거슬러 올라가는 원전들을 연구하여, 『일리아스』의 구절에 '의지'라는 단어도 등장하지 않고 '자유 의지'라는 생각도 찾아볼 수 없다는 결론을 얻었다. 아가멤논과 아킬레스와 오디세우스를 중심으로 하는 전사들은 의식적으로 계획하고 행동한 것이 아니라, 신들이 그들에게 속삭이는 일들을 수행했다는 것이다. 제인스에 따르면 현재 우리가 이해하는 의식은 꽤 늦은 시기에 발달했으며, 서구문학보다 역사가 깊지 않다. 이 가설은 지극히 매력적이지만 호메로스 또는 혹시 존재할지도 모르는 다른 작가들이 『일리아스』의 서술 시점을 '의식적으로' 의식의 흐름 없이 구상했는지는 물론 아무도 알지 못한다. 『일리아스』를 몇 명의 저자가 썼는지 확실하게 알 수 없어 이런 판단은 더욱 어렵다. 더구나 유럽 최초의 이 서사시의 큰 주제는 개인적인 욕심과 공익, 즉 '나'와 집단 사이의 비교다.

이로써 이제 중요한 한 가지 관점이 언급됐다. 자기 자신에 대한 의식은 사회적 집단의 형성 및 강화와 매우 깊은 관련이 있다는 사실이다. "점점 더 나은 자아 모델을 새로운 종류의 '가상적인 기관'으로 소유함으로써 비로소 사회가 형성될 수 있었습니다." 철학자 메칭어의 설명이다. '나'라는 개념은 집단 속에서만 의미가 있고, 여기서 이중적인 기능을 담당한다. 이 개념은 경계 설정과 소속을 동시에 나타낸다.

'나'라고 말하는 사람은 사회 안에서 자기 자리를 정의하고 주장하며 이런 식으로 스스로를 중요하게 생각하는데, 여기에 대해서는 베를린의 철학자 에른스트 투겐트하트Ernst Tugendhat가 언급했다. '나'라는 표상은 어떤 한 사람이 통용되는 도덕적 표상 및 그 사회에 대해 지닌 관계를 정의한다. 이렇게 보면 사회에서 자의식이란 컴퓨터에서 운영 체제와도 같다. 자의식은 사용자 외관을 결정할 뿐만 아니라 도덕적인 기준—문자를 쓰는 문화권에서는 법전으로—도 규정하고, 무엇이 허용되고 무엇이 부적당하거나 터부인지도 정한다. 자의식의 범위가 얼마나 넓은지, 그리고 인간 사회에서 무엇이 적법하다고 취급되는지에 관해서는 혈족에 의한 복수와 일부다처제(이슬람), 한 사회 집단의 모든 소녀들과 처음으로 성관계를 맺을 수 있는 귀족의 권리(이는 멀리 떨어진 지역에서만 있던 것이 아니라, 친구들이 지난 세기 중반까지도 남부 이탈리아에 있던 풍속이라고 필자인 베르너 지퍼에게 알려주었다), 죽은 사람의 뇌를 먹는 일(파푸아뉴기니), 중매 혼인과 극단적으로 제한된 신분 상승 기회라는 특징을 지닌 카스트 제도와 동물 식용 금지(인도) 등을 다루는 민족학 서적을 잠깐만 보아도 알 수 있다. 사회적인 구성물들은 해체되고 다시 새롭게 형성될 수 있으며, 사회적 또는 경제적 상황에 따라 각각 다른 터부와 규정을 지닌, 전혀 다른 공존 형태가 만들어지기도 한다. 예를 들어 (여성) 자원이 부족하면 일처다부제가 생겨난다. 컴퓨터 언어로 말하자면, 인간은 다양한 운영 체제를 사용하는 것이다.

사회의 형성과 더불어 의식과 상호작용의 무대에 예전에는 알지 못하던 새로운 요소가 등장한다. '나'라고 말하는 사람은 다른 사람들도 '나'라고 말하며, 이들도 소망과 의견과 감정과 의도를 지니고 있음을 좋든 싫든 인정해야 한다. 이렇게 하여 학술 용어로 '사회적 인지'라고 불리는 것이 인간관계에 생기는데, 그 발생에 대해서는 '나의 작은 역사'를 다룬 장에서 이미 살펴보았다. 자아 모델은 다른 자아 모델들과 공명을 만들어 낸다. 우리가 다른 사람들에게 연민을 느끼고 그들의 관점에서 생각할 수 있으며, 다른 사람을 흉내 내고, 죄의식을 배우고 발전시킨다는 뜻이다. 그러나 동시에 사회적 인지의 도덕적인 이면도 발달한다. 거짓말을 하는 능력이 바로 그것이다. 우리는 다른 사람들의 계획과 의도를 꿰뚫어보고, 조작하거나 속일 줄 알게 된다. 속임수와 위선과 사기가 끼어든다. 생물학적 진화는 사회적 진화로 확장되고, 사람들은 모든 사회적 존재 가운데 가장 창조적이고 재능이 있는 존재가 되지만 하루에 평균 200번 이상 속는다. 이런 발달이 시작된 시점은 알 수 없으나, 토마스 메칭어가 강조하듯이 '자아 모델의 발달은 진화생물학적으로 긴 역사를, 그리고 (이보다 약간 짧은) 사회적인 역사'를 소유하고 있다.

금방 깨닫기는 어렵지만, 이런 인식은 자의식의 매혹적인 관점에 섬광을 비춘다. 인간적인 인식이 서로 상호작용하는 생물과 문화의 진화에 기반을 두고 있다면, 앞에서 언급한 감각질의 기원은 무엇인가? 하늘을 볼 때 파랗다는 느낌이나 주사를 피부로 들어올 때 따끔한 감각이나 사과를 깨물 때 느끼는 맛이, 불이나 언어처럼 문화적인 관념일 수도 있을까? 어쩌면 인간과 인간의 지각에는 우리가 지금까지 알고 있던 것보다 훨씬 더 많은 상징이 스며들어 있는지도 모른다. 자아 모델 이론에서 우리의 의식은 컴퓨터의 사용자 외장과 비교될 수 있음을 기억하자. 외장은 우리에게 상징들을 보여주고, 그 뒤에 있는 복잡한 정보를 주지는 않는다. 그러므로 우리는 나무의 상징과 갈색 나무껍질의 상징과 바람에 흔들리는 나뭇잎의 상징을 볼 뿐, 나무나 나무껍질이나 바람에 흔들리는 나뭇잎을 보는 것이 아니다.

그러나 숲 속에 위로 솟아 있는 목재 식물에 해당하는 단어가 독일어로는 '바움'이고 영어로는 '트리'이며 아탈리아어로는 '알베로'라는 사실처럼, 상징은 문화적인 결정이다. 여기에 따르면 인간은 지극히 상징적인 종이다. 인간의 (생물학적, 그리고 문화적인) 진화가 관념과 상징의 발견과 발달에 의해 형성됐고 또 형성된다는 것은 무슨 의미인가? 몇 가지 예만 들어보자. 하늘과 바다에 쓰이는 파란색이라는 상징, 언어적 상징인 말하고 쓰는 개념들, 시내 교통에서 행위 규정의 상징인 주차금지 표지판, 진보의 상징인 컴퓨터, 자의식의 상징인 사용자 외장 등등…….

모든 학자들이 이런 해석에 동의하지는 않는다. 그러나 대니얼 데넷의 견해에 따르면, 인간의 의식에는 상징들의 모음이 스며들어 있다. 영향력 있는 철학자이자 보스턴 터프스 대학교 인지연구센터의 소장인 그는, 문화적인 정보들이 우리 뇌의 활동 방식을 포괄적으로 조직한다고 확신한다. "인간의 의식은 그 자체가 밈meme의 거대한 복합체입니다." 데넷은 이렇게 이야기한다. 밈은 관념의 다른 표현 또는 문화적인 면에서 유전자에 상응하는 대응물이라고 말할 수 있다. 밈은 창조적인 우연에 의해 생겨 널리 퍼지고 변화되며 서로 경쟁한다. 유머나 요점이 있는 짧은 이야기가 밈의 좋은 예이다. 밈이 멋지면 계속 전달되지만, 이 과정에서 변한다. 밈의 다른 예는 케이크를 굽거나 MP3 플레이어를 만드는 지식이다. 이런 기기의 새로운 세대, 달라진 세대는 계속하여 등장한다.

사람이란 무엇인가? 태어나지도 죽지도 않는, 그 누구도 아닌 존재다. 학문의 규명에 의하면 사람이란 자유 의지와 자비와 배려와 고유한 '나'의 존재를 가장하는, 유전적·밈적인 거대한 복합체다. 이 존재는 이제 불가능해 보이는 과제에 직면해 있다. 자아에 대한 더 나은 견해, 더 타당한 견해로 나아가고, 이러는 동안 길을 잃지 말아야 한다는 과제가 바로 그것이다.

9장 뇌 속의 하늘

'나'라는 문제에 대한 신비주의적 대답

더글러스 하딩은 어느 날 자기 머리가 없다는 것을 깨달았다. 이는 그에게 엄청난 감명을 준 사건이었다. 당시 서른세 살이던 하딩은 그때 이미 몇 달 동안 자아를 찾던 중이었다. "나는 누구인가?"라는 똑같은 질문이 그를 계속 괴롭혔다.

그때 그는 히말라야를 유랑하고 있었다. 눈으로 덮인 산꼭대기 아래로 안개가 낀 푸른 계곡을 바라보고 있을 때, 그가 골똘히 생각하던 모든 생각들이 갑자기 아무런 계기도 없이 멎었다. 과거와 미래가 그에게서 떨어져 나가고, 오로지 지금만 있었다. 그는 자신을 바라보았다.

"그냥 바라보기만 하면 됐어요. 그것 말고는 없었습니다." 그는 이렇게 회상한다. "내가 본 것은 끝에 갈색 신발 한 켤레가 달려 있는 카키색 바지 다리, 끝에 장밋빛 손이 달려 있는 카키색 소매, 위로 향한 카키색 셔츠 어깻죽지였는데, 그 끝에는 아무것도, 정말 아무것도 없었습니다! 머리가 없었어요."

머리가 있어야 할 자리에는 투명하게 텅 빈 공간뿐이었다. 이 공간에 세상이 있었다. 하딩은 내부와 외부에 더 이상 아무런 차이도 없음을 깨달았다. '나' 또는 '나의 의식'이 있어야 할 최종적인 이 장소는 무無로 사라졌다. 그는 머리를 잃어버렸지만, 세상을 얻었다. 영국의 이 방랑자는 깊은 평화와 차분한 기쁨을 말했다. 견딜 수 없던 짐을 내려놓았다는 느낌을 받았다고 했다.

그 뒤로 몇 년 동안 하딩은 자기 인생에서 가장 큰 사건이었던 이 일에 대해 여러 권의 책을 쓰고, 세미나와 워크숍에서 관심이 있는 사람들에게 머리를 잃는 새로운 길을 가르쳤다. 그곳에서 그는 예를 들면 다음과 같은 실험을 권한다. "창밖으로 몸을 내밀고 여러분의 손가락과 손가락이 가리키는 곳을 주의 깊게 살펴보세요. 바닥을 가리키고, 무엇이 보이는지 세밀하게 관찰하세요. 여러분의 발과 배를 가리키고, 거기에 무엇이 있는지 언제나 주의 깊게 살펴보세요. 그리고 자기 자신을 가리키고, 거기서 무엇이 보이는지 세밀하게 관찰하세요. 이 연습을 아주 집중하여 천천히 하세요. 운이 좋다면 깨닫는 것이 있을 겁니다."

물론 명확하게 생각하는 분석적인 정신철학자들은 하딩의 순진한 묘사에 은근히 비웃는 반응을 보인다. 이들은 그의 유치한 개념들을 웃음거리로 삼고, 그를 인식이론적인 독아론자, 다시 말해서 자기 표상을 세상과 혼동하는 사람이라고 간주한다. 하딩이 자신이 발견한 것을 말하면, 사람들 대부분은 어깨를 으쓱하며 "그래서요?"라고 하거나 그가 살짝 돌았다고 생각한다. 하딩은 어쩌면 자신이 정신병원에 있지 않은 것을 다행이라고 생각해야 할지도 모른다.

그러나 얼핏 보기에는 그저 혼란스럽기만 한 영국 기인奇人의 말은 사람들이 그를 철학 논쟁에 기여하는 사람으로 보지 않고 뭔가 기이한 일을 경험한 사람의 사례 보고라고 간주하면 의미가 있다. 그의 보고가 사실이라면, 사람이 '내'가 존재하지 않음을 신경생물학적인 증거나 복잡한 철학적 분석에 의지하지 않고 스스로의 명상으로 직접 경험할 수 있다는 뜻이다. 또한 그의 보고는 이 경험이 뭔가 좋은 것이라고 약속한다. 자아를 찾는 길이 공허하게 끝나기는 하지만, 해방으로 향하기 때문이다. 이는 '자신이 어떤 사람이라고 생각하는 착각'이라는 장에서 살펴보았듯이, 철학자 토마스 메칭어의 오싹한 연역에 대한 가장 편안한 대답이 될 것이다.

부처의 손바닥 안에

이 주장이 새로운 것은 아니다. 이미 2500년 전에 인도의 고타마 싯다르타가 이와 매우 비슷한 통찰에 도달했다. 그러나 출발점은 달랐다. 부처는 처음에 철학자나 신경연구가들처럼 인식을 찾지도, 자아 또는 인생의 의미를 찾지도 않았다. 그에게 중요한 것은 오로지 고뇌에서의 해탈이었다. 북부 인도 샤키야 왕국에서 사랑을 받으며 자란 왕자였던 그가, 황금 새장에서 몰래 빠져 나와 노인과 병자와 죽음을 만난 이후로 이 문제는 계속 그를 괴롭혔다. 적어도 이 전설의 기본 윤곽은 종교 역사 연구에 의해서도 사실로 확인됐다. 스물아홉 살에 고타마 싯다르타는 고행자가 되어 당시 통용되던 방법으로 깨달음을 얻기 위해 궁전과 아내와 아이들이 있는 도시 카필라바스투를 비밀리에 떠났다. 그는 6년 동안 갠지스 계곡을 유랑했고, 위대한 종교적 스승들의 말에 귀를 기울였으며, 완벽한 요가 행자가 되었다. 그러나 거의 죽을 정도로 단식한 후에 그가 깨달은 것은, 이런 극단적인 금욕으로 자신이 한 걸음도 더 나가지 못했다는 사실이었다. 많은 가톨릭 교인들에게서 오늘날까지도 지속되는 방법과는 달리, 그는 고통과 괴로움에서 아무런 의미도 찾을 수 없었다.

그는 서른다섯 살이 되었을 때 네란자라 강변의 보리수나무 아래 앉아 명상을 하기 시작했다. 요가 스승들이 가르친 것과는 달리 그는 평범한 의식의 저편에 놓인 하늘의 영역에는 관심을 두지 않았고, 그보다는 죽음과 윤회의 비밀에 대해 명상했다. 7일째 되던 날 밤, 그는 드디어 그를 부처로 만든 깨달음을 얻었다. 그 뒤 몇 주 동안 그는 모든 사람이 그의 발자취를 따라 열반으로 향하는 길을 찾을 수 있는 교리를 완성했다. 그런 다음 바라나시 근처의 녹야원鹿野苑에서 처음으로 고뇌의 원인과 극복이라는 네 가지 진리, 사제四諦에 대한 설법을 시작했는데, 이 사제는 온갖 종파와 종교적 싸움에도 불구하고 모든 불교 신자들이 신봉한다.

이 교리는 우리 인생이 고뇌로 가득한 것이라고 말한다. 물론 인생에 아름다운 순간과 기쁜 시간도 있지만, 결정적인 것은 이런 시간도 일시적이라는 사실이다. 고뇌의 원인은 욕심과 증오와 현혹이다. 이 성격들을 극복하는 사람만이 괴로움을 없앨 수 있다. 이때 도덕적으로 올바른 처신을 위한 지침이며, 비판적인 성찰과 명상을 포함하는 이른바 팔정도八正道가 도움이 된다. 이렇듯 단순한 기초를 토대로 하여, 자연과학적인 세계상을 지니고 있는 사람들의 마음을 끌고 고집 센 무신론적 신경생물학자들의 호기심을 다른 그 어떤 종교보다도 더 많이 자극하는, 고도로 복합적인 심리학과 철학이 만들어진다.

    이런 원인 가운데 하나는, 불교의 원래 교리가 학문적으로 거의 개방되어 있기 때문이다. 불교는 아마 종교 창시자가 스스로 의문을 제기한 유일한 종교일 것이다. 그는 아무것도 그냥 믿어서는 안 되고, 모든 것을 이성으로 검사해야 한다고 말했다. "과학이 불교의 특정한 교리들에 오류가 있다고 최종적으로 증명할 수 있다면, 우리는 과학 지식을 받아들이고 낡은 견해들을 교정해야 한다." 달라이 라마는 그의 저서 『단 하나의 원자 속의 세상』에서 종교와 과학의 관계에 대해 이렇게 썼다. 불교에는 창조주도 불멸의 영혼도 없고, 불교의 윤리적 규정들도 위협적인 내용이 아니라 권고. 이 규정을 따르는 사람은 자기 자신에게 뭔가 좋은 일을 하는 것이다. 해탈은 초월적인 존재에 의해 주어지는 것이 아니라, 스스로 노력하여 이룬다. 이것이 바로 불가지론적이거나 지적인 사람들도 불교를 매력적이라고 생각하는 두 번째 중요한 이유다. 불교는 명상을 통해 깨달음을 얻는 길을 약속하고, 맹목적인 믿음을 무조건 요구하지 않는다. 어쩌면 현대적인 신경철학의 판단과도 조화를 이룰 수 있을 것이다.

2005년 여름, 비오는 8월의 어느 날 취리히 이르헬 대학교. 품위 있는 이 대학교의 창문 없는 대강당 앞에는 행사가 시작되기 한 시간 전부터 학생들과 학교 직원들이 길게 줄을 늘어섰다. 콘크리트 건물의 복도에는 귀에 무전기를 꽂고 검은 양복을 입은 멋진 티베트 안전요원들이 그 지역 스위스 경찰들과 함께 정찰을 하고 있었고, 이들은 학생 가운데 누군가 커다란 배낭을 메고 있는 모습을 보면 무척이나 신경이 날카로워졌다. 이날 '신경과학 심포지엄'에서 티베트 불교 신자들의 정신적·정치적 수장이 대학교의 최고 학자들과 함께 동양의 지혜와 서양의 과학이 만날 수 있는지 토론할 예정이었다. 장식이 없는 대강당 벽에는 오렌지색 천이 걸리고, 빔 프로젝터는 히말라야 풍경—안타깝게도 뒤집힌 모습—과 티베트 문자를 연단의 좌우에 있는 스크린에 비추었다. 청중들의 호의에도 불구하고, 정말 흥미진진한 토론은 이루어지지 않았다. 그러다 마지막 무렵 한 여학생이 일어나 마이크를 잡고, 달라이 라마에게 그 자신도 가끔 의문을 품지 않는지 물었다. 그는 물론 그렇다고, "사람에게는 의문이 필요합니다"라고 대답하고 웃으며 검지로 머리를 톡톡 두드렸다. "예를 들어 여러분은 '나'는 어디에 있는가, '자아'는 어디에 있는가 하는 질문을 해야 합니다."

다람살라의 위쪽 맥그로드 간즈는 모페드에서 내뿜는 매연과

절대 그치지 않는 자동차 경적이 방해가 되긴 하지만 늘 활기에 차 있으며, 작은 콘크리트 집들이 거의 2,000미터라는 엄청난 높이의 가파른 능선에 붙어 있는 장소다. 아래쪽은 덥고 윙윙거리며 먼지가 날리는 북부 인도, 뒤쪽은 눈으로 덮인 히말라야의 옆면으로, 눈 덮인 봉우리가 지금 막 구름 속에 들어가 있다. 거리에는 휴대폰으로 즐겁게 수다를 떠는 승려들, 티셔츠에 배낭을 메고 묵을 방을 찾는 서양 관광객들이 섞인다. 호텔들은 빠른 인터넷과 영기靈氣 요법 초급과 중급으로 손님을 유혹한다. 문둥병에 걸린 수척한 걸인이 거리를 기어간다. 양손이 이미 모두 썩었으므로, 구걸하여 받는 돈을 넣을 지저분한 천 가방은 목에 걸려 있다. 오늘 극장에서는 「소림축구」가 상영되고, 오후 5시 15분에는 「삐삐소리가 무엇인지 우리는 안다. 이제는 현명해져야 할 때다What the bleep do we know. It's time to get wise」(양자역학과 불교에 관한 다큐멘터리)가 상영된다.

존경받는 라마인 게세 소남 린첸이 붉은 법복을 입고 '티베트 작품과 문서 도서관'의 강의실 성좌聖座에 오른다. 80명이 넘는 서양 국적의 사람들이 바닥에 엎드리며 다섯 번 절을 한다. 그런 다음 10분 정도 티베트 경전을 노래하고 강의가 시작되는데, 강의는 예배처럼 보인다. 몇몇은 한 마디도 놓치지 않기 위해 MP3 플레이어를 꺼내 녹음을 하기도 한다. 소남 린첸은 티베트에서 교육을 받은, 살아 있는 마지막 스승으로 간주된다.

그가 가장 중요한 불교 철학자 가운데 한 사람인 나가르주나를 설명하는데, 그 내용은 일단 그리스도교인들에게도 친숙하게 들린다. "어떤 영적인 전통이든 상관없이, 동정은 모든 만족감의 근본입니다. 선한 행위는 좋은 카르마業를 가져옵니다." 라마가 연좌에서 상체를 이리저리 흔드는 동안, 통역하는 여성이 티베트어를 옮겨준다. 그러나 이제 많은 청중에게 어려운 부분이 등장한다. "우리에게는 진정한 실존이 없습니다. 분리된 자아란 존재하지 않습니다." 소남 린첸의 설명이다. 12시 직전에 오늘 강의는 정점에 달한다. "우리는 깨달음을 얻기 위해 노력해야 합니다. 그 길은 모두에게 열려 있습니다."

얼마 후 티베트 도서관 아래에 있는 네충Nechung 카페에서 20대 후반의 서양인 몇 명이 레몬차를 마시며, 근처에 있는 사원의 대학교인 '불교 변증법 연구소'의 학생 승려에게서 서투른 영어로 '나'에 관한 설명을 듣는다.

"여러분은 버스를 타고 다람살라로 오셨지요. 그러면 한번 말해보세요. 버스가 뭔가요?"

사람들은 무슨 말인지 몰라 침묵한다.

승려가 다시 묻는다. "바퀴인가요?"

"그거야 당연히 아니지요."

"그러면 좌석과 핸들인가요?"

"아닙니다."

"차체와 모터인가요?"

"아니오. 그건 움직이지 않아요."

"그렇다면 버스란 뭔가요?"

"글쎄요, 움직이려면 이 모든 것이 합쳐진 것이겠지요."

"그렇지요? 사람의 '나'도 마찬가지입니다. '나'는 여러 부분으로 이루어지고, 핵심이 없어요. 여러분은 그것을 잡을 수 없습니다."

이것이 서양에서는 낯선 불교의 핵심적인 견해다. 동양의 종교에서 자아를 찾으려는 모든 사람들은 욕망을 완강하게 무시한다. 즉, 사제에 따라 버려야 할 욕망은 구체적인 물질이나 열정뿐 아니라, '나'와도 연관이 있다. 영국 옥스퍼드 대학교의 유명한 불교학자 리처드 곰브리치Richard Gombrich는 이것을 다음과 같이 표현한다. "우리는 지속적인 본질의 핵심(많은 사람이 이를 영혼이라고 부르지요), 우리 경험의 주체인 자아를 소유하고 있다고 믿습니다. 하지만 부처에 따르면, 이른바 이런 자아는 욕망에 의해 계속 움직이는 육체적·정신적인 구성 요소들의 다발에 불과합니다. 다시 태어나게 하는 것은 오로지 욕망입니다. 다시 태어날 수 있는 자아, 하나의 삶에서 다른 삶으로 건너갈 수 있는 본질적인 전체는 실제로 없으니까요."

이런 비아非我를 정확히 어떻게 이해해야 하는지에 대해서는 불교의 여러 종파와 그 철학자들이 수백 년 전부터 논쟁을 벌이고 있다. 많은 저자들이 '나'에게서 일차적으로 인식론적인 문제를 본다. 다시 말해서 이들은 '나'를 인식하기 힘들다고 믿는 것이다. 몇몇 저자들은 주관적인 관념론의 견해를 취해서, 온 세상은 개별적인 뇌의 상상에 불과하다고 주장한다. 그러나 많은 종파, 특히 티베트의 탄트라 바즈라야나 불교는 처음 보기에 메칭어의 자아 모델 이론과 상당히 비슷하고, 그를 넘어서기도 한다. 이른바 순야타 교리는 모든 것에는 자신의 본성과 구성 요소가 없고, 결국은 오로지 공空뿐이라고 말한다. 그러나 메칭어는 사람들이 그에게 전화를 걸어, 그가 말하는 것들은 이미 오래전에 부처가 모두 말했다고 알려줄 때마다 아주 신경질적이 된다.

"아시아 철학에서 가장 훌륭한 관념이 서양 신경과학에서 가장 위대한 이론적인 문제와 일치한다면 이는 물론 아주 좋은 일이겠지요. 그러나 이를 알기 위해서는, 우선 불교를 분석적인 현대 정신철학의 개념적 정확성이라는 영역에 이르게 해야 합니다. 1970년대부터 계속되는, 이른바 종교와 과학의 통합이라는 동서양의 상호 결실은 자기애自己愛에 빠진 비교秘敎의 유치함에 불과합니다. 예를 들어 양자물리학과 불교에서의 공 개념처럼 근거 없는 애매함에 기반을 두고 있습니다. 몇몇 외양상의 일치가 있다고 해서 철학적으로 흥미로운 결과가 나오는 것은 아닙니다. 대부분은 낯선 문화를 낭만화하려는 욕구에서 나온 천박한 말장난입니다." 메칭어는 이렇게 욕을 퍼붓는다. "비교秘敎 서적을 취급하는 서점에서 종교 서적을 찾는 사람들은 차라리 직접 인도로 가서 현실적인 사원들을 보는 게 낫습니다. 그곳 대부분에서 살아있는 영성靈性이 아니라, 바이에른의 가톨릭처럼 심각한 미신을 발견하게 될 겁니다." 그것 말고도 도대체 향과 작은 종과 노래와 붉은 법복과 회전 예배기(라마교도가 기도할 때 손에 드는 작은 바퀴)가 다 뭐란 말인가? 메칭어는 약간 혐오스럽다는 듯 머리를 흔들며, 동양산 제품에서 그가 아주 좋게 평가하는 몇 안 되는 제품 가운데 하나인 차로 손을 뻗는다.

내부로 향한 시선

그러나 순수한 개념 철학은 불교적인 인식의 길에서 그저 하나의 면, 그것도 종교학자들 대부분의 견해에 따르면 별로 중요하지 않는 하나의 면일 뿐이다. 사실 동양의 사상가들이 의식의 외부 관찰이라는 점에서 서양 정신 철학의 인식 상황과 같은 수준을 유지하리라고는 생각되지 않는다. 이들은 급격하게 성장하는 신경과학적 경험 및 현대 자연 과학적 인식의 위기와 오늘날까지도 대부분 거리를 두고 있기 때문이다.

거꾸로 서양의 물리학자가 비교秘敎의 길을 발견하고, 양자역학적 과정과 동양의 지혜에서 잘못된 유사성을 끈질기게 그리고 자주 이끌어내려 한다면, 이것 역시 아마 별 소득이 없을 것이다. 흥미롭게도 예전에 뉴에이지 구루였던 프리초프 카프라Fritjof Capra 역시 당시에 강력한 영향력을 발휘하던 자신의 가설—그 가설에 따르면, 현대 물리학은 동양의 현자들이 이미 수천 년 전부터 알고 있던 오래된 진리를 다시 발견했을 뿐이다—을 철회했다. 오늘날 그는 "과학과 밀교密敎 사이에 통합은 있을 수 없다"고 말한다. 둘은 성향이 '완전히 다르고' 기껏해야 '서로 보완' 하는 정도라는 것이다.

불교적인 심리학과 철학의 강점은 인간 정신의 '내부 관점'에 대한 고찰이다. 진지한 과학자들이 거의 모두 이 점의 중요성을 부인하지 않음에도 불구하고, 서양의 자연과학은 오늘날까지도 이 부분을 소홀히 하고 있다. 우리의 모든 경험과 감정과 생각을 만드는 것, 우리를 우리로 결정하는 것은 바로 내부 관점이다. 그러나 서양 과학의 객관적이고 반복 가능한 방법으로는 이 관점에 거의 다가갈 수 없다.

그러나 이런 이유로 내부로 향한 시선을 완전히 포기하는 학자가 있다면, 그는 밤에 가로등 아래가 밝다며 잃어버린 열쇠를 그 아래에서만 찾는 사람과 비슷한 이성을 지닌 사람이다. 열쇠가 어두운 곳에 있다면 어쩔 것인가? 미얀마와 스리랑카와 티베트의 불교 승려들, 일본과 중국의 선禪 대가들, 히말라야 산맥의 요가 행자들은 수천 년 전부터 명상을 통해 모든 사물과 '나'의 본질에 대해 커다란 통찰을 주는, 내부로 향하는 시선을 가능하게 하는 방법을 발달시켰다. 많은 사람들은 이때 깨달음, 즉 정각正覺이라는 말을 사용한다.

메칭어는 약간 못마땅한 표정으로, 자기도 약 30년 전부터 명상을 한다고 고백한다. "그래요, 불교 철학이 '깨달음'이라는 개념으로 과연 무얼 말하려는지 나도 가끔 생각합니다." 그가 잠깐 망설인 뒤에 설명을 이어간다. "어쨌든 유럽의 계몽 프로젝트가 영어로 '인라이튼먼트 enlightenment', 즉 아시아의 내부 계몽 프로젝트인 '깨달음'과 똑같으니까요." 메칭어가 차를 더 따른다. "물론 뇌 연구의 도움을 받아 더 나은 형태의 명상이 개발되지 않을까 생각해볼 수도 있겠지요. 하지만 이런 모든 것은 그저 사변에 불과합니다."

명상은 불교와 힌두교와 수피즘과 몇몇 그리스도교와 유대교와 이슬람교 전통의 종교적인 기원에도 불구하고 경우에 따라 완전히 세속적으로도 수행할 수 있는, 집중하는 방법 가운데 하나다. 영국의 심리학자 수잔 블랙모어는 명상의 정수를 "주의 깊게, 그리고 아무 생각도 말기"라고 요약한다. 잘 알려진 결가부좌와 같은 복잡한 앉는 방법들은 일단 이 목적을 위한 것이고, 여기에 의례적이거나 비밀스러운 의미는 없다. 명상을 하는 사람은 힘을 들이거나 신경이 날카로워지면 안 되지만, 잠이 들어서도 안 된다.

명상을 시도해본 사람은 생각을 단 10초만이라도 멈추기가 얼마나 어려운지 알게 될 것이다. 의식적으로 밀어내려고 하면 더욱 멈출 수 없다. 생각은 이미 언급한 '귓속의 벌레'처럼 돌아와, 우리의 주의력 속에 둥지를 튼다. 명상을 가르치는 교사들은 생각을 하지 않으려는 대신, 몰려오는 온갖 생각과 느낌을 아무 감정 없이 관찰하라고 권한다.

명상은 보통 크게 두 가지로 구별된다. 이른바 '열린 명상'에서는 명상하는 사람이 일어나는 모든 일을 의식하지만, 그 일들에 생각으로 반응을 하지 않으려고 노력한다. 이는 선불교에서 전형적인데, 아무것도 의도하지 않고 반쯤 눈을 감은 채 흰 벽 앞에 앉아 있는 경우가 많다. 이에 비해 명상의 두 번째 형태에서는, 그 무엇에도 방해 받지 않고 한 가지에만 집중하는 것이 중요하다. 들숨과 날숨에 집중하는 사람들도 많고, 다른 사람들은 어떤 단어나 유명한 만트라 '옴 마니 반메 훔(오, 연꽃 속의 보석이여)' 또는 '자비'와 같은 특정한 감정에 집중하기도 한다. 또한 티베트 불교에서는 복합적인 신성을 시각화하는 일이 커다란 역할을 한다.

자석관 속의 승려들

자연과학적인 심리학자들은 오랫동안 명상을 비교秘敎의 난센스라고 의심했고, 지금도 많은 사람들과 학자들이 이를 순수한 긴장 완화 운동 정도로 오해한다. 그러나 명상에 숙달된 사람들이 실제로 비범한 뇌 상태에 도달한다는 증거들이 증가하고 있다. 예전에는 방법론적으로 불확실한 연구들이 출간됐지만, 이제는 이 분야를 대표하는 저명한 사람들이 활동하고 있다. 신경과학적 명상 연구의 선구자 가운데 한 사람은 유명한 정신의학자인 리처드 데이비슨Richard Davidson이다. 그는 미국 매디슨에 있는 위스콘신 대학교에서 심리요법 연구의 일환으로, 지속적인 감정과 정신병이 뇌에 어떤 변화를 가져오는지 탐구한다. 장기간에 걸친 실험을 통해 그의 연구팀은 전뇌 반구의 특별한 활동성에서 사람의 감정 상태를 읽을 수 있음을 알아냈다. 데이비슨에 따르면 좌반구가 우반구에 비해 상대적으로 일을 많이 하면 이는 '긍정적인 감정 스타일'을 의미한다. 우뇌의 활동성이 상대적으로 더 강하면 감정적인 기본 태도가 우울하다는 뜻이다.

티베트의 한 승려를 기능적 자기공명영상법으로 진찰한 데이비슨은 처음에 깜짝 놀랐다. 이 승려의 좌뇌와 우뇌의 관계는 정상 상태에서도 데이비슨이 먼저 진찰한 150명의 서양인 실험 참가자들보다 더 높았다. 이것이 많이 수행한 불교신자들에게서 볼 수 있는 느긋함과 만족감에 대한 설명일까?

표정과 감정 연구가인 캘리포니아 대학교의 폴 에크만Paul Ekman도 이른바 '놀라기 효과startle effect'를 승려들에게서 검사했다. 놀라기 효과란 사람들이 예상치 못한 시끄러운 소리를 들으면 자신도 모르게 특정한 얼굴 표정을 뚜렷하게 드러내며 반응하는 현상을 말한다. 명상에 잠긴 불교 라마의 얼굴에는 아무런 변화도 나타나지 않았고, 예상치 못한 소리의 강도가 권총을 쏘는 것과 똑같을 때도 마찬가지였다. 인도 최북단의 외딴 히말라야 깊은 계곡 잔스카르에서 오스트레일리아의 연구자 올리비아 카터Olivia Carter와 퀸슬랜드 대학교의 잭 페티그루Jack Pettigrew가 잘 훈련받은 요가 행자들을 대상으로 실시한 실험 결과 역시 이른바 '확실한 지식'과 모순된다. 76명의 승려들이 양쪽 눈에 다른 그림이 보이는 특수한 안경을 받았다. 보통 이런 상황에서 지각은 하나를 결정하지 못한 채 두 그림 사이를 이리저리 오간다. 그러나 단련된 승려들은 12분 동안 한 그림에 집중할 수 있었다. 이는 그 어떤 지각 연구가도 가능하다고 생각하지 못한 성과였다.

신의 목소리

이런 재주가 '나'의 비밀을 드러내지는 못한다. 그러나 이런 결과는 정신도 육체와 비슷한 방법으로 훈련하고 통솔할 수 있으며, 그 경우 평범한 사람들보다 더 많은 성과를 낼 수 있음을 증명한다. 선천적인 성향도 어떤 역할을 하는 듯하다. 미국 심리학자인 오크 텔레겐Auke Tellegen과 길버트 앳킨슨Gilbert Atkinson은 1974년에 이미 '몰두absorption'를 성격으로 도입하자고 주장했다. 이들은 이 개념을 '완전한 주의 집중'에 도달할 수 있는 인간의 능력이라고 이해한다. 이때 당사자는 주의를 돌리는 다른 모든 자극을 무시하고, 사실을 다르게 지각할 정도로 무엇인가에 완전히 집중한다.

훌륭한 심리학자들답게 이들은 몰두 능력을 측정할 수 있는 눈금을 만들어냈다. 예를 들어 음악과 시, 노을 또는 푸른 하늘에서 구름이 움직이는 모습 등 자연 현상에 강하고 집중적으로 반응하는 사람은 텔레겐 몰두 눈금(Tellegen Absorption Scale, TAS)에서 특히 많은 점수를 얻는다. TAS에서 높은 점수를 얻는 사람들은 이것 말고도 무척 예민해서, 문을 열기 전에 문밖에 누가 있는지 안다고 생각한다. 이들은 감각들을 결합하는 공감각적인 성향을 띤다. 소리가 색깔을, 냄새가 추억을 연상하게 한다. 영화관과 극장에서는 말을 걸어도 거의 모르고, 주변에서 일어나는 일을 모두 잊을 정도로 몰입한다. 또한 지나간 사건들, 어릴 적의 기억들조차도 지극히 현실적으로 느낀다. 설문 조사에서 이들은 특히 신비한 경험을 많이 이야기한다.

그러므로 학자들이 이미 오래전부터 이런 능력과 관계가 있는 유전자를 찾아 나선 것도 지극히 당연하다. 미국 메릴랜드 베테스다에 있는 국립암연구소의 딘 해머Dean Hamer는 2004년 가을 뉴스 잡지 〈타임〉의 표지에 '신의 유전자'를 발견했다는 주장을 실었다. 이 분자생물학자는 실제로 텔레겐처럼 영적 능력을 알기 위해 천 명이 넘는 사람들에게 상세한 설문 조사를 실시했고, 실험참가자들의 유전인자에서 특이한 점을 찾았다. 그는 도파민과 세로토닌 또는 노어아드레날린과 같은 전달물질의 조절에 관여하는 유전자 VMAT2의 변종에서 이를 찾아냈다. 이는 여러 종류의 정신병에서 커다란 역할을 하고, 환각을 일으키는 마약처럼 의식 상태를 크게 변화시킬 수 있다. 해머는 이 특이한 유전자 변종이 바로 영성 능력 테스트에서 최고점을 받은 실험참가자들에게서 나타난다는 사실을 발견했다.

그러나 이런 상호작용이 필연적으로 인과관계를 의미하지는 않고, 경험으로 미루어볼 때 복합적인 심리 특성은 하나의 유전자가 아니라 언제나 수백 또는 수천 개의 유전자에 의해 조절되므로, 해머는 이에 타당한 비판을 받았다. 그러나 쌍둥이와 친척들을 대상으로 하는 다른 많은 연구들도 영적인 느낌이나 앞에서 언급한 몰두가 40퍼센트 가량 유전적임을 암시하는데, 이는 다른 성격 특성들의 경우와 비슷한 수치다('**나'의 건설 현장** 참조). 더욱이 이미 오래전부터 진화심리학자와 사회생물학자들은, 종교적 관념의 지속성은 시대와 장소를 불문하고 이성에 반反하여 유전적으로 고정되는 경우가 자주 있다고 주장한다.

믿음은 진화적으로 생존에 유리해야 한다.

이른바 신경신학을 하는 몇몇 과학자들은 한걸음 더 나아가, 종교적 경험에 필요한 뇌의 구조를 이미 뇌의 관자엽 앞쪽에서 발견했다고 믿는다. 예를 들어 캐나다 서드베리 대학교의 신경심리학자 마이클 퍼싱어Michael Persinger의 실험실을 방문한 사람은 그가 개조한 노란 오토바이 헬멧을 써볼 수 있다. 퍼싱어에 따르면 이 헬멧은 관자엽에 전자기적 신호를 발사하여 영적인 체험들을 일정하게 일으킨다. "수호천사나 신이나 그와 비슷한 무엇인가를 느꼈다는 사람들도 있고, 또 어떤 사람들은 그들에게 가르침을 주고 그들과 신을 연결해주는 목소리를 들었다고 말하기도 합니다." 이 학자의 설명이다. 그의 가설에 의하면 그가 이 기계로 일으키는 것은 미세한 간질 발작이다. 이 발작이 많은 사람들에게서 종교적인 경험을 촉진한다고 짐작된다.

앞에서 언급한 샌디에고 캘리포니아 대학교의 뇌 연구가 빌라야누르 라마찬드란의 실험들도 이 가설을 옹호한다. 라마찬드란은 관자엽 간질 환자들에게 다양한 그림을 보여주고, 심리적인 흥분 상태의 척도인 전기적 피부 저항을 기록했다. 간질 환자들은 실제로 종교적인 그림에 가장 심하게 반응했고, 일반적으로 측정 기계에 높은 진동을 가져오는 섹스와 폭력 그림에는 적게 반응했다. 퍼싱어와 라마찬드란은 '신의 기준 치수'를 발견한 것인가?

특이하게도 신자들과 무신론자들 모두 각자 자신들의 가설을 주장하기 위해 아직 지극히 부족한 신경신학의 결과를 이용한다. 경건한 사람들은 그것 보라고, 한없이 자애로운 신이 누구나 신을 경험할 수 있도록 인간의 뇌를 창조했음이 이제 증명됐다고 말한다. 여기에 무신론자들은 말도 안 되는 소리라고, 종교적인 환각이 그저 뉴런의 단순한 장난임이 이제 드디어 밝혀졌다고 대답한다. 하지만 해당 유전자나 뇌 구조의 최종적인 증명조차도 종교적인 문제를 결정하지 못한다는 것이 아마 좀더 나은 결론이 될 터인데, 이 결론이 반대되는 두 가설과 완전히 양립할 수 있기 때문이다. 그러나 이보다 더 의미 있는 일은, 많은 사람들이 퍼싱어의 오토바이 헬멧이나 명상을 통해 얻는 '경험'을 분석하려는 노력일 것이다. 마약법과의 지속적인 마찰이 없었더라면 변화된 의식 상태에 관한 연구는 아마 훨씬 더 나아갔을 것이다. 환각 물질도 비슷한 경험을 일으키며, 화학적인 특성 때문에 사람들을 이런 경험에 쉽게 도달하게 만들기 때문이다.

인공 낙원으로 향하는 헬리콥터

그 만남은 해당 인터넷 포럼을 통해 은밀하게 이루어졌다. 만남 장소는 사람이 많은 드레스덴 신시가지의 한 극장 앞이었고, 겨드랑이에 끼고 있는 뮌헨 뉴스 잡지가 식별 표시였다. 정보제공자는 얼굴이 나오지 않는 위치에서 사진을 찍으라고 했다. 얼마 후 조용한 카페에서 40세의 회사원 볼프 파스첸스키(가명)는 독일과 스위스에서 아는 사람들 사이에서 점차 널리 퍼지고 있는 페루산 뿌리 마약 아야후아스카 경험담을 이야기한다. "모든 계층 사람들에게 퍼져 있어요. 교수들도 있습니다." 그는 산토 다이메 교회의 독일 지점에서 거행되는 의식에 다섯 번 참가했다고 말했다. 이 교회의 기원은 브라질이며 아야후아스카 향유를 의례의 중심에 두는데, 독일에서는 잘 알려지지 않았으며 부득이하게 지하에서 활동한다.

마약의 효력은 잘 계산된 조합에 있다. 페루에서는 무당들이 리아넨(열대성 넝쿨 식물)과 독일에서 금지된 강력한 환각제 DMT(dimethyltryptamine)를 함유하고 있는 차크루나 잎사귀를 보통 함께 끓인다. 이 잎사귀는 삼키면 보통 효력이 없는데, 몸에서 분비되는 효소 MAO(monoamine oxidase)가 작용물질을 분해하기 때문이다. 그러나 리아넨의 하르말린 성분이 MAO 분비를 방해하므로, 환각제가 뇌에 작용하기 시작한다.

흰 제복을 입은 일종의 사제가 의식을 거행하는데, 주기도문과 아베 마리아를 한 다음에 아야후아스카 첫 잔이 나온다. 참가자들의 노래와 춤과 명상은 여덟 시간까지도 지속된다. 많은 사람들이 총천연색 환각과 뱀과 신적인 영혼을 지닌 수호신에 대해 이야기한다. 여기서도 고유한 자아는 중요하지 않다. 자신의 인생사는 마치 지워진 듯하며, '나'는 원소로 사라진다. "나는 태평양에서 헤엄치는 고래였어요. 한 번은 독수리가 되어 창문으로 날아가려고 했습니다." 파스첸스키는 아야후아스카가 자신의 인성人性을 한 단계 나아가게 했다고 확신한다.

실제로 많은 학자들도 60년대와 70년대에 몇몇 사람들이 과

다하게 마약을 소비한 결과 대부분의 국가에서 환각제 역시 금지되고, 원래 전도유망했던 향정신성약물에 관한 연구가 대대적으로 중단된 것을 유감스럽게 생각한다.

미국의 유명한 종교심리학자인 윌리엄 제임스(William James, 1842~1910)도 인위적인 명정 상태가 종교적인 경험과 비슷하다는 사실을 이미 알고 있었다. 깨달음을 얻은 밀교도 몇 명 또는 고도의 명상 수준에 도달한 숙련된 티베트의 승려들을 빠른 시간 안에 모으기란 매우 어려운 반면, 약물은 이런 명정 상태를 어려움 없이 재현할 수 있다.

제임스는 당시에 치과 의사와 외과 의사들이 환자를 마취할 때 쓰던 웃음 가스(아산화질소)로 실험을 했다. 그는 지금도 여전히 인용되는 자신의 주요 저서 『종교적 경험의 다양성』에서 화해의 경험으로 이끄는 인위적이고 신비한 의식 상태에 대해 이미 1902년에 서술했다. "우리의 모든 어려움과 근심의 원인인 세상의 대립과 모순과 갈등이 하나로 녹아든다." 다른 쪽에는 이런 글도 있다. "깨어 있는 우리의 평범한 의식 또는 우리가 이성적이라고 부르는 의식은 의식의 특정한 한 형태에 불과하며, 그 주위에는 아주 얇은 칸막이에 의해 이런 의식과 분리된, 매우 다른 종류의 의식 형태들이 놓여 있다는 인상을 받는다. ……이런 다른 의식 형태를 완전히 배제하고서는 우주에 대한 그 어떤 관찰도 궁극적일 수 없다."

제임스의 서술은, 그가 같은 책에서 신비한 경험의 윤곽을 설정하기 위해 제시한 기준과도 일치한다.

- 경험은 대부분 단어로 표현될 수 없으므로, 다른 사람들과 진정으로 나눌 수도 없다. 어쨌든 지적인 방법으로는 되지 않는다.
- 제임스의 표현에 의하면, 경험은 '인식론적noetic'이다. 이는 경험이 갑작스러운 정신적 통찰이나 깨달음에 근거를 두고 있다는 뜻이다. 당사자는 경험이 옳다는 것을 추호도 의심하지 않는다.
- 경험이 30분이나 한 시간 이상 지속되는 경우는 드물고, 이 시간이 지나면 사라진다. 이 경험을 뚜렷하게 기억할 수 없음에도 불구하고, 다시 나타나면 금방 알아볼 수 있다.
- 경험은 경험 '된' 다. 명상과 같은 특정한 기술을 통해 이런 경험이 나타나는 것을 촉진할 수는 있지만, 일반적으로 단추만 눌러서는 불러올 수 없다.

웃음 가스의 효력이 몇 분 동안만 지속되는 반면, 오늘날 잘 알려져 있고 부분적으로 새로 합성된 마약들의 효력은 명백하게 이보다 크다. 여기서 말하고자 하는 것은 알코올처럼 불안을 없애는 물질이나 코카인 또는 암페타민과 같은 각성제가 아니고, 헤로인이나 모르핀과 같은 마취제는 더더욱 아니다.

의식 연구, 특히 '나'에 관한 질문에서 칸나비스, 메스칼린, 실로시빈 그리고 합성 환각제인 LSD 등은 무척 흥미로울 수도 있다. 이들은 적은 용량일 경우 육체적인 중독성이 없고, 소비하는 사람들로 하여금 긴 경우 10시간까지 이르는 여행을 하게 만든다. 심오한 영적 통찰을 얻는 행복한 여행을 하는 사람도 많고, '내'가 해체되는 경험을 겪는 끔찍한 여행을 하는 사람들도 있다. "이것은 자아에 대한 우리의 정상적인 이해를 위협하는 환각제들인데, 저의 학문적인 관심은 바로 여기에 있습니다." 앞에서 언급한 심리학자 블랙모어는 이렇게 이야기한다. 그녀는 초심리학parapsychology 연구(나중에는 포기했다)와 육체이탈 경험 연구로 유명해졌고, 밈 연구학(memetics, 문화구성 요소학)의 창시자 가운데 한 사람으로 간주된다.

인습에 얽매이지 않는 무지개 색깔 펑크족 헤어스타일을 한 블랙모어는 얼마 전까지 브리스톨 대학에서 강의를 했으며, 비교秘敎적인 애매모호한 논쟁에도 불구하고 학계에서 인정받는 몇 안 되는 사람들 가운데 한 명이다. 그녀는 잘 알려진 위험에도 불구하고, 효과를 알고 싶어 학생 시절부터 일정하게 마약을 한다고 솔직하게 이야기한다. "칸나비스가 없었다면 제 학문적 연구의 많은 부분은 시작되지도 않았고, 심리학과 진화에 관한 제 저서의 대부분은 나오지 않았을 겁니다."

그녀는 옥스퍼드 대학 시절 친구들과 함께 했던 첫 대마초를 아직도 인상 깊게 기억한다. 많은 경험 가운데 한 가지는 잊을 수 없다. 함께 대마초를 하며 편안하게 음악을 듣고 있을 때, 그녀는 갑자기 잎사귀가 바스락거리는 길고 어두운 터널을 지나 쏟아지는 빛을 향해 달리는 느낌을 받았다. 오늘날 그녀는 이 '터널 환각'이 의례와 마술 또는 치료에 마약을 사용하는 모든 문화권에 잘 알려져 있음을 안다. 이 현상은 특별히 신비주의적인 것은 아니고, 순수하게 신경생물학적이다. 정신에 영향을 주는 많은 물질들은 생화학적으로 설명할 수 있는 이유에서 후뇌의 시각피질을 교란한다. 뉴런들이 스파크를 시작하고, 의식이 터널로 해석하는 원형 또는 나선형 패턴을 만들어낸다. 블랙모어는 당시에 이런 사실을 몰랐다.

언젠가는 다음과 같은 일도 있었다.

"수, 너 지금 어디에 있어?" 친구가 물었다.

"대답하기 어려웠어요." 블랙모어가 당시 이야기를 한다. "그러다가 혼란이 걷히고, 나는 눈에 익숙한 광경을 '위에서' 내려다보았지요."

"나 천장에 있어." 그녀가 친구에게 대답했다. 그 느낌은 무척 인상적이었다. 친구가 다시 물었다.

"움직일 수 있어?"

"응."

"벽을 통과해 갈 수 있어?"

"응."

블랙모어는 그 느낌이 굉장했다고, 비행하는 꿈과 비슷하지만 그보다 훨씬 생생하고 집약적이었다고 말한다. 두 시간 이상 지속된 그 경험을 그녀는 지금도 명확하게 기억할 수 있다. "그러다가 언젠가, 이 일은 시간과 공간이 의미를 잃고 제가 우주에 녹아드는 신비한 경험의 한 종류라는 생각이 들었어요."

이것이 그녀가 학자의 길을 걷게 된 계기다. 자아란 무엇인가? 머릿속의 뇌가 세상을 보면서 '나'라는 느낌을 어떻게 만들어낼까? 우리는 눈 뒤에 그저 수십억 개의 뇌세포밖에 없다는 사실을 알고 있지 않은가? 이 마약들이 '나'는 없다는 두려운 진실을 드러낼까? 이 생각이 옳은지 그 여부는 어떻게 알 수 있을까?

블랙모어는 마약을 처음 했던 이 경험 이래로, 구할 수 있는 종류의 마약을 거의 모두 해보았다. LSD는 물론이고 메스칼린과 요술 같은 (실로시빈) 버섯, 그리고 노르웨이의 어떤 피오르(협만)에서 처음 해본 엑스터시는 아주 좋았다. 코카인은 불쾌했고, 수의사들이 말을 마취할 때 사용하는 케타민은 흥미로운 육체 이탈 경험을 하게 했지만 마비 증상 때문에 끔찍해서 다시는 하지 않았다. 그러다가 언젠가는 윌리엄 제임스가 이미 실험했던 웃음 가스도 해보았다. 그때 잠깐 그녀는 '좋아, 좋아. 이게 옳아. 이래야 해' 라는 생각을 했다. 분자 하나가 철학적인 효력을 발휘할 수 있다니, 우스운 일이었다.

웃음 가스가 왜 기분을 좋게 만드는지 묻던 블랙모어는, 이런 마약들의 경험에서 토마스 메칭어와 비슷한 견해에 도달했다. "이는 어쩌면 우리가 의미 없는 우주 안에서 변화하는 패턴에 불과하다는, 어처구니없는 우주적인 농담에 대한 인식일지도 모르지요." 마약들이 자아는 없다는 두려운 진실을 드러낼 수도 있을까?

"신비주의자들은 그렇게 말할 겁니다." 블랙모어의 생각이다. 명상을 통해 도달하는 신비한 경험과 마약이 비슷한 통찰에 이르게 하는가는 이미 오래된 의문이라고 한다. 마약이 고속으로 깨달음을 얻는 데 도움이 될까? 블랙모어의 대답은 솔로몬처럼 현명하다. "마약은 헬리콥터처럼 사람들을 위로 데리고 가서, 그곳에서 무엇을 볼 수 있는지 알게 합니다. 하지만 거기서 머물 수는 없어요. 결국 사람들 스스로 험난한 길을 통해 산에 올라야 합니다." 그러나 그녀는 어쨌든 마약이 정상으로 향하는 기나긴 여정을 시작하도록 동기를 줄 수는 있을 것이라고 정리한다. 그녀 역시 명상이 옳은 길이라는 결론에 도달하여 종교적인 이유 없이 그 길로 들어섰으며, 20년째 명상을 하고 있다.

영적인 깨달음

히말라야에 은거하며 1~5만 시간 정도 명상을 했다면, 아마 정상에 꽤 가까이 갔을 것이다. 2003년 말에 달라이 라마가 새로운 실험을 위해 위스콘신 대학교 리처드 데이비슨의 실험실로 뽑아 보낸 여덟 명의 티베트 승려들은, 15~40년 동안 이렇듯 많은 시간 동안 명상 경험을 쌓아온 사람들이었다. 그중에는 마티외 리카르Matthieu Ricard도 있었다. 이 불교 승려는 1946년 프랑스에서 태어났으며, 카트만두에 있는 세첸 사원에서 존경받는 스승이자 달라이 라마의 프랑스어 통역자로 살고 있다. 무신론자임을 공언하는 철학자 장 프랑수와 르벨의 아들인 그는 예전에 파리의 유명한 파스퇴르 연구소에서 일하던 분자생물학자였다.

여덟 명의 정신적 운동선수들은 기능적 자기공명영상법에 의해 실시된 예전 실험에 대해 제기된 이의와 대면하기로 했다. 그래서 이번에는 명상 경험이 없는 학생 열 명이 명상의 개론만 잠깐 듣고 비교집단으로 채용됐다. 학자들은 이번에는 뇌파만 아주 정확하게 쟀다. 리카르는 실험실 기술자가 머리에 가장 먼저 256개의 전극을 설치한 승려 가운데 한 사람이었다. 닝마파派 승려의 붉은 법복을 입은 그는 데이비슨의 부탁을 받고 살아 있는 모든 생명체를 돕는 무한한 마음 자세가 특징인 이른바 '무조건적인 연민'의 명상 상태에 들어갔다.

리카르와 다른 승려들의 뇌 신호는 비교집단과 뚜렷하게 구별됐다. 승려들은 매우 높은 감마파의 활성화에 도달했는데, 감마파는 40헤르츠 정도의 리드미컬한 뇌파다. 몇몇 승려들의 뇌파는 지금까지 그 어떤 정상적인 사람들에게서 잰 것보다도 높았다. 명상이 끝난 뒤에도 승려들의 뇌파 수치는 여전히 높았는데, 이는 이들이 뇌세포를 지속적으로 새로 정렬했음을 의미한다.

실험에서 관찰된 또 다른 결과의 의미는 더욱 중요했다. 평균적인 뇌파도 EEG에서 감마파는 짧은 순간만 반짝인다. 그러나 승려들은 지각을 연결하고 동시에 스파크 할 수 있었다. "이는 매우 높은 집중력을 가져옵니다. 이 승려들은 극단적으로 깨어 있는 겁니다." 이 결과에 깊은 인상을 받은 기센 대학교의 심리학자 울리히 오트 Ulrich Ott의 말이다. 그는 독일에서 몇 안 되는 명상 연구가 가운데 한 명이다. "특히 마티외 리카르의 수치는 상상의 경계를 넘어섰습니다."

비교秘敎적인 성향이 전혀 없는 오트는 약간 사변적인 해석을 주장한다. "모든 뉴런이 한 박자로 스파크를 하면, 모든 것이 하나가 됩니다. 이 순간 의식은 주체와 객체를 구분하지 않습니다. 명상할 동안 사람들은 시간 감각이 사라진, 오로지 하나의 통일체를 경험합니다." 질문을 다시 하자 그는 확실하게 대답한다. "그렇습니다. 그건 영적인 경험이라고 불리는 것이었지요. '눈뜸'이었어요." 그러나 오트는 이를 종교적으로 해석해야 할지에 대해서는 의혹을 나타낸다. "깨달음은 지극히 평범한 뇌 심리학이라고 생각합니다." 사실 리카르와 데이비슨과 그의 동료들이 뇌파도에 관해 저술한 학술적인 논문은, 2004년 말에 아주 건조하긴 하지만 인지도가 높은 미국 학술 잡지인 〈미국립과학원회보 Proceedings of the National Academy of Sciences〉에 실리기도 했다.

태평양 같은 느낌

무엇보다도 이 실험의 인식적 성과는, 예를 들어 사람이 명상적인 방법을 통해 실제로 특별한 의식 상태에 도달할 수 있다는 상당히 어려운 자료를 증명하는 데 있다. 이는 적어도 명상하는 사람들도 몇몇 경우에 신비한 경험과 비슷하게 그 안에서 '내'가 해체되는, 말로 표현하기 어려운 통일된 경험을 한다고 이론적으로 해석할 수 있다.

질 높은 명상 연구에서는 이런 주장이 이미 통용되고 있다. 유명한 예로는 미국 정신의학자 아서 다이크만Arthur Deikman이

1960년대 초에 실시한 연구를 들 수 있다. 그는 친구와 지인들을 파란 꽃병 앞으로 모은 다음, 30분 동안 가능한 한 최대로 이 물체에 집중하라고 부탁했다. 하지만 집중하는 동안 꽃병이나 그 외 다른 물건들에 대해 생각하지 말고, 기타 그 어떤 관념이나 지각에도 방해를 받지 말라고 당부했다. 이런 실험이 몇 차례 지나지 않아 이미 실험참가자들은 파란 꽃병이 살아 있다거나 더 풍성해진다거나 반짝이는 듯이 보인다는 놀라운 경험을 이야기했다. 몇몇은 자신이 꽃병과 융합한다거나 자기 몸이 꽃병의 형태가 된다는 인상을 받기까지 했다. '나'와 주변의 경계는 여기서도 해체된다.

다이크만은 이렇듯 초점을 맞춘 명상의 효과를 '탈자동화 deautomatization'라고 불렀다. 그에 따르면 우리의 지각은 어릴 때부터 대상을 분리하고 분류하며 연관짓도록 훈련—자동화—되어 있다. 우리는 이런 식으로 추상적으로 생각하고 분석하는 능력은 획득하지만, 전체를 조망하는 시선을 잃어버리고 현실 경험에는 한계가 지어진다. "우리가 세상을 분리된 객체들(우리 자신도 그 가운데 하나지요)의 군집으로 생각하기 때문입니다."

2005년 여름, 앞에서와 마찬가지로 〈미국립과학원회보〉에 실린 한 연구는 우리의 지각이 실제로 문화적인 특성도 보인다는 사실을 증명하는 듯하다. 이 실험에서는 미국 학생과 중국 학생 45명이 눈에 띄는 대상이 전면에, 복합적인 배경이 뒷면에 있는—예를 들어 숲 앞에 호랑이가 있는 그림—다양한 그림을 볼 동안의 눈 움직임이 기록됐다. 중국 학생들이 아시아다운 문화적 특징으로 배경과 전체적인 상을 일차적으로 관찰한 반면, 미국 학생들은 호랑이에 더 빨리 그리고 오랫동안 눈을 고정했다. 다이크만에 따르면, 우리의 시선은 의도가 없는 명상을 통해 다시 넓어질 수 있다. "이에 비해 영적 발달은 사람들이 '자아'를 포기할 때, 끝없이 자기 인생을 돌보고 스스로를 다른 대상으로부터 분리하여 인식하는 작은 '자아'를 포기할 때 이루어집니다."

침묵

그리스도교의 '위대한 스승' 에크하르트(Meister Eckhart, 1260~1328년경)와 아빌라의 성 테레사(Teresa von Avila, 1515~1582), 힌두교의 샹카라(Sankara, 788~820년경)에서 불교의 나가르주나(2~3세기)에 이르기까지 시대와 문화권을 초월한 종교적 신비주의자들에게서 보이는 놀라울 만큼 큰 조화는 실제로 이런 통찰 안에서 발견된다. 종교사학자들과 신학자들은 오늘날까지도 이들 사이의 섬세한 차이를 확립하기 위해, 또 물론 그리스도교의 신神 개념을 보호하기 위해 노력을 들이고 컴퓨터 하드의 메모리를 사용한다. 그러나 에크하르트가 『우니오 미스티카Unio mystica(그와의 합일)』에서 다음과 같이 묘사하는 '그'가, 정말 성서에서 말하는 인격신이요 역사에 직접 개입하는 신인가? "너는 너의 본성에서 떨어져 나와 동시에 그의 본성으로 융해되어야 하고, 너의 '너'는 그의 '나' 안에서 하나의 '내'가 되도록, 즉 너는 완전하게 그와 함께, 이루어지지 않은 그의 본성과 말하지 않은 그의 무無를 영원히 이해해야 한다."

파더보른 출신의 근본주의 신학자 카타리나 케밍Katharina Ceming과 같은 학자들이 그리스도교와 힌두교와 불교의 신비주의 신학을 비교하여 결국 '무에서의 통일'을 확언하는 것도 놀라운 일은 아니다. 그녀는 교수 자격 취득 논문에, "그리스도교가 불교나 힌두교와 마찬가지로 마지막 실제의 불확정성에서 출발한다"는 것을 밝히려 한다고 썼다. "신성神性/절대성/초월성은—계시된 자신의 선언들과는 반대로—온갖 확정성에서 벗어나 있다. 이는 방법이 없고 특성도 없으며 생각을 통하여 결코 인식할 수 없는데, 그 이유는 인간의 사고란 언제나 범주와 확정성들로만 작동하기 때문이다. ……이 세상에 존재하는 것 가운데 그 자신으로 이루어진 것은 하나도 없다."

예를 들어 그리스도교의 신을 인격신이요 벌을 내리는 창조주가 아니라, 이성만으로는 인식할 수 없고 말로 표현할 수도 없으나, 그럼에도 불구하고 존재하는 하나의 암호로 이해하면 종교들 사이의 공통점은 많다. 케밍은 프랑스 베네딕트 교단 수도사였다가 힌두교에서 피난처를 찾은 앙리 르 소Henri Le saux를 인용한다. "신을 진정으로 찾기 위해서 인간은 그 스스로 신의 복제품일 수밖에 없는 자아의 심연, 즉 자아는 사라지고 신만이 있는 그곳으로 내려가야 한다."

그렇다면 동양 종교들의 특별함은—교회와 교리문답서의 특성과 비교할 때—이런 목표에 도달할 수 있는 명상의 기술을 그리스도교보다 더 잘 만들고 유지한 데 있다고 말할 수 있다. 이때 중요한 것은 오로지 깨달음을 얻는 일인데, 그 이유는 이것이 인간의 삶에서 도달할 수 있는 최상의 의식 상태이기 때문이다. 초월적인 그 무엇을 믿는지, 무신론자임을 공언하는 블랙모어의 견해에 동의하는지는 아마 그다지 중요하지 않을 것이다. 그녀는 아주 심오하고 신비주의적인 통찰들이 자연과학과 완벽하게 양립할 수 있다고 생각한다. "이렇게 요약할 수 있겠지요. 단 하나의 우주만이 존재하고 고유한 자아는 망상이다. 불멸은 미래에 있는 것이 아니라 현재에 있다. 모든 것은 있는 그대로이며, 행해져야 할 것은 아무것도 없다."

이 말은 오스트리아 철학자 루트비히 비트겐슈타인의 아주 유명한 명제들을 어느 정도 연상시킨다. 그는 어쩌면 철학사에서 가장 중요한 작품일 수도 있는 자신의 저서 『논리철학논고』에서 "그러나 말할 수 없는 것이 있다. 이들은 드러난다. 신비주의적인 것이 바로 그들이다"라고 서술했다. 그는 다음과 같은 말로 글을 맺는다. "말할 수 없는 것에 대해서는 침묵해야 한다."

우리가 해야 할 일은 무엇인가?

10장 우리가 해야 할 일은?
'나'의 위기가 함께 하는 삶

우리는 명상을 통해 깨달음을 얻지 못할까 봐—아무리 관심을 가지고 이런 종류의 온갖 노력들을 살펴보더라도—두렵다. 마약 경험이 아무리 흥미롭더라도 요술 버섯에서 추출하는 실로시빈 또는 LSD로 우리 뇌의 작동 능력을 위험하게 만들고 싶지 않고, 알코올이나 자동차 질주로 우리를 마비시키고 싶지도 않다. 우리는 스스로 목숨을 버리고 싶지 않다. 우리가 지닌 각각의 이유로, 우리는 삶을 사랑한다.

그러나 솔직히 우리는 불안하다.

우울한 시간

우리는 조사를 통해 발견하고 이 책에 소개한 수많은 지식에 대해 일상생활에서 어떤 반응을 보여야 할지 스스로에게 묻는다. 우리는 아무 일도 없었다는 듯이 행동하고 싶지 않다. 일이 있어났으므로. 우리의 '내'가 손상을 입은 것이다. 다시 한 번 요약해보자. 신경학자들과 정신의학자들은 우리에게 '내'가 깨지기 쉽다고 말한다. 뇌와 그 주변에서 일어나는 지극히 작은 사고는 1,000분의 1초 안에 우리의 정체성을 파괴할 수 있다. 발달심리학자와 성격심리학자들은 자아에 관한 서양의 고전적인 관념, 즉 자아가 살아가는 동안 자신의 운명을 발견하고 실현한다는 관념에 의문을 제기한다. 사회학자들은 유행하는 시장에 발걸음을 맞추기 위해 사람들이 자신의 정체성을 어떻게 매만지는지 서술하고, 기억심리학자들은 우리가 아주 은밀한 기억을 구미에 맞게 나중에 어떻게 위조하는지 증명한다. 신경학자들은 우리의 느낌과 생각과 행위의 자율성에 회의를 품고, 토마스 메칭어와 같은 분석적 정신철학자들은 더욱이 '나'의 존재를 의심하기까지 한다. 위대한 사상가와 시인들은 3천 년 동안 우리의 '나'를 찾았으나, 이제 무無에 이르렀다. 이들이 알아낸 것은, 우리가 우리를 이해하는 것이 아니라 조작한다는 사실이다.

　이런 새로운 지식을 곰곰이 생각하는 사람들은 누구나 오한을 느낀다. "제 모델은 형이상학적으로 영향을 줍니다. 모든 경험은 뇌와 연관이 있고, 불멸하는 영혼이라는 개념은 학문에서 더 이상 그 어떤 역할도 하지 않습니다." 메칭어의 말이다. 그는 잠깐 말을 멈추고, 차를 마신 다음 한숨을 내쉰다. "저 스스로 이 사실을 언제나 긍정적으로 본다고는 생각하지 마십시오."

　그래서 이 철학자는 우울할 때면 깊은 생각에 잠긴다. "무언가 우리를 괴롭히는 일이 생길 수 있겠지요. 그러면 많은 사람들이 신과 영혼을 믿으려고 합니다. 학자들은 신과 영혼이라는 이러한 모든 생각을 반박하고 망가뜨리면 보수를 받습니다. 하지만 나중에 과연 누가 망가진 것들을 정리하는지 우리는 생각해봐야 합니다."

물론 누구나 앞으로도 계속 '나'를 주장할 수 있고, 그렇게 잘 살 수도 있다. '나'라는 느낌이 있다는 사실이야 누구도 부정하지 않는다. 이런 주관적인 '나'는 학자와 철학자들이 객관적으로 '나'의 핵심이 없다고 주장해도 신경을 쓸 필요가 없고, 지구가 태양 주위를 돈다는 것이나 인간이 원숭이에서 나왔다는 것도, 어떤 모습이든 간에 영생이 존재한다는 아주 작은 증거도 없이 우리가 언젠가는 죽어야 한다는 사실도 인정할 필요가 없다. 이런 '나'는 '무지'라는 행운을 지닌 것이다.

하지만 우리는 공정하고 명백하기 위해 노력하려 한다.

우리는 우리가 묘사한 '나'의 위기가, 삶을 좀더 편하게 만들고 우리를 해방시킬 발전을 가져올 수도 있다고 믿는다. 이런 발전은 무엇보다도 '나'를 찾는 일을 그만두어야 한다는 결론을 우리에게 강요한다. 자신이 끄는 수레에 매달린 소시지를 쫓는 캐리커처의 개처럼, 이 노력은 아무 소득도 없이 끝날 것이다. '나'를 찾는 일은 시간과 에너지 낭비다. 여기에 쏟을 노력을, 학문이 우리에게 가한 '모욕'을 인정하는 데 쓴다면 아마 더 효율적인 투자가 될 것이다. 아주 간단한 문장으로 표현하면 다음과 같다. "여러분의 '내'가 아주 중요하다고 생각하지 말 것. 하지만 여러분의 인생은 진지하게 받아들일 것."

'나' 없는 삶

소멸하는 정신—인간 뇌세포의 기능에 불과한—을 가정하면, 이런 정신의 삶이 보내는 세월은 의미가 있다. 많은 사람들은 햇수가 이런 경우에만 의미가 있다고 말한다. 불멸은 게을러지도록 유혹한다. 천 년 뒤에도 할 수 있는 일을 오늘 할 이유는 없다. 신들은 무척 심심해하는 존재들일 것이다. 종교의 가장 큰 위험 가운데 하나가 여기에 있다. 예를 들어 자살 테러를 통해 낙원의 처녀들에게 가려는 무슬림이나, 천국에서 받을 상을 기대하며 평생 포기하면서 사는 그리스도교인들의 운명은 비극적이다.

무신론적인 지오르다노 브루노 재단의 이사장 미하엘 슈미트 살로몬은 이 생각을 다음과 같이 깔끔하게 표현했다. "지구와 인간은 의미 없는 우주—언젠가는 얼어 죽을—에 살고 있는, 시간적으로 한정된 현상들입니다. 그 자체에 의미가 없음을 알면 나는 스스로에게서 의미를 만들어낼 권한을 갖게 되고, 유한한 존재임을 알면 내가 지닌 단 하나의 삶을 진정으로 누리며 살게 됩니다. 무한한 삶이란 아마 견딜 수 없을 겁니다."

이런 태도를 특정한 목적적 낙관주의라고 볼 수도 있다. 점점 다가오고 언제든 일어날 수 있는 죽음에 직면하여 깊은 멜랑콜리에 빠진 사람들도 우리는 전적으로 이해하기 때문이다. 존재론적 비관주의는 논리적으로 완벽하게 가능하다. 문제는, 행복 찾기에 반대할 이유가 도대체 무엇인가라는 것이다. 슈미트 살로몬의 태도는 어쨌든 최적의 결론으로 이끈다. "현재를 진지하게 생각하라."

실현되어야 할 무엇인가가 우리 안에 거의 없다는 사실을 학문 덕분에 알게 되었다는 바로 그 이유에서, 우리는 더 자유롭게 숨을 쉴 수 있다. 우리는 바로 이 이유에서, 새로운 인생 계획을 더 자유롭게 세울 수 있음을 안다. 그 계획이 타이의 잠수 코스나 토스카나의 올리브 농사일 필요는 없다. 생물학적인 진화—진화는 침팬지들이 서로 싸우게도 한다—가 우리의 '자아'와 우리 경력의 목표와 신분적인 욕구를 우리에게 얼마나 심하게 새겨놓았는지 행동생물학자와 진화심리학자들이 해명해주므로, 우리는 이런 일들을 느긋하게 처리할 수 있다.

우리가 사실이라고 믿는 관점이란 그저 양쪽 귀 사이에 있는 1.3킬로그램짜리 회백질에 의해 우리에게 전해진다는 것, 그리고 '나'라는 느낌조차도 뇌의 산물임을 알긴 하지만, 우리는 자신의 의식 상태를 진지하게 받아들인다. 우리의 유일한 소유는 이런 자의식 상태다. 바로 이 이유에서 우리는 주변을 더 주의 깊게 인식하도록 노력해야 한다. 다시 말하면 바로 다음 목표만 위해 달려갈 것이 아니라, 지금 이 순간을 더 강도 높게 살아야 한다. 미래는 우리를 죽음에 더 가까워지게 할 뿐이다. 이 말은 물론 연금 넣기를 당장 그만두라는 이야기가 아니라, 매 순간마다 더 많은 것을 길어내라는 뜻이다. 이 인식이 그다지 독창적이지는 못하다는 사실을 우리도 알고 있지만, 우리가 아마 새로운 논거 몇 개는 내놓았을 것이다.

우리는 또한 다른 의식 상태도 더 진지하게 생각해야 한다고 주장한다. 독일인들은 평생 13년 정도를 깨어 있는 의식 상태로 TV 앞에서 보내고, 2~3년을 꿈을 꾸며 보낸다. 모든 경험이 어차피 뇌가 일으키는 가상이라면, 꿈의 경험을 가꾸지 못할 이유가 무엇인가? 하지만 걱정하지는 말기 바란다. 우리는 (어떤 식으로 전달됐든) 실제와 꿈 또는 환각의 차이를 아주 중요하게 생각한다. 그러나 신경과학자들은 잠자는 사람들이 램 수면 단계를 깨어 있는 의식 상태에서와 거의 똑같이 생생하게 경험한다고 추정한다. 주관적인 개인의 이야기는 물론, 뇌 스캔 진찰도 이를 뒷받침한다. 약간의 훈련과 소질만 있으면 거의 누구나 꿈을 더 잘 기억할 수 있고, 꿈속 사건의 진행에 영향을 주거나 조절할 수도 있을 것이다. 이것이 잠자는 사람이 자신이 꿈을 꾸고 있음을 아는, 이른바 '투명한 꿈' 또는 '맑은 꿈'이라고 불리는 꿈들이다.

그러나 자신의 의식 상태와 '나'를 진지하게 받아들인다는 것은 이보다 더 많은 내용을 포함한다. 불교의 경험과 이에 해당하는 과학적인 첫 연구들은 명상이나 기타 어떤 형태의 정신 훈련이 이를 앞으로 나아갈 수 있게 한다는 사실을 보여준다. 여기서 시작하는 것이 현대 의식 문화의 과제가 될 것이다. 성격의 지속적인 조형성에 대한 지식도 이와 비슷한 상황이다. 현대 심리학은 영혼의 번민만 덜어주는 것이 아니라, 사람들이 자기 성격을 어떻게 고칠지 조언해야 할 것이다.

이것이 스트레스가 될 수도 있다는 회의도 든다. 퇴근한 뒤에 피트니스 센터뿐 아니라 심리 센터에도 가야 하고, 그 결과 사무실에서도 밖에서도 오로지 유쾌한 사람들만 만난다고 상상해 보라. 현재도 이미 그렇긴 하지만, 사람들은 누구나 자신의 우울한 기분에 지금보다 더욱 많은 책임을 져야 할 것이다. 우리는 완벽해지기를 원하는 것이 아니라, 행복해지기를 원한다.

'우리'의 발견

행복에 대해 이야기하는 사람들의 온갖 현명한 조언들을 우리가 여기서 반복할 의도는 없다. 그러나 이 책이 '나'에 관한 책이므로, '우리'를 이야기하지 않고 끝내고 싶지는 않다. 다양한 학문에서 '인간은 철두철미하게 사회적인 생명체'라는 하나의 공통된 인식이 나온다는 사실은 놀랍다. 인간은 상호작용이라는 게임에서 완벽한 대가가 되었다.

인간의 발전은 오로지 문화적인 성과가 한 세대에서 다음 세대로 전달된, 작동 중인 사회 안에서만 가능했다. 언어는 혼잣말을 하거나 TV 소리로 흘러나오기 위해 존재하는 것이 아니었고, 지금도 아니다. 언어는 정보 교환을 개선하고 한 집단의 소속감을 강화하며, 학습을 가능하게 한다. 호모 사피엔스는 차별화된 의사소통의 발명을 통해서야 적도에서 극지방까지 온 세계에 65억이라는 인구로 증가했다.

아이들은 태어나는 날부터 사람과 관계되는 모든 것에 관심을 보인다. 이 성향이 이미 내재되어 있기 때문이다. 아이들은 또한 아주 일찍부터 다른 사람들의 의도에 관한 가설을 구상하고, 그들의 행위와 목표를 알아채는 데 전문가들이다. 이들은 엄마와 아버지와 다른 양육자들과의 대화에서 자기 자신의 이야기를 하는 방법을 배우고, 이를 통해 '나'라는 느낌을 발달시킨다. 거울 뉴런(mirror neuron, 이탈리아의 지아코모 리졸라티가 1996년에 발표한 이론. 거울 뉴런은 감각기관을 통해 들어온 정보를 거울처럼 비추는 뉴런으로, 타인의 행동과 감정을 마치 자신의 일인 양 느낄 수 있는 이유는 이 뉴런 때문이다)을 발견한 이래로, 우리는 다른 사람을 위한 감정이입이 신경 세포에 이미 들어 있다는 것을 알고 있다.

개별적인 기억은 한 개인이 사회에 닻을 내리는 데 도움을 준다. 기억은 사회적인 관계 안에서 조작될 수 있지만, 머릿속의 저장소가 현실을 충실하게 모사해야 한다고 확신하는 사람들만이 이렇게 표현할 것이다. 기억이 각각의 사회적 관계 안에서 언제나 새로 형성된다는 것이 옳은 말이다.

고전적·신자유주의적 경제 이론에서 말하는, 자신의 이익을 극대화하는 이기적 호모 이코노미쿠스는 하나의 단순화일 뿐이다. 신경경제학자들은 생물과 뇌 연구를 통해, 타인에 대한 인간의 기본적인 신뢰는 선천적 성격임을 보여주었다. 개별화와 전통의 붕괴에도 불구하고, 인간은 여전히 지극히 사회적인 동물로 머물러 있다. 한 집단에 속했다는 소속감이 없이 행복하기란 어렵다. 개인의 정체성은 다른 사람들과 교류하는 가운데 생긴다. 호모 사피엔스는 바로 이 부분에서 특히 현명하다.

한 가지는 결코 잊어서는 안 되는데, 이는 사람을 향해 떠났던 여행—학문적인 동시에 개인적인 여행—을 마친 뒤에 우리가 얻은 확신이다. '나'라고 말하는 것은 사회 안에서만 의미가 있다. '나'라고만 말하는 것은 타락이며, 스스로를 해체하는 행위다. '나'는 '우리' 안에서만 생각할 수 있다.

해설

새로운 깨달음의 핵심

학계에 몸담고 있는 사람이라면 누구나 나름의 꿈이 있다. 새로운 이론을 세우거나 발견을 해서 학계에 크게 공헌하는 것이 가장 큰 꿈일 터이고, 다음은 좋은 전문 서적을 집필하는 일일 것이다. 그러나 그러한 전문 서적 못지않게 쓰고 싶은 책이 있다. 어떤 분야에서 자신이 공부해온 내용들이 지니는 의의와 시사하는 바를 쉽게 전달하는 책일 것이다. 자연과학자나 사회과학자들 중에도 이런 류의 책을 써서 큰 반향을 일으킨 이들이 많다. 과거에 보면 이름 있는 자연과학자나 사회과학자들 중에도 이러한 류의 책을 써서 일반 독자들에게 크게 영향을 준 이들이 많이 있다. 이러한 예의 최근의 가장 대표적인 인물이 리처드 도킨스 박사(『이기적 유전자』, 『만들어진 신』)와 스티븐 핑커(『마음은 어떻게 작동하는가』, 『빈 서판』)라고 생각된다.

    40여 년 동안 심리학, 인지과학 분야에서 일한 나도 예외가 아니라, 그동안 곁눈질해온 신경과학, 심리철학, 인공지능, 과학사 등을 전공과 통합해 책을 쓰고 싶었다. 그러나! 이 책 『나,

마이크로 코스모스』를 읽으면서 내 꿈은 깨졌다. 오랜 꿈을, 이미 앞서서, 그리고 거의 완벽히 실현한 책을 만났기 때문이다. 이 책은 미래의 내 수고를 앞서 덜어주었다고 할 수 있다.

이 책의 저자들도 언급했지만, 21세기에 들어서서 식자들 사이에 이심전심으로 드는 생각은 18세기 유럽에서 불붙었던 계몽주의에 버금가는 제2의 계몽(계몽이라기보다는 깨달음이라는 우리말이 더 적절하다고 본다)시대가 지금이라는 것이다.

  새로운 깨달음의 핵심을 인간, 마음, 뇌, 동물, 진화, 문화, 자유의지, 의식 등의 주제로 연결해 인간의 '나'(자아의식)에 대한 질문을 경험적 연구 사례 중심으로 알기 쉽게 전개한 것이 바로 이 책이다. 여기에서 제시한 핵심 내용들을 뒷받침하고 있는 것은 지난 50여 년 동안 진행되어온 인지과학적 연구 결과들이다. 뇌의 좌반구와 우반구의 기능 차이를 처음으로 이론화하여 노벨 생리의학상을 받은 로저 스페리 교수는 인지과학이 20

세기 인간이 이루어낸 과학 혁명이라고 이야기한 적이 있다. 그리고 물질의 미시적 원리 설명을 기반으로 하는 물리학 중심의 과거의 자연과학이 그러한 한계로부터 벗어날 수 있는 거시적 가능성을 인지과학이 제시하였다고 하였다. 인지과학은 마음과 뇌와 컴퓨터(계산)을 연결하여 인간과 동물과 기계 지능(마음)을 탐구하는 다학문적 학문이다.

지난 50여 년 간 인지과학의 발달로 인하여 이전에 사람들이 생각하던 많은 것들이 바뀌었다. 코페르니쿠스의 지동설이 인간의 생각을 크게 변화시켰듯이. 인지과학의 발전은 신비하나 과학적 탐구가 불가능하다고 생각하였던 인간의 마음을 과학적으로 탐구하게 하였고, 정보와 정보처리 개념의 등장과 정보테크놀로지IT를 가능하게 하였고, 컴퓨터와 같은 기계의 지능과 인간과 동물의 지능을 컴퓨터언어를 사용하여 정형적으로 접근하게 했다. 또한 신경과학과 인지과학이 연결되어서 뇌와 마음의 구조와 기능을 연결하여 탐색하게 하였고, 인지과학에서의 철학적 논의와 인지신경과학적 연구의 연결은 과거 오랫동안 논의되어 오던 심신론, 감각경험의 본질, 의식, 자아, 도덕적 행동, 자유의지 등의 문제를 새로운 관점에서 생각하고 이해하는 흐름을 텄다.

이러한 흐름의 배경에는 인지심리학, 인지신경과학, 신경생물학, 정신(심리)의학, 발달심리학, 진화심리학, 성격-사회심리학, 심리철학, 인지언어학, 문화심리학, 동물생태학 등을 아우르는 많은 연구 결과들이 수렴되어 있다.

이로써 우리 인류가 지니고 있던 기존의 고정관점들이 다음과 같이 하나 둘씩 깨어져 나갔으며 그 결과로 새로운 계몽시대가 도래하였다고 이야기하는 것이다. 어떤 기존의 관점들이 어떤 실험적, 경험적 증거와, 철학적 분석에 의하여 깨어져 나갔는가, 그리고 그러한 깨어짐이 '나'라는 자아의식의 존재 여부와 그 의미에 대하여 어떠한 의의를 지니고 있는가를, 여러 학문 분야의 연구 결과들을 섭렵하며 많은 사례를 중심으로 설득력 있게 전개한 책이 바로 이 책이다. 이 책에서 다루고 있는 기존 관념의 파괴를 살펴보면 다음과 같다.

마음과 몸을 이원적으로 생각하였던 심신이원론이 신경과학과 인지과학의 발전에 더 이상 발판을 잃게 되었다. 마음은 백짓장과 같고 경험에 의하여 모든 지식이 쌓여진다는 경험론도 발달심리학, 진화심리학, 인지신경과학 등의 연구에 의하여 무너졌다. 더불어 어린아이는 많은 것을 알고 태어난다는 주장과 마음의 생득적 본성의 중요성이 부각되었다(2장, 3장). 한 사람의 성격은 통일적이며 프로이트식의 무의식적 역동에 의하여 어릴 때 결정된다는 생각이, 성격은 50세가 넘어도 계속 변하며, 한 사람 내에 여러 성격이 있을 수 있고, 신경·호르몬 과정에 의해 크게 영향을 받는다는 생각으로 바뀌었다(4장). 또한 인간의 감정은 비합리적이지만 이성은 합리적이기에 인간은 이성적 동물이라는 사회과학의 대전제가 노벨수상 인지심리학자 카네만 교수 등의 실험 결과 앞에서 힘없이 무너져갔다.

그리고 인간의 의식은 비과학적 주제로써 과학에서는 언급되어서도 안 된다는 기존의 통념이, 의식은 과학이 해결하여야 할 최후의 탐구 주제이며, 신경과학적 연구를 할 수 있고 또 하여야 한다는 관점으로 바뀌었다. 여기에 뇌 또는 신체 부분 손상 환자에 대한 인지신경과학적 연구와 정상인에 대한 인지심리학적 연구를 통하여 의식과 관련한 여러 실험적 결과들과 이론들이 새로운 시사 문제를 던져주었다(1장, 8장).

인간이 '나'라는 자아의식을 구성할 수 있는 것은 기억 덕택인데, 우리의 기억은 대부분 실제 사실이라고 하기보다는 만들어진 것이어서 진실되지 않으며, '나'라는 무대에서의 '연극'과 같은 속임수인 경우가 많다(6장). 인간이 자유, 자유의지를 지니고 있다는 기존의 생각은 신경과학적, 심리철학적, 인지심리학적 연구에 의하면 일종의 '망상'이라고 볼 수도 있다(7장). 뇌가 손상되거나 심리적 이상이 있는 사람이 보통사람들이 생각할 수 없는 방식으로 '나', '너'를 생각하거나 인식하며, 팔

또는 다리가 절단된 사람이 존재하지도 않는 팔, 다리, 몸통에 통증, 간지럼을 지각하기도 하고 또 그 부분이 실제 있지만 없는 것처럼, 실제 없지만 있는데 마비된 것처럼, 움직이는 것처럼 느끼기도 하는 이상 의식 현상을 보인다(1장, 8장).

나 안에는 하나의 고정된 통일된 성격도 없고(4장), 신경과학적 연구에 의하면 통일된 최고사령부가 없는, 즉 왕이 없는 제국이며, 통일된 고정된 의식도 없고 불변하는 통일된 하나의 '나'라는 것이 없는데도, 그리고 최근까지의 인지신경과학적 연구에 의하면 이제는 인류의 '자아 찾기' 작업이 끝났다고도 볼 수 있는데(6장, 8장), 어떻게 '나'라는 의식이 가능하고 그에 바탕한 삶이 가능한 것인가? 도대체 우리는 왜 '나'를 지니고 있는 것일까? 실재하지도 않는 그 '가상적 나'라는 것은 진화적으로 무슨 목적에서 생겨났을까? 그리고 무슨 일을 하는 것일까? 나의 '나'는 매트릭스 4의 현상이지 않을까?(8장)

불교나 라마교에서는 그동안 '나'가 없다는 것을 계속 이야기하여 왔다. 과학적으로 증명을 한 것이 아니라, 명상을 통하여 참선을 통하여 이러한 깨달음에 도달할 수 있음을 보여주었다. 그러면 이 책 1장에서 8장까지 거론한 '나'의 없음, '나'의 분실은 불교나, 라마교의 관점들, 명상과는 어떤 연결을 지니고 어떠한 시사를 주는 것일까? 환각 경험은? 이러한 모든 것을 '깨달음으로 향하는 하나의 줄'로 수렴할 수 있을까?(9장) 이러한 새로운 계몽(깨달음)의 시대에 들어선 우리들은 과연 무엇을 하여야 할까?(10장) 뇌와 '나'의 문제, 그리고 종국에는 인간 존재와 깨달음의 문제에 점점 더 깊이 빠져 들어가게 하는 이러한 본질적인 물음들에 이 책은 신경과학적 증거를 중심으로 '나'의 없음을 설득력 있게 전개하고 있다.

  '나'라는 것이 무엇인가에 대한 본질적인 물음, 뇌, 마음 자아에 대한 인지과학과 신경과학의 최근의 연구 결과, 그와 관련된 시사점들을 경험적 사례를 들어 제시하고 있다. 심리학, 심리철학에서 최근 논의되는 중심 문제들에 대한 큰 그림을 보여주고 있다. 제2의 계몽(깨달음) 시대는 앞으로 어떻게 전개될 것인가 더욱 궁금해진다.

이정모 성균관대학교 심리학과 교수

서울대학교 심리학과와 캐나다 퀸즈대학 대학원 심리학과를 졸업했다. 한국실험심리학회 회장, 한국인지과학회 회장 등으로 활동했으며, 현재 성균관대학교 심리학과 및 인지과학 협동과정 교수이다. 저서로 『인지심리학 : 형성사, 개념적 기초, 조망』, 공저로 『인지심리학』이 있다.
심리학 및 인지과학에 관한 사이트(http://cogpsy.skku.ac.kr)와 네이버 블로그 심리학-인지과학 마을(http://blog.naver.com/metapsy)을 운영 중이다.

참고문헌

1장
깨지기 쉬운 자아 | '나' 로부터의 분리

Paul Broks : *Ich denke, also bin ich tot. Reisen in die Welt des Wahnsinns*. München: Beck, 2004

Annegret Eckhardt-Henn / Sven Olaf Hofmann (Hg.) : *Dissoziative Bewusstseinsstörungen. Theorie, Symptomatik, Therapie*. Stuttgart: Schattauer, 2004

Todd E. Feinberg : *Altered Egos. How the Brain Creates the Self*. New York: Oxford University Press, 2002

Tdd E. Feinberg / Julian P. Keenan : *The lost Self. Pathologies of the Brain and Identity*. New York : Oxford University Press, 2005

Heinz Häfner : *Das Rätsel Schizophrenie. Eine Krankheit wird entschlüsselt*. München: Beck, 2000

Tilo Kircher / Anthony David : *The Self in Neuroscience and Psychiatry*. Cambridge : Cambridge University Press, 2003

Albert Newen / Kai Vogeley (Hg.) : *Selbst und Gehirn*. Paderborn: Mentis, 2000

Christian Scharfetter : *Allgemeine Psychopathologie. Eine Einfuhrung*. Stuttgart: Thime, 2002

2장
'나'의 작은 역사 | 상징적 사고를 배우게 된 인류

Christophe Boesch / Michael Tomasello : "Chimpanzee and Human Cultures". *Current Anthropology* Vol 39 (5), Dec. 1998

Christophe Boesch : "Is Culture a Golden Barrier Between Human and Chimpanzee?" *Evolutionary Anthropologie* 12:82-91 (2003)

Richard Byrne : "Evolution of Primate Cognition" *Cognitive Science* Vol 24 (3) 2000, pp 543-570

Frans de Waal : *Der gute Affe. Der Ursprung von recht und Unrecht bei Menschen und anderen Tieren.* München: Hanser, 1997

Richard G. Klein : *The Human Career. Human Biological and Cultural Origins.* Chicago : University of Chicago Press, 1999

William Noble, Iain Davidson : *Human Evolution, Language and Mind. A Psychologocal and Archaeological Inquiry.* Cambridge : Cambridge University Press, 1996

Friedemann Schrenk : *Die Frühzeit des Menschen. Der Weg zum Homo sapiens.* München: Beck, 1997

3장
요람 속의 과학자 | 세상과 자기 자신을 발견하는 아기들

Gisa Aschersleben, Tanja Hofer, Annette Hohenverger: "Die Bedeutung der Eltern-Kind-Beziehung für die kognitive Entwicklung von Säuglingen und Kleinkindern" *Kinderärztliche Praxis, Sonderheft Frühe Gesundheitsförderung und Prävention.* Mainz: Kirchheim, 2005

Alison, Gopnik, Patricia Kuhl, Andrew Meltzoff: *Forschergeist in Windeln. Wie Ihr Kind die Welt begreift.* München: Piper, 2003

Gerald Hünter, Inge Krens: *Das Geheimnis des ersten neun Monate, Unsere frühesten Prägungen.* Düsseldorf: Patmos,

2005
Katherine Nelson: "Erzählung und Selbst, Mytos und Erinnerung" *Bios* 2/2002, 241-263. Leverkusen: Leske und Budrich
Sabine Pauen: "Vor dem Sprechen" *Gehirn&Geist*. Heidelberg: Spektrum, 1/2003

4장
'나'의 건설 현장 | 성격을 만드는 방법

Jens B. Asendorpf: *Psychologie der Personlichkeit*. Berlin: Springer, 2003
Paul Baltes: *Wisdom as Orchestration of Mind and Virtue*. (Download unter: www.mpib-berlin.mpg.de/dok/full/baltes/orchestr)
Erik H. Erikson: *Identität und Lebenszyklus*. Frankfurt: Suhrkamp, 2003
Francis Fukuyama: *Das Ende des Menschen*. Stuttgart: DVA, 2002
Klaus Grawe: *Neuropsychotherapie*. Göttingen: Hogrefe, 2004
Werner Greve: *Psychologie des Selbst*. Weinheim: BeltzPVU, 2000
Todd F. Heatherton / Joel L. Weinberger (Hg.): *Can Personality change?* Washington: American Psychological Association, 1997
Jurgen Hennig / Petra Netter: *Biopsychologische Grundlagen der Persönlichkeit*. München: Elsevier, Spektrum Akademischer Verlag, 2005

5장
지금과 다를 수도 있는 '나' | 유행과 음악, 사회적 정체성

Ulrich Beck / Elisabeth Beck-Gernsheim: *Riskante Freiheiten. Individualisierung in Modern Gesellschaften*. Frankfurt: Suhrkamp, 1994

Jidith Butler: *Das Unbehagen der Geschlechter*. Frankfurt: Suhrkamp, 1990

Richard van Dülmen: *Die Entdeckung des Individuums 1500-1800*. Frankurt: Fischer, 1997

Alain Ehrenberg: *Das erschöpfe Selbst. Depression und Gesellschaft in der Gegenwart*. Frankfurt/New York: Campus, 2004

Rolf Eickelpasch / Claudia Rademacher: *Identität*. Bielefeld: Transcript, 2004

Peter Gross: *Ich-Jagd. Im Unabhängigkeitsjahrhundert*. Frankfurt: Suhrkamp, 1999

Heiner Keupp u. a.: *Identitätskonstruktionen. Das Patchwork der Identitäten in der Spätmoderne*. Reinbeck: Rowohlt, 1999

Lothar Krappmann: *Soziologische Dimensionen der Identität. Strukturelle Bedingungen für die Teilnahme an Interaktionsprozessen*. Stuttgart: Klett-Cotta, 2005

Susanne Schröter: *FeMale. Über Grenzverläufe zwischen den Geschlechtern*. Frankfurt: Fischer, 2002

Richard Sennett: *Der flexible Mensch. Die Kultur des neuen Kapitalismus*. Berlin: Berlin Verlag, 1998

Charles Taylor: *Quellen des Selbst. Die Entstehung der neuzeitlichen Identität*. Frankfurt: Suhrkamp, 1996

6장
조작된 기억 | 진실에 집착하는 인간

Antonio Damasio: *Descartes' Irrtum. Fühlen, Denken und das menschliche Gehirn*. Berlin: Ullstein, 2004

Elizabeth Loftus, Katherine Ketcham: *The Myth of Repressed Memory. False Memories and Allegations of Sexual Abuse*. New York: St. Martin's Griffin, 1994

Malcolm Macmillan: *An Odd Kind of Fame. Stories of Phineas Gage*. Cambridge: MIT Press, 2002

Hans-Joachim Markowitsch: *Dem Gedächtnis auf der Spur. Vom Erinnern und Vergessen*. Darmstadt: Primus, 2002
Hans-Joachim Markowitsch/Harald Welzer: *Das autobiographische Gedachtnis. Hirnorganische Grundlagen und biosoziale Entwicklung*. Stuttgart: Klett-Cotta: 2005
Harald Welzer: *Das kommunikative Gedächtnis. Eine Theorie der Erinnerung*. München: Beck, 2002
Harald Welzer, Sabine Moller und Karoline Tschuggnall: *Opa war kein Nazi. Nationalsozialismus und Holocaust im Familiengedächtnis*. Frankfurt: Fischer, 2003

7장
자율적 인간 | 자유가 유한한 이유

Daniel C. Dennett: *Freedom evolves*. London: Penguin Books, 2004
Christian Geyer (Hg.): *Hirnforschung und Willensfreiheit. Zur Deutung der neuesten Experimente*. Frankfurt: Suhrkamp, 2004
Malcolm Gladwell: *Blink! Die Macht des Moments*. Frankfurt/New York: Campus, 2005
Robert D. Hare: *Gewissenlos. Gewissenlos. Die Psychopathen unter uns*. Wien/New York: Springer, 2005
Benjamin Libet: *Mind Time. Wie das Gehirn Bewusstsein produziert*. Frankfurt: Suhrkamp, 2005
Julian Nida-Rumelin: *Über menschliche Freiheit*. Ditzingen: Reclam, 2005
Michael Pauen: *Illusion Freiheit. Mögliche und unmögliche Konsequenzen der Hirnforschung*. Frankfurt: Fischer, 2004
Dai Rees/Steven Rose (Hg.): *The New Brain Science. Perils and Prospects*. Cambridge: Cambridge University Press, 2004
Gerhard Roth: *Aus Sicht des Gehirns*. Frankfurt: Suhrkamp, 2003
Henrik Walter: *Neurophilosophie der Willensfreiheit. Von libertarischen Illusionen zum Konzept natürlicher Autonomie*.

Paderborn: Mentis, 1998
Daniel M. Wegner: *The Illusion of Concious Will*. Bradford Book, 2003

8장
자신이 어떤 사람이라고 생각하는 착각 | 자의식을 찾는 신경학자들

Susan Blackmore: *Consciousness. An Introduction*. Oxon: Hodder and Stoughton, 2003
Jonathan Cole: *Pride and a Daily Marathon*. Cambridge: MIT Press, 1995
Antonio Damasio: *Ich fühle, also bin ich. Die Entschlüsselung des Bewusstseins*. München: List, 2000
Joseph LeDoux: *Das Netz der Persönlichkeit. Wie unser Selbst entsteht*. Dusseldorf: Patmos, 2003
Gerald Edelman: *Das Licht des Geistes. Wie Bewusstsein entsteht*. Düsseldorf: Patmos, 2004
Gehirn&Geist: *Auf der Suche nach dem Bewusstsein*. Heidelberg: Spektrum 1/2002
Christof Koch: *Bewusstsein-ein neurobiologisches Rätsel*. Heidelberg: Spektrum, 2005
Thomas Metzinger: *Being No One. The Self-Model Theory of Subjectivity*. Cambridge: MIT Press, 2004
Vilaynur S. Ramachandran: *A Brief Tour of Human Consciousness*. New York: Pearson, 2004
Vilaynur S. Ramachandran, Sandra Blakeslee: *Die blinde Frau, die sehen kann. Rätselhafte Phantom des Bewusstseins*. Reinbek: Rowohlt, 2002 [신상규 역, 『라마찬드란 박사의 두뇌실험실』, 바다출판사, 2007]
Ernst Tugendhat: *Egozentrik und Mystik. Eine anthropologische Studie*. München: Beck, 2003

9장
뇌 속의 하늘 | '나' 라는 문제에 대한 신비주의적 대답

Heinz Bechert/Richard Gombrich: *Der Buddhismus*. München: Beck. 2000

Katharina Ceming: *Einheit im Nichts. Die mystische Theologie des Christentums, des Hinduismus und Buddhismus im Vergleich.* Augsburg: Edition Verstehen, 2004

Dalai Lama: *Die Welt in einem einzigen Atom. Meine Reise durch Wissenschaft und Buddhismus.* Berlin: Theseus, 2005

Peter Gäng: *Was ist Buddhismus?* Frankfurt/New York: Campus, 1996

Dean Hamer: *The God Gene. How Faith his hardwired into our Genes.* New York u. a.: Doubleday, 2004

Jeremy Hayward: *Die Erforschung der Innenwelt. Neue Wege zum wissenschaftlichen Verständnis von Wahrnehmung, Erkennen und Bewusstsein.* Frankfurt: Insel, 1996

John Horgan: *Rational Mysticism. Dispatches from the Border between Science and Spirituality.* Boston/New York: Houghton Mifflin Company, 2003

William James: *Die Vielfalt religiöser Erfahrung.* Frankfurt: Insel, 2002

Andrew Newberg/Eugene D'Aquili/Vince Rause: *Der gedachte Gott. Wie Glaube im Gehirn entsteht.* München: Piper, 2003

Christian Scharfetter: *Das Ich auf dem spirituellen Weg.* Sternenfels: Wissenschaft und Praxis, 2004

Francisco J. Varela/Jonathan Shear: *The View from within. First-person approaches to the study of consciousness.* Bowling Green: Imprint Academic, 2002

Peter Widmer: *Mystikforschung zwischen Materialismus und Metaphysik, Eine Einführung.* Freiburg: Herder, 2003

찾아보기

5대 특성   104, 106, 108, 126, 132, 244
CREB 단백질   189, 190, 192
NCC   291~292, 307, 310
SOK 모델   128~129
VNO   239

ㄱ

가브리엘리, 존 Gabrieli, John   212
가상공간   165~166
간질/간질(병) 환자   13, 19, 43, 255, 293, 316, 320, 326, 376
감각의 창   97
게세 소남 린첸   365
게이지, 피니어스 Gage, Phineas T.   241
경계성 인격 장애   39, 41
경험 기억   243
고프닉, 앨리슨 Gopnik, Alison   85~86, 88
골트슈타인, 쿠르트 Goldstein, Kurt   20
괴테, 요한 볼프강 폰 Goethe, Johann Wolfgang von   149, 150, 151
구달, 제인 Goodall, Jane   56, 57, 64
굴드, 스티븐 제이 Gould, Stephen Jay   53
귓속의 벌레   235, 371
그라베, 클라우스 Grawe, Klaus   119, 120, 121

그람머, 카를 Grammer, Karl　　　　　　　　　　　　　　　　157
그레베, 베르너 Greve, Werner　　　　　　　　　　109, 122, 125, 126
글래드웰, 말콤 Gladwellv, Malcolm　　　　　　　　　　　　　244
기능적 자기공명영상법 fMRI　　　　　　　　　　45, 212, 373, 384
기억의 서랍들　　　　　　　　　　　　　　　　　　　　　　184

ㄴ

남성호르몬 불감 증후군 AIS　　　　　　　　　　　　　　　　164
네메로프, 찰스 Nemeroff, Charles　　　　　　　　　　　　　　112
네안데르탈인　　　　　　　　　　　　　　　　70, 72, 74, 354
네이더, 카림 Nader, Karim　　　　　　　　　　　　206~208, 230
넬슨, 캐서린 Nelson, Katherine　　　　　　　　　98~99, 100~102
노어아드레날린　　　　　　　　　　　　　　　　　　　　133, 375
뉴섬, 빌 Newsome, Bill　　　　　　　　　　　　　　　　306~307
니시다, 도시사다 Nishida, Toshisada　　　　　　　　　　　　　56

ㄷ

다마지오, 안토니오 Damasio, Antonio　　　　　　　　　　　　243
다이크만, 아서 Deikman, Arthur　　　　　　　　　　　　386~388
다중인격장애　　　　　　　　　　　　　　　　　　　　　43~45
단기 기억　　　　　　　　　　　　　　183, 187~188, 317~318
달라이 라마　　　　　　　　　　　　　　　　　　363~364, 384
대뇌피질　　　　　　　　61, 74, 184, 226, 275, 295, 320, 325
대화형 기억　　　　　　　　　　　　　　　　　　　　229, 230
던바, 로빈 Dunbar, Robin　　　　　　　　　　　　　　　　　67
데닛, 대니얼 Dennett, Daniel　　　　　　　　　　　　　255, 358
데이비슨, 리처드 Davidson, Richard　　　　　　　372~373, 384~386
데카르트, 르네 Descartes, René　　　　　　　　35, 38, 279, 280, 313
델베키오, 웬디 DelVecchio, Wendy　　　　　　　　　　　　　108
도킨스, 리처드 Dawkins, Richard　　　　　　　　　　　　　　268
도파민　　　　　　　　　　　　　　　　113, 132, 198, 375
도플갱어　　　　　　　　　　　　　　　　　　　　　30~32, 43
되링, 니콜라 Döring, Nicola　　　　　　　　　　　　　165~166

417

뒬멘, 리하르트 반 Dülmen, Richard van   148~150
디포, 다니엘 Defoe, Daniel   149

ㄹ

라데마허, 클라우디아 Rademacher, Claudia   144
라데볼트, 하르트무트 Radebold, Hartmut   197
라마누잔, 스리니바사 Ramanujan, Srinivasa   242
라마찬드란, 빌라야누르 Lamachandran, Vilaynur S.   30~31, 284, 328~334, 376
라스무센, 테어도르 Rasmussen, Theodore   326~327
러터, 마이클 Rutter, Michael   114
레가르드, 마리안느 Regard, Marianne   13
레인, 에이드리언 Raine, Adrian   250
레인데르스, 시모네 Reinders, Simone   44
렌트롭, 미하엘 Rentrop, Michael   32
로고테티스, 니코 Logothetis, Niko   307, 309~311
로버츠, 브렌트 Roberts, Brent   108
로트, 게르하르트 Roth, Gerhard   251
롬브로소, 세자레 Lombroso, Cesare   249
롭터스, 엘리자베스 Loftus, Elisabeth   215
르 소, 앙리 Le saux, Henri   389
르두, 조제프 LeDoux, Joseph   206~208
르완도프스키, 스티븐 Lewandowsky, Stephan   203, 204
리벳, 벤저민 Libet, Benjamin   252~254
리카르, 마티외 Ricard, Matthieu   384~386
리프헤드, 케이트 M. Leafhead, Kate M   35

ㅁ

마돈나 Madonna   145~147, 151
마르코비치, 한스 Markowitsch, Hans   175, 181, 183, 201~202, 224~226
마음이론   65
마투라나, 움베르토 Maturana, Humberto   287~289
말스부르크, 크리스토프 폰 Malsburg, Christoph von   315
맥널리, 리처드 Mcnally, Richard   222

맥휴, 토미 McHugh, Tommy　　　　　　　　　　　　　11~13
맹점　　　　　　　　　　　　　　　　　　　　　　284, 285
메모리 토크　　　　　　　　　　　　　　　　　98~100, 229
메칭어, 토마스 Metzinger, Thomas　　35~36, 45, 262, 274~275, 291, 313,
　　　　338~345, 347~348, 353, 355, 357, 361, 368~370, 383, 392
멜조프, 앤드류 Melzoff, Andrew　　　　　　　　　　　　84~86
모스코비치, 모리스 Moscovitch, Morris　　　　　　　　　　211
몽테뉴, 미셸 드 Montaigne, Michel Eyquem de　　　　　　149
무시증 환자　　　　　　　　　　　　　　　　　　　　16~17
무질, 로베르트 Musil, Robert　　　　　　　　　　　　　　231
미용 신경과학　　　　　　　　　　　　　　　　　　193, 200
밈 meme　　　　　　　　　　　　　　　　　　　　358, 381

ㅂ

바론 코헨, 사이먼 Baron-Cohen, Simon　　　　　　　　　110
바르스, 베르나르트 Baars, Bernard　　　　　　　　　　　282
발테스, 파울 Baltes, Paul　　　　　　　　　　　　　128~130
방셀, 피에르 Bancel, Pierre　　　　　　　　　　　　　　79
번개 기억(프루스트 현상)　　　　　　　　　　　　　　197
벨처, 하랄드 Welzer, Harald　　　　　　　　　　　　　197
보부아르, 시몬 드 Beauvoir, Simone de　　　　　　　　　160
뵈쉬, 크리스토페 Boesch, Christophe　　　　　　　　　47~58
브라운, 안나 카타리나 Braun, Anna Katharina　　　　112~113
브린, 노라 Breen, Nora　　　　　　　　　　　　　　　　33
블랙모어, 수잔 Blackmore, Susan　　　　346, 371, 381~384, 390
비트겐슈타인, 루트비히 Wittgenstein, Ludwig Josef Johann　　390

ㅅ

사실 기억　　　　　　　　　　　　　　　　　　　　　182
사우스 오모 리서치센터 SORC　　　　　　　　　　　　139
사지 절단 욕구　　　　　　　　　　　　　　　　　　　22
사회공포증　　　　　　　　　　　　　　　　　　118, 134
삼인칭 시점　　　　　　　　　　　　　　　　　　275, 291

샥터, 대니얼 L. Shacter, Daniel L.	209, 227
설명의 틈	276~278
셰링턴, 찰스 Sherrington, Charles	184
슈만, 지그프리드 Schmann, Siegfried	245
슈바르츠, 후베르트 Schwarz, Hubert	124~125
슈타우딩어, 우줄라 Staudinger, Ursula	126~128, 130
슈토르흐, 마야 Storch, Maja	243~244
스피처, 로버트 Spitzer, Robert	124~125
식도락 증후군	13
신경언어 프로그램 NLP	121
신체보전정체성장애 BIID	22

ㅇ

아동기 기억상실 단계	98
아쉬스레벤, 기자 Aschersleben, Gisa	82, 84, 90~91
아이켈파쉬, 롤프 Eickelpasch, Rolf	144
아젠도르프, 옌스 Asendorpf, Jens	92, 104, 111, 116, 135~136
안톤 증후군	16
알츠하이머병	28, 31, 191, 193, 227~228, 316
암묵적 연합 검사 Implicit Association Test	244
앤더슨, 마이클 Andersen, Michael	212
얼굴실인증	25~28
에른베르, 알랭 Ehrenberg, Alain	169
에코, 움베르토 Eco, Umberto	274
에크만, 폴 Ekman, Paul	373
에클스, 존 Eccles, John	279, 283
영, 앤드류 W. Young, Andrew W.	35
오기억 증후군 재단 FMSF	217~218
오트, 울리히 Ott, Ulrich	385~386
외계인 손 증후군 AHS	19~20
우울증	35, 39, 114, 118, 121, 132, 166, 169
웃음 가스	379, 383
월터, 그레이 Walter, Grey	255
웨그너, 대니얼 M. Wegner, Daniel M.	234, 255~257

의도적 기억 183
일인칭 시점 271, 344

ㅈ

자서전적 기억 95, 98, 102, 182, 211, 225, 273~274
자유 의지 236, 245, 251~263, 337, 354, 358
자이메, 날라 Saimeh, Nahlah 248~249
작업 기억 183
장기 기억 183, 187, 188, 201, 206, 207, 318
장소법 177
재공고화 207~208
잭슨, 프랭크 Jackson, Frank 280~281
절차적 기억 326
점화 기억 181
정신분열증 31, 36~39, 255, 260
정체성 장애 31, 36
제인스, 줄리안 Jaynes, Julian 354
제임스, 윌리엄 James, William 379, 380
제키, 세미르 Zeki, Semir 305, 315, 318
젠더 크로싱 161
지글, 자비네 Siegl, Sabine 126
지포스, 발레리야 Sipos, Valerija 40
징어, 볼프 Singer, Wolf 251, 290

ㅊ · ㅋ

처치랜드, 패트리샤 Churchland, Patricia 319
카니스차 착시 288, 300
카스피, 압살롬 Capsi, Avshalom 117~118
카프그라 증후군 27~32
카프라, 프리초프 Capra, Fritjof 369
캐플란, 아서 Caplan, Arthur 193
캔들, 에릭 Kandel, Eric 134, 186, 187, 188, 191~192, 195, 225
케밍, 카타리나 Ceming, Katharina 389

케플러, 앙겔라 Keppler, Angela	229
켈라리스, 제임스 Kellaris, James	235
코르사코프 증후군	180
코이프, 하이너 Keupp, Heiner	128
코타르 증후군	35
코흐, 크리스토프 Koch, Christof	286, 291, 292, 298, 310, 317
쿨, 패트리샤 Kuhl, Patricia	85
크래머, 데이비드 Kraemer, David	236
크릭, 프랜시스 Crick, Francis	286, 291, 317
클라이스트, 카를 Kleist, Karl	184~185
클라인, 리처드 Klein, Richard	76
클라파레드, 에두아르 Claparède, Edouard	180

ㅌ·ㅍ·ㅎ

탈자동화	387
터널 환각	381
털리, 팀 Tully, Tim	190~192
털빙, 엔델 Tulving, Endel	181, 183
투겐트하트, 에른스트 Tugendhat, Ernst	355
트라베스티	161
파르나스, 요세프 Parnas, Josef	37
파우엔, 미하엘 Pauen, Michael	253, 259
파우엔, 자비네 Pauen, Sabine	89
파인버그, 토드 Feinberg, Todd E.	17, 28
파티뇨, 마리아 Patino, Maria	163~164
패애보, 스반테 Pääbo, Svante	54, 77~78
퍼싱어, 마이클 Persinger, Michael	376
페르히호프, 빌프리드 Ferchhoff, Wilfried	151
페어, 에른스트 Fehr, Ernst	246
펜필드, 와일더 Penfield, Wilder	326~327
포퍼, 카를 Popper, Karl	279
폭스피2	76~78
폴크만, 라우렌츠 Volkmann, Laurenz	146
푸르마르크, 토마스 Furmark, Tomas	119

프레골리 증후군	32
프로이트, 지그문트 Freud, Sigmund	31. 105. 328. 339. 404
프루스트 현상(번개 기억)	197
프루스트, 마르셀 Proust, Marcel	197~198
플로츠키, 폴 Plotsky, Paul	112
피셔, C. 밀러 Fisher, C. Miller	19~20, 23
피쉬바허, 우르스 Fischbacher, Urs	246
피아제, 장 Piaget, Jean	85
하딩, 더글라스 Harding, Douglas E.	359~360
하임, 크리스티네 Heim, Christine	114
해리성 정체 장애	44, 218
해머, 딘 Hamer, Dean	422
헤링, 에발트 Hering, Ewald	224
헬름홀츠, 헤르만 폰 Helmholtz, Hermann von	287
헵, 도널드 Hebb, Donald	185
현상적인 홀론	313
홀로그램 이론	184
홉스, 토머스 Hobbes, Thomas	247
화이튼, 앤드류 Whiten, Andrew	55, 58
환상사지/환상통증	330~331
후쿠야마, 프란시스 Fukuyama, Francis	133
히어스테인, 윌리엄 Hirstein, William	30

나, 마이크로 코스모스
ⓒ 들녘 2007

초판 1쇄 발행일 2007년 10월 17일
초판 3쇄 발행일 2010년 1월 24일

지은이 베르너 지퍼 · 크리스티안 베버
옮긴이 전은경
펴낸이 이정원

책임편집 김인경

펴낸 곳 도서출판 들녘
등록일자 1987년 12월 12일
등록번호 10-156
주소 경기도 파주시 교하읍 문발리 출판문화정보산업단지 513-9
전화 마케팅 031-955-7374 편집 031-955-7381
팩시밀리 031-955-7393
홈페이지 www.ddd21.co.kr
인터넷 카페 http://cafe.naver.com/bookcity90.cafe
블로그 (일루저니스트) http://blog.naver.com/ddd7381

ISBN 978-89-7527-585-2(03180)

값은 뒤표지에 있습니다.
잘못된 책은 구입하신 곳에서 바꿔드립니다.